Das bietet Ihnen die CD-ROM

Konsolidierungstools

Die Konsolidierungstools der CD-ROM helfen Ihnen dabei, den eigenen Konzernabschluss durchzuführen. Sie bestehen aus verschiedenen Überleitungs- und Konsolidierungstabellen auf Excel-Basis. Wie Sie die Tools verwenden, beschreibt das mitgelieferte Kurzhandbuch zu den Konsolidierungstools.

- Überleitungstabellen
- Konsolidierungstabellen
- Handbuch

Fallstudie

Bei den Beispielen des Buchs wurde auf die umfassenden Daten einer Fallstudie zurückgegriffen. Auf der CD-ROM werden Ihnen die einzelnen Konsolidierungssachverhalte der Fallstudie bis hin zur Kontoebene zur Verfügung gestellt. Das ermöglicht es Ihnen, die im Buch geschilderten Beispiele bis ins Detail nachzuvollziehen.

- Sämtliche Konsolidierungstabellen und Unterlagen der Fallstudie

Krimpmann · Konsolidierung nach IFRS/HGB

Bibliografische Information der Deutschen Nationalbibliothek

Die Deutsche Nationalbibliothek verzeichnet diese Publikation in der Deutschen Nationalbibliografie; detaillierte bibliografische Daten sind im Internet über http://dnb.ddb.de abrufbar.

ISBN: 978-3-448-06816-0 Bestell-Nr. 01166-0001

1. Auflage 2009

Niederlassung München
Redaktionsanschrift: Postfach, 82142 Planegg/München
Hausanschrift: Fraunhoferstraße 5, 82152 Planegg/München
Telefon: (089) 895 17-0
Telefax: (089) 895 17-290
www.haufe.de
online@haufe.de
Lektorat: Dipl.-Kffr. Kathrin Menzel-Salpietro

Redaktion: Hans-Jörg Knabel, Willstädt
Desktop-Publishing: Helmut Haunreiter, 84533 Marktl
Umschlag: Kienle Visuelle Kommunikation, Stuttgart
Druck: freiburger graphische betriebe, 79108 Freiburg

Zur Herstellung dieses Buches wurde alterungsbeständiges Papier verwendet.

Konsolidierung nach IFRS/HGB

Vom Einzel- zum Konzernabschluss

Andreas Krimpmann

Haufe Mediengruppe
Freiburg · Berlin · München

Vorwort

Geht man in eine gut sortierte Fachbuchhandlung für Wirtschaftsliteratur und sucht Bücher zum Thema „Konzernrechnungslegung", findet man eine große Zahl von Büchern, die diese Disziplin des Rechnungswesens umfassend abdecken. Das Gleiche gilt für Literatur zum Thema „International Financial Reporting Standards". Ebenso wird man Literatur finden, die beide Themen kombiniert – so wie dieses Buch. Sucht man aber nach Hintergrundinformationen und Lösungen für die alltäglichen Probleme der Konzernrechnungslegung und der Konsolidierung, wird man nur in wenigen Büchern fündig. Und eben hier ist dieses Buch anders, weil es neben einem theoretischen Teil viele Beispiele und Hilfsmittel enthält, die zeigen, wie es in der Praxis gemacht wird.

Die Idee zu diesem Buch ist aus der langjährigen Praxis entstanden. Sowohl in Projekten bei Mandanten als auch bei Schulungen zum Thema „Konzernrechnungslegung und Konsolidierung" werden immer wieder die gleichen Fragen gestellt: „Worauf muss ich achten?", „Wie funktioniert dies?", „Wie funktioniert das?". Ursprünglich als reines Übungsbuch mit einzelnen Beispielen gedacht, hat sich aufgrund der vielen Nachfragen von Mandanten der Bedarf nach einem Praxisbuch abgezeichnet, in dem die Erstellung eines Konzernabschlusses umfassend dargestellt wird. Das versucht dieses Buch zu leisten, indem die Erstellung eines IFRS-Konzernabschlusses – ausgehend von HGB-Abschlüssen der einzelnen Unternehmen – erklärt wird. Als Praxisbuch soll es dem Praktiker auch als Nachschlagewerk dienen, falls ein Konsolidierungsschritt mal nicht sofort klar ist.

Kontakt zum Autor

Diesem Buch sind viele Hilfsmittel und Tools beigelegt, die seit Jahren in der eigenen Praxis verwendet werden und die kontinuierlich weiterentwickelt wurden. Auch wenn die Tools auf den ersten Blick recht einfach aussehen, sind sie gerade aufgrund dieser Einfachheit sehr flexibel und damit auch entsprechend komplex. Insofern kann keine Garantie dafür übernommen werden, dass sich nicht doch

noch der ein oder andere Fehler eingeschlichen hat. In diesem Sinn bin ich für Anregungen und Hinweise zur Optimierung und Erweiterung der Tools sehr dankbar. Für dieses Buch wurde eine eigene E-Mail-Adresse eingerichtet: konsolidierung@krimpmann.com. Sie können jederzeit über diese E-Mail-Adresse mit mir kommunizieren und erhalten Zugriff auf den Downloadbereich zu diesem Buch, in dem Weiterentwicklungen der Tools bereitgestellt werden.
Ich würde mich sehr freuen, wenn dieses Buch in der Praxis Anklang findet. Das Buch in der vorliegenden Form ist das Ergebnis einer langen Diskussion mit dem Rudolf Haufe Verlag, zumal hier viele Ideen und Anregungen aller Parteien verwirklicht wurden. Hier möchte ich besonders Herrn Michael Bernhard danken, der in regen Diskussionen bei der Entwicklung des Konzepts mitgeholfen hat. Mein Dank gilt ferner Herrn Univ.-Prof. Dr. Stefan Müller für seine kritische Durchsicht. Ganz besonders möchte ich aber meiner Familie danken, ohne deren Hilfe die Erstellung dieses Buches nicht möglich gewesen wäre. Sie hat mir nicht nur die Kraft dazu gegeben, sie hat mir vor allem den Rücken frei gehalten, um neben dem regulären Beruf dieses Buch schreiben zu können.

Berlin, im April 2009 — Andreas Krimpmann

Inhaltsverzeichnis

Abbildungsverzeichnis

Tabellenverzeichnis

Über dieses Buch

Die Konzernrechnungslegung ist nach wie vor diejenige Disziplin der Rechnungslegung, die durch eine Vielzahl von Anforderungen bestimmt ist. Seien es Rechnungslegungsvorschriften wie die IFRS oder das HGB, weitere rechtliche Rahmenbedingungen, Vorschriften der Börsen, unterschiedliche Steuerrechtsprechungen von Ländern oder internationale Sachverhalte, all diese Aspekte haben nicht nur einen erheblichen Einfluss auf die Gestaltung von Strukturen und Prozessen, die für die Umsetzung der Konzernrechnungslegung erforderlich sind, sie fließen auch unmittelbar in die Erstellung und Bilanzierung von Konzernabschlüssen ein.

Dieses Buch zeigt praxisnah – anhand einer Fallstudie – wie aus den Einzelabschlüssen eines börsennotierten Unternehmens mit all seinen Beteiligungen ein Konzernabschluss nach IFRS entsteht. Dabei werden unterschiedliche Aspekte der Konzernrechnungslegung sowohl theoretisch als auch praxisnah erläutert. Basierend auf den Anforderungen der IFRS werden die notwendigen Maßnahmen und Tätigkeiten praxisnah – je nach Beteiligungsart mit den entsprechenden Konsolidierungen und den einzelnen Schritten – erklärt. Hierzu gehören nicht nur die regulären Aufgaben, auch auf Besonderheiten wie z. B. Währungsumrechnungen, Personengesellschaften und steuerliche Aspekte wird eingegangen. Da die Erstellung eines Konzernabschlusses ein interdisziplinärer Prozess ist, der unterschiedliche Personenkreise umfasst und eine spezifische Aufbereitung von Daten und Informationen erfordert, wird zudem auf das organisatorische Umfeld eingegangen. Neben den organisatorischen Maßnahmen, Konzernstrukturen und Prozessen zur Datenbeschaffung und Konsolidierung sind auch externe Berichtspflichten oder das Zusammenspiel im Konzern Bestandteile dieses Buchs.

Sämtliche Themen der Konzernrechnungslegung werden zunächst theoretisch abgehandelt und dann anhand der Fallstudie einer fiktiven, börsennotierten Aktiengesellschaft[1] praxisnah besprochen. Betrachtungszeitraum ist das Geschäftsjahr 2008, in dem die unterschiedlichsten Geschäftsvorfälle stattgefunden haben. Für die Aktiengesellschaft wird im Rahmen des Jahresabschlusses der Konzernabschluss erstellt. Es werden sämtliche Schritte so gezeigt, dass der Weg vom Einzelabschluss zum Konzernabschluss einfach und nachvollziehbar ist.

Siehe CD-ROM

Die in diesem Buch aufgeführten Beispiele zeigen jeweils einen einzelnen Aspekt des Konzernabschlusses auf einer hoch aggregierten Ebene, teilweise auch nur einzelne Details. So kann es vorkommen, dass sich die Einordnung in den Gesamtkontext nicht immer auf den ersten Blick erschließt. Es sei deshalb auf die beiliegende CD-ROM verwiesen, auf der sämtliche Konsolidierungssachverhalte bis auf die Kontenebene vollständig dargestellt sind.

Dieses Buch basiert auf dem vom IAS verabschiedeten Rechtsstand der IFRS und der IFRIC vom 17. Januar 2008. Insofern wurden nur vom IASB verabschiedete Standards berücksichtigt, Exposure Drafts und Discussion Papers wurden außen vor gelassen.

Soweit nicht anders angegeben wird im Rahmen der Beispiele – insbesondere im Rahmen der Konsolidierungstabellen – die kaufmännische Betragsschreibweise verwendet. Soll-Positionen werden stets positiv, Haben-Positionen stets negativ dargestellt. Alle Zahlen der Beispiele werden – wenn nicht anders angegeben – in TEUR dargestellt.

---

[1] Bei der Gesellschaft handelt es sich um einen realen, börsennotierten Konzern, der für die Zwecke dieser Fallstudie hinsichtlich der Art und des Umfangs des Geschäfts wie auch hinsichtlich der Konzernstrukturen und der Finanzzahlen stark verfremdet wurde.

1 Die Fallstudie

Im Rahmen dieses Praxisbuchs wird als Fallstudie der Konzernabschluss eines börsennotierten Unternehmens, der Mellenich Aktiengesellschaft, verwendet. Die Fallstudie zweigt, wie der Konzernabschluss des Geschäftsjahres 2008 der Mellenich AG Schritt für Schritt erstellt wird.

Die Mellenich AG ist ein in Berlin, Deutschland, ansässiges Unternehmen, das an der Frankfurter Wertpapierbörse im geregelten Markt gelistet ist. Das Unternehmen ist in der Bauzulieferbranche tätig und stellt Kabelleitsysteme her. Es unterhält neben der Produktionsstätte im Berliner Stammhaus weitere Produktionsstätten in Shanghai (China), in Wuppertal und in Pinneberg. Alle Produktionsstätten sind rechtlich eigenständige Gesellschaften. Neben diesen Produktionsstätten verfügt die Mellenich AG über mehrere Vertriebsbüros in verschiedenen Ländern. Die Philosophie des Managements ist es, nach Möglichkeit immer eine 100 %ige Kontrolle über die Gesellschaften auszuüben. Ist das nicht realisierbar, werden auch Minderheitsbeteiligungen akzeptiert, wobei dann aber immer die unternehmerische Führung der jeweiligen Gesellschaft von der Mellenich AG angestrebt wird.

Die Mellenich AG ist historisch betrachtet durch eine Mischung aus organischem Wachstum, innovativen Produkten und Akquisitionen gewachsen. Insofern ist das Management des Unternehmens auch gegenüber Angeboten von Unternehmenskäufen offen, wenn sich die potenziellen Unternehmen mit ihren Produkten und Marktpositionierungen in die Unternehmensstrategie der Mellenich AG einfügen. Das letzte Angebot für einen Unternehmenserwerb stammt von einer renommierten deutschen Investmentbank. Das Management der Mellenich AG hat dieses Angebot als sehr passend bewertet und per 01.04.2008 60 % der Anteile an der LT-Leitsysteme GmbH in Bielefeld erworben. Neben diesem Unternehmenserwerb wurden die bisherigen Anteile an der Mellenich Austria in Höhe von 10 % per 01.07.2008 durch den Erwerb weiterer Anteile auf 25 % aufgestockt.

Im Laufe des Geschäftsjahres wurden zusätzlich zu diesen Erwerben zwei Gesellschaften veräußert. Am 30.10.2008 wurden die vollständigen Anteile an der MPG mbH, Sonneberg aufgrund der anhaltenden unbefriedigenden Ertragslage der Gesellschaft veräußert. Für die Kijba BV erhielt das Management der Mellenich AG ein äußerst lukratives Angebot, sodass die 25 %igen Anteile an dieser Gesellschaft am 31.03.2008 ebenfalls veräußert wurden.

Insgesamt stellt sich die Struktur der Mellenich AG mit ihren Beteiligungen im Geschäftsjahr 2008 wie folgt dar:

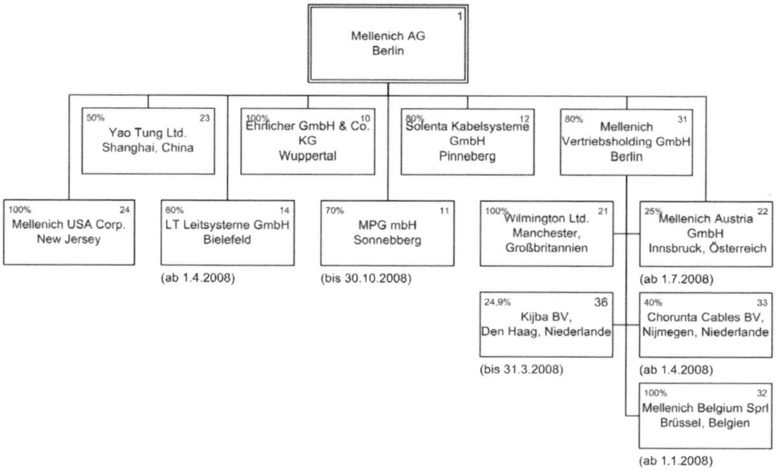

Abb. 1: Konzernstruktur der Mellenich AG

Für die Erstellung des Konzernabschlusses sind weiterführende Informationen notwendig, wobei auf umfangreiche Angaben des Managements zurückgegriffen kann. Diese Angaben werden hier auszugsweise wiedergegeben:

- Die Mellenich AG wendet das Gesamtkostenverfahren (GKV) sowohl für ihren Einzel- als auch für den Konzernabschluss an.
- Die Produkte werden entweder über das Stammhaus oder über die Vertriebsgesellschaften verkauft. Die Vertriebsgesellschaften unterhalten nur kleine Lager für Schnelldreher und für Verschleiß- und Ersatzteile sowie für Produkte aus laufenden Auf-

trägen. Andere Standardprodukte befinden sich bei den Produktionsgesellschaften auf Lager.

- Die Produktionsgesellschaften veräußern die hergestellten Produkte nur an die Vertriebsgesellschaften, wobei die Produktion für kundenspezifische Lösungen oder selten benötigte Produkte erst nach dem Auftragseingang bei den Vertriebsgesellschaften beginnt.

Für den Konzernabschluss wendet die Mellenich AG die IFRS in ihrer jeweils gültigen Fassung an. Soweit Standards verabschiedet wurden, die erst zu einem späteren Zeitpunkt verpflichtend anzuwenden sind, folgt das Management den Empfehlungen des IASB und wendet die neu verabschiedeten Standards bereits zu einem früheren Zeitpunkt an.

Zur besseren Zuordnung der in diesem Buch besprochenen Themen zur Fallstudie finden Sie hier eine Schnellübersicht:

Kapitel	**Fall**	**Betroffene Unternehmen**	**Seite**
3.1	Identifizierung und Zuordnung von Unternehmen des Konzernverbundes	Alle Unternehmen	27
3.2	Stimmrechtsermittlung	Mellenich Austria GmbH	31
3.3.3	Veräußerung von Anteilen und ein dadurch bedingter Statuswechsel	Kijba BV	35
3.4	Bestimmung des Konsolidierungskreises	Mellenich AG	36
4.1.1	Organisatorisches: Mapping von Konten und Kontenplänen	LT Leitsysteme GmbH	40
4.1.2	Zeitpläne im Konzernabschluss	Wilmington Ltd.	47
5.2	Erstellung der IFRS-Eröffnungsbilanz	LT Leitsysteme GmbH	62
5.3.1	Bestimmung des Erwerbers bei Direkterwerb	LT Leitsysteme GmbH	66
	Bestimmung des Erwerbers bei vorherigen bestehenden Anteilen	Mellenich Austria GmbH	67
5.3.2	Bestimmung des Erwerbsstichtages	LT Leitsysteme GmbH	70
5.3.3	Identifizierung eines Mehrkomponentengeschäftes	LT Leitsysteme GmbH	77
	Anschaffungskostenermittlung	LT Leitsysteme GmbH	78

Kapitel	Fall	Betroffene Unternehmen	Seite
5.3.4	Bewertung erworbener und bilanzierter Vermögenswerte	LT Leitsysteme GmbH	85
	Identifizierung nicht bilanzierter Vermögenswerte	LT Leitsysteme GmbH	87
	HB-II-Buchungen im Rahmen der IFRS-Eröffnungsbilanz	LT Leitsysteme GmbH	88
5.3.5	Berechnung des Geschäfts- oder Firmenwertes	LT Leitsysteme GmbH	94
5.4	Erstkonsolidierung	LT Leitsysteme GmbH	100
6.1	HB-II-Fortschreibung	Solenta Kabelsysteme GmbH	112
6.2.1	Kapitalkonsolidierung	Solenta Kabelsysteme GmbH	116
6.2.2	Konsolidierungsmatrix Schulden	Alle Unternehmen des Konsolidierungskreises	119
	Schuldenkonsolidierung	LT Leitsysteme GmbH, Mellenich Belgium Sprl.	120
	Umgang mit Aufrechnungsdifferenzen	Mellenich AG, Ehrlicher GmbH & Co. KG, Wilmington Ltd., Mellenich Belgium Sprl.	122
6.2.4	Lieferung zur sofortigen Veräußerung	Mellenich AG, alle Vertriebsgesellschaften	136
	Lieferung in den Bestand zur späteren Veräußerung, Behandlung im Erwerbszeitpunkt mit Zwischengewinneliminierung	Ehrlicher GmbH & Co. KG, LT Leitsysteme GmbH	138
	Lieferung in den Bestand, Behandlung zum Veräußerungszeitpunkt	LT Leitsysteme GmbH	140
	Aktivierung bezogener Anlagen	Mellenich Belgium Sprl. LT Leitsysteme GmbH	142
	Erwerb zum eigenen Verbrauch	Solenta Kabelsysteme GmbH, Mellenich Belgium Sprl.	146
6.4.2	Konzerninterner Verkauf von Anlagevermögen	Solenta Kabelsysteme GmbH, Ehrlicher GmbH & Co. KG	160
6.4.4	Konsolidierungsdifferenzen	Ehrlicher GmbH & Co. KG	164
7.2.1	Anteilserwerb von assoziierten Unternehmen in mehreren Schritten	Mellenich Austria GmbH	172
7.2.2	Folgekonsolidierung eines assoziierten Unternehmens	Mellenich Austria GmbH	179
7.2.3	Vollständige Veräußerung eines assoziierten Unternehmens	Kijba BV	184
8.2.1	Konsolidierung eines Gemeinschaftsunternehmens	Yao Tung Ltd	201
9.2.1	Überleitungskonsolidierung auf Equity	Choruntα Cables BV	211

Kapitel	Fall	Betroffene Unternehmen	Seite
9.2.5	Überleitungskonsolidierung auf Vollkonsolidierung	Mellenich Belgium Sprl.	218
10.2.3	Entkonsolidierung	Mellenich AG, MPG mbH	239
11.3	Währungsumrechnung in die Berichtswährung	Wilmington Ltd.	263
11.4	Latente Steuern im Einzelabschluss	LT Leitsysteme GmbH	274
	Latente Steuern auf HB-II-Ebene	LT Leitsysteme GmbH	277

Tab. 1: Schnellübersicht der Zuordnung der Beispiele zu den einzelnen Themengebieten

2 Befreiender Konzernabschluss nach § 315 a HGB

2.1 Rechtlicher Rahmen nach deutschen Vorschriften

„Sind ein herrschendes und ein oder mehrere abhängige Unternehmen unter der einheitlichen Leitung des herrschenden Unternehmens zusammengefasst, so bilden sie einen Konzern; die einzelnen Unternehmen sind Konzernunternehmen.“ Dieser prägnante Satz des § 18 Abs. 1 AktG enthält die aktienrechtliche Definition von Konzernen. Eine ähnliche Definition befindet sich im § 290 Abs. 1 HGB. Demnach besteht die Pflicht zur Aufstellung eines Konzernabschlusses immer dann, wenn Unternehmen entweder unter der einheitlichen Leitung einer Kapitalgesellschaft stehen oder wenn das Mutterunternehmen über die Stimmrechtsmehrheit verfügt. Neben diesen Legaldefinitionen finden sich im deutschen Recht weitere Quellen zur Erstellung eines Konzernabschlusses; so in § 340 i HGB (für Kreditinstitute), in § 341 i HGB (für Versicherungen) und in § 11 PublG. Die deutschen Vorschriften stehen im Einklang mit der 7. EG-Richtlinie, die für Unterordnungskonzerne eine Konzernrechnungslegungspflicht vorsieht.

Damit ist auch der Anwenderkreis der Konzernrechnungslegung klar umrissen. Eine Pflicht zur Konzernrechnungslegung besteht für Kapitalgesellschaften und für ausgewählte Personengesellschaften, die über Beteiligungen – also ein Mutter-Tochter-Verhältnis – verfügen, an denen sie entweder die Mehrheit der Stimmrechte halten oder über die sie eine Beherrschung ausüben. Unter die ausgewählten Personengesellschaften fallen alle Gesellschaften, die die Voraussetzungen des § 264 a HGB erfüllen.

2.2 Rechtlicher Rahmen nach IFRS

Die IFRS orientieren sich – anders als die deutschen Rechnungslegungsvorschriften – konzeptionell in erster Linie an der „adressatenbezogenen Entscheidungsnützlichkeit“ von Abschlüssen.[2] Sie unterscheiden dabei nicht zwischen Einzel- und Konzernabschlüssen. Eine Präzisierung hinsichtlich des zu erstellenden Abschlusses erfolgt nach der Logik der IFRS durch einen eigenen Standard (*IAS 27 – Consolidated and Seperate Financial Statements*). Demnach ist ein Konzernabschluss nach IAS 27.9 dann zu erstellen, wenn ein Unternehmen (die Muttergesellschaft) Anteile an einem anderen Unternehmen (die Tochtergesellschaft) hält und es auf diese Weise beherrscht. In diesem Fall besteht immer die Pflicht zur Erstellung eines Konzernabschlusses.

Wie das HGB kennen auch die IFRS Befreiungen von der Erstellung eines Konzernabschlusses. Im Unterschied zum HGB sind die Vorschriften der IFRS aber wesentlich restriktiver ausgelegt. Nach IAS 27.10 brauchen keine Konzernabschlüsse erstellt werden, wenn

- das Unternehmen selbst die Tochtergesellschaft eines anderen Unternehmens ist,
- Aktien, Anleihen oder ähnliche Eigenkapitalinstrumente nicht an einem öffentlichen Finanzplatz gehandelt werden,
- Jahresabschlüsse nicht bei einer Finanzaufsicht eingereicht werden müssen.

2.3 Zusammenspiel von § 315 a HGB und IAS 27

Die Pflicht zur Aufstellung eines Konzernabschlusses nach dem HGB ist für Unternehmen, die einen Abschluss nach den deutschen Vorschriften zu erstellen haben, bindend. In den HGB ist über § 315 a HGB eine Öffnungsklausel zur Anwendung der IFRS gegeben. Demnach haben kapitalmarktorientierte (Kapital-)Unterneh-

[2] Vgl. IFRS-Rahmenkonzept F.12.

men die IFRS nach § 315 a Abs. 1 HGB verpflichtend anzuwenden, wenn sie unter die EU-Verordnung 1606/2002 fallen. Diese verpflichtende Anwendung gilt nach § 315 a Abs. 2 HGB auch für Unternehmen, die im Sinne des WpHG eine Zulassung an einem geregelten Markt beantragt haben. Neben diesen beiden Pflichtanwendungen hat der Gesetzgeber über § 315 a Abs. 3 HGB ein Wahlrecht zur freiwilligen Anwendung der IFRS für Konzernabschlüsse eingeräumt.

Wird ein Konzernabschluss nach den Vorschriften der IFRS erstellt, hat er nach dem HGB eine befreiende Wirkung. Hier sei aber auch ganz klar gesagt, dass der Konzernabschluss lediglich eine Informationsfunktion hat. Für Zwecke der Besteuerung und der Gewinnausschüttung ist nach wie vor der Einzelabschluss nach dem HGB das Maß aller Dinge.

Somit besteht ein direkter Zusammenhang zwischen den Vorschriften zur Konzernrechnungslegung nach dem HGB und den Vorschriften der IFRS. Aufgrund der gegenwärtigen Gesetzeslage regelt das HGB, ob ein Konzernabschluss zu erstellen ist. Wie dieser Abschluss zu erstellen ist, bleibt den IFRS überlassen.

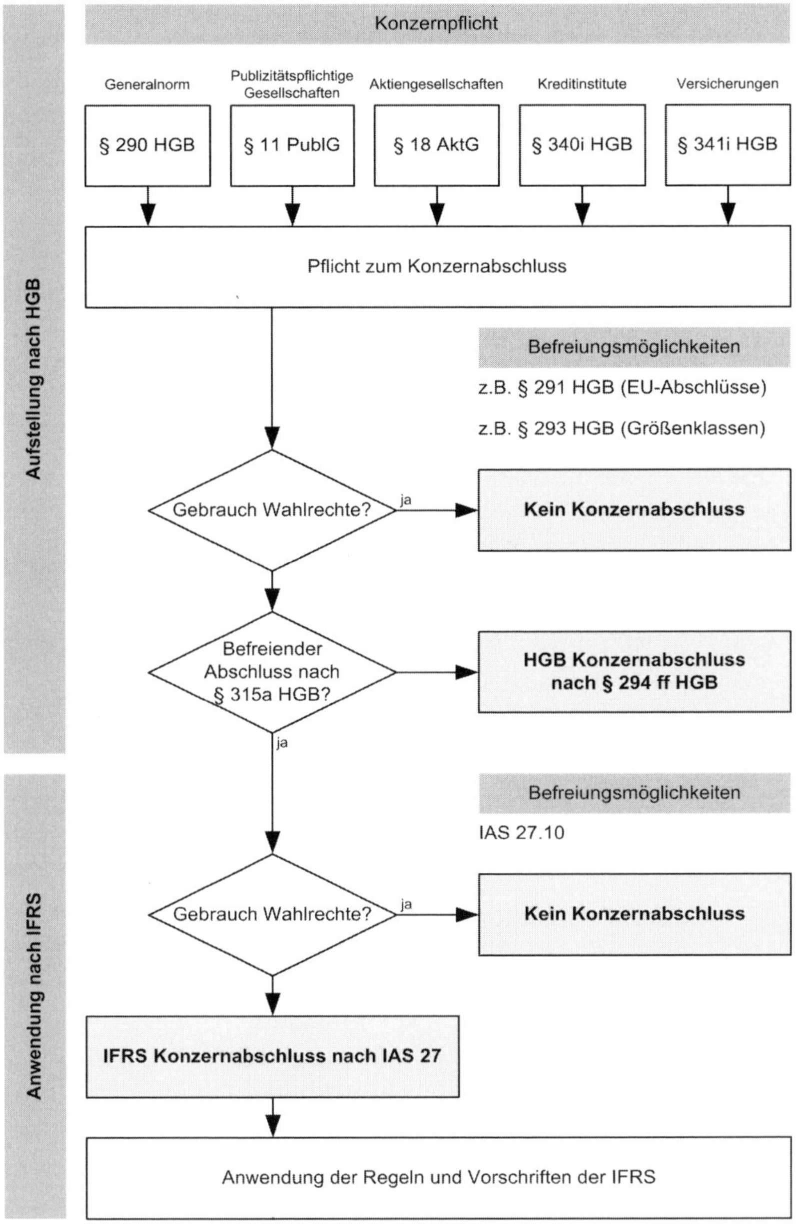

Abb. 2: Zusammenspiel HGB und IFRS

3 Das Control-Konzept als Grundlage des Konzerns

3.1 Grundlagen

Das wesentliche Element in der Formierung eines Konzerns nach IAS 27 ist das Control-Konzept der IFRS. Das Control-Konzept der IFRS stellt auf Beherrschungsmöglichkeiten von Unternehmen ab. Deshalb ist die Stimmrechtsausübung ein wesentliches Kriterium der Beherrschung. Obwohl IAS 27 nach IAS 27.3 zwingend für alle Arten von Beteiligungen anzuwenden ist, sind die Regeln und Vorschriften für Beteiligungen an Unternehmen – in Abhängigkeit von der Art der Beteiligung – über mehrere Standards verteilt. Deshalb kennen die IFRS mehrere, in Abhängigkeit von den Stimmrechten anzuwendende Konsolidierungsmethoden.

Achtung:
Anteile an Beteiligungen bedeuten nicht automatisch gleiche Stimmrechte! Zwar entspricht die Beteiligungsquote in der Regel der Stimmrechtsquote, aber es gibt immer wieder Fälle, die diese Regel durchbrechen.

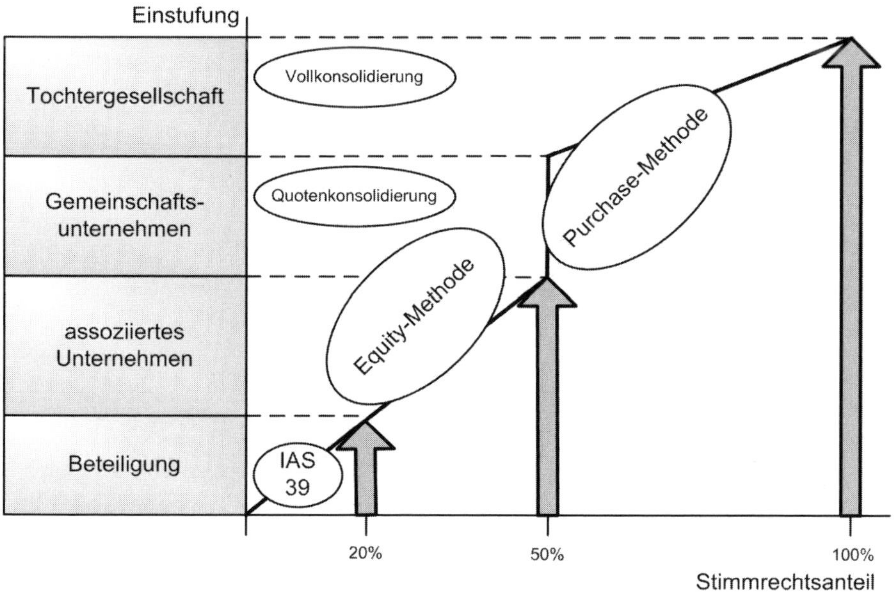

Abb. 3: Systematische Einordnung von Beteiligungen und deren Konsolidierungsmethoden

Stimmrechte

- Stimmrechtsanteile von weniger als 20 %

  Anteile an Unternehmen mit einer Quote von weniger als 20 % sind regelmäßig als Finanzanlagen (oder als finanzielle Vermögenswerte) nach *IAS 39 – Financial Instruments*[3] zu behandeln. Diese Anteile sind nach IAS 39.43 bzw. IAS 39.46 stets zum beizulegenden Wert zu erfassen, und das sowohl bei der Erst- als auch bei der Folgebewertung. Gewinne und Verluste sind dabei regelmäßig erfolgwirksam zu buchen. Gerade in Verlustsituationen ist zu beachten, dass dabei dem obligatorischen Impairment-Test eine besondere Bedeutung zukommt. Ansonsten ist diese Art von Beteiligungen im Rahmen der Konzernrechnungslegung bedeutungslos.

[3] Vgl. auch IAS 32.4 a) für die Definition von Finanzanlagen und den Abhängigkeiten zwischen den Standards.

Die Grenze von 20 % ergibt sich aus der Negativabgrenzung der assoziierten Unternehmen nach IAS 28.6. Hier wird unterstellt, dass kein signifikanter Einfluss auf ein Unternehmen ausgeübt werden kann und somit auch keine Beherrschung begründet ist.

- Stimmrechtsanteile zwischen 20 % und 50 %

  Ab einer Quote von 20 % unterstellt das IASB, dass ein signifikanter Einfluss auf ein Unternehmen vorliegt. In diesem Fall liegt eine Beteiligung an einem assoziierten Unternehmen vor. Deshalb ist *IAS 28 – Investments in Associates* anzuwenden. Venture-Capital-Gesellschaften und -Fonds, die Anteile an Gesellschaften mit einer Beteiligungsquote von mehr als 20 % halten, müssen anstelle des IAS 28 IAS 39 anwenden.

  Im Rahmen der Konzernrechnungslegung sind diese Beteiligungen mittels der Equity-Methode in den Konzernabschluss einzubeziehen.

- Stimmrechtsanteile von 50 %[4]

  Erfolgt die Beherrschung eines Unternehmens gemeinsam mit einem (oder mehreren) Investor(en) (z. B. mit einem Kooperationspartner), liegt der Fall eines Gemeinschaftsunternehmens vor. Für diese Art von Beteiligungen ist *IAS 31 – Investments in Joint Ventures* der entsprechende Standard. Hier steht weniger der Anteil der Beteiligung als vielmehr die Beherrschung im Vordergrund.

  Im Rahmen der Konzernrechnungslegung sind diese Beteiligungen wahlweise mittels der Equity-Methode oder mittels der Purchase-Methode in den Konzernabschluss einzubeziehen.

- Stimmrechtsanteile von mehr als 50 %

  Bei Stimmrechtsanteilen von mehr als 50 % wird regelmäßig davon ausgegangen, dass eine Beherrschung vorliegt und ein maßgeblicher Einfluss auf die operative Führung der Beteiligung gegeben ist. In diesen Fällen handelt es sich bei der Beteiligung um

[4] Das IASB denkt gegenwärtig im Rahmen des Consolidation Projects und der Überarbeitung des Frameworks darüber nach, ob die Quotenkonsolidierung künftig entfallen soll.

eine Tochtergesellschaft, sodass ein Mutter-Tochter-Verhältnis begründet ist. In diesem Fall erfolgt die Einbeziehung der Beteiligung in den Konzernabschluss auf jeden Fall mittels der Purchase-Methode des IAS 27.

Widerlegbare Vermutung

Ein weiteres zentrales Element des Control-Konzepts ist die widerlegbare Vermutung. Sie zieht sich durch alle Standards, über die Beteiligungen in den Konzernabschluss eingebunden werden.
Die widerlegbare Vermutung weicht die in den Standards definierten Schwellen und Grenzwerte auf. Ziel ist es, Einfluss und Beherrschung an den tatsächlichen wirtschaftlichen Gegebenheiten festzumachen, und nicht an Schwellen, die vom IASB definiert wurden. Damit wird eine Flexibilisierung erreicht, die den Unternehmen einen gewissen Spielraum in der Anwendung der sonstigen Voraussetzungen eröffnet. Das bedeutet aber auch, dass eine entsprechende Beweisführung durch das beherrschende Unternehmen vorzunehmen ist, um eine abweichende Handhabung zu rechtfertigen.

Tipp:

Bitte denken Sie daran, dass eine abweichende Behandlung regelmäßig im Rahmen des Jahresabschlusses dahingehend geprüft werden muss, ob sich die Verhältnisse geändert haben!

Beispiel:

Siehe CD-ROM

Die Unternehmen des Konzerns lassen sich in die folgenden Gruppen einordnen:

Finanzanlage

- Chorunta Cables BV
- Mellenich Austria GmbH (bis zum 30.06.08)

Assoziierte Unternehmen

- Kijba BV

Gemeinschaftsunternehmen

- Yao Zung Ltd.

Tochtergesellschaften

- LT Leitsysteme GmbH
- Solenta Kabelsysteme GmbH
- Mellenich USA Corp.
- Ehrlicher GmbH & Co. KG
- MPG mbH
- Mellenich Vertriebsholding GmbH
- Wilmington Ltd.
- Mellenich Belgium Sprl.

Problematisch ist die Einstufung der Mellenich Austria GmbH, weil die Anteile an dieser Gesellschaft von mehreren Unternehmen des Konzerns gehalten werden. Hier sind weitere Kriterien notwendig, um eine korrekte Einstufung durchführen zu können[5].

3.2 Beherrschungsarten

Das zuvor beschriebene Control-Konzept bezieht sich auf die Beherrschung von Unternehmen im Allgemeinen. Die unterschiedlichen Arten der Beherrschung werden im IAS 27.13 präzisiert. Neben der einfachen Beherrschung durch die Mehrheit der Stimmrechte nennt IAS 27.13. explizit vier weitere Fälle, die eine stimmrechtsbasierte bzw. eine wirtschaftliche Beherrschung begründen können. Diese Fälle berücksichtigen

- die Übertragung von Stimmrechten,
- die Einflussnahme auf die Finanz- und Geschäftspolitik gemäß Satzung,
- das Stellen der Mehrheit von Mitgliedern in Unternehmensorganen und
- die Mehrheit der Stimmen in diesen Organen.

[5] Die Behandlung derartiger Fälle wird in den folgenden Abschnitten besprochen.

Obwohl viele Szenarien von Beherrschungsmöglichkeiten denkbar sind, werden in der Praxis wohl eher die folgenden Fälle zu finden sein:

- Mehr als die Hälfte der Stimmrechte

  Besitzt das beherrschende Unternehmen mehr als die Hälfte der Stimmrechte wird eine Beherrschung regelmäßig unterstellt. Fallen Beteiligungsanteile und Stimmrechte so auseinander, dass nicht alle Stimmrechte beim Mehrheitshalter liegen, lässt sich die Vermutung der mangelnden Beherrschung annehmen. In diesem Fall würde die Beteiligung im Konzernverbund nicht berücksichtigt werden.
- Stimmrechtsausübung

  Liegt nicht mehr als die Hälfte der Stimmrechte vor, ist normalerweise von einer fehlenden Beherrschung auszugehen. Durch eine wirksame Übertragung von Stimmrechten weiterer Anteilsinhaber kann hier trotzdem eine Beherrschung begründet werden. In diesem Fall ist die Beteiligung im Konzernverbund zu berücksichtigen.
- Präsenzmehrheiten[6]

  Präsenzmehrheiten sind Mehrheiten, die sich auf Hauptversammlungen ergeben, weil nicht alle Anteilsinhaber anwesend sind. Selbst bei einer Minderheitsbeteiligung kann sich so eine De-facto-Mehrheit und damit auch eine Beherrschung einstellen, die zur Durchsetzung eigener Interessen ausreicht. Ein derartiger Fall wird gegenwärtig in den IFRS nicht explizit adressiert, sondern ergibt sich nur indirekt aus IAS 27.13 a). Das IASB hat sich dahingehend geäußert, dass bei wiederholtem Vorliegen eines solchen Falles wirtschaftlich gesehen eine De-facto-Beherrschung vorliegt, die entsprechend den IFRS im Rahmen des Konzernabschlusses zu berücksichtigen ist.

---

6 Vgl. Lüdenbach in Haufe IFRS-Kommentar, § 32 Rz 25 und Senger/Elprana in Beck'sches IFRS-Handbuch, § 29 Rz. 11.

- Beherrschungs- und Ergebnisabführungsverträge

  Beherrschungs- und Ergebnisabführungsverträge sind gängige Varianten, um sich sowohl den Einfluss auf ein Unternehmen als auch die Partizipation an seinen Ergebnissen zu sichern. Hier sind unterschiedliche gesellschaftsrechtliche Ausgestaltungen denkbar, sei es im Rahmen der Satzung eines Unternehmens, sei es als separate Vereinbarungen. Wesentlich ist in jedem Fall die enge finanzielle und/oder wirtschaftliche Verbindung zur Muttergesellschaft, die immer eine wirtschaftliche Beherrschung begründet.

- Ausübung bzw. Besetzung des Managements

  Ähnlich wie bei den Beherrschungs- und Ergebnisabführungsverträgen kann eine wirtschaftliche Beherrschung des Managements gegeben sein. Die Grundlage bildet die Vermutung, dass durch die Besetzung des Managements mit Vertrauten oder eigenen Mitarbeitern immer auch eine Entscheidungsfindung zugunsten des Anteilhalters getroffen wird. In der Praxis sind diese Einflussnahmen wohl eher in Kombination mit vertraglichen Vereinbarungen vorzufinden. Reine „Managementlösungen" sind selten. Insofern ist anzunehmen, dass es sich bei solchen Sachverhalten um modifizierte Beherrschungsverträge handelt.

Bei einer strengen Auslegung des IAS 27.13 können auch sich widersprechende Konstellationen vorkommen, die eine Beherrschung ad absurdum führen. Hier ist es dann geboten, auf den wirtschaftlichen Gesamtzusammenhang bzw. den eigentlichen Zweck abzustellen und eine Gesamtwürdigung – auch unter Einbeziehung der weiteren Investoren und Anteilshalter – durchzuführen.

Stimmrechtsermittlung

Im Rahmen der Ermittlung der Anzahl der Stimmrechte berücksichtigt IAS 27.13 auch die Art und Weise, wie die Stimmrechte gehalten werden. Zur Ermittlung werden immer die direkten und die indirekten – also die über ein anderes Unternehmen (z. B. eine Beteiligung) gehaltenen – Stimmrechte zusammengerechnet. Bei verschachtelten Konzernstrukturen kann die Methode zur Stimmrechtsermittlung zu Problemen führen, und zwar insbesondere dann, wenn Anteile an einer Gesellschaft sowohl direkt als auch indirekt oder mehrfach indirekt gehalten werden.

Achtung:
Die Stimmrechtsermittlung für die Definition des Konsolidierungskreises erfolgt immer Additiv und niemals Quotal!

Beispiel:
Die Stimmrechte an den über die Holding gehaltenen Anteilen an der Mellenich Austria GmbH und an der Kijba BV ermitteln sich wie folgt:

Siehe CD-ROM

Gehaltene Anteile:	
Von der Mellenich AG gehalten	30 %
Von der Mellenich Vertriebsholding GmbH gehalten	10 %
Stimmrechte insgesamt	40 %

Für die Kijba BV:

Von der Mellenich Vertriebsholding GmbH gehalten	24,9 %

Fehlerhaft wäre die folgende Stimmrechtsermittlung:

Von der Mellenich Vertriebsholding GmbH gehalten	80 % von 24,9 % = 19,92 %

Die fehlerhafte Stimmrechtsermittlung würde zu dem Trugschluss führen, die Kijba BV als eine Finanzbeteiligung einzustufen. Korrekterweise ist diese Gesellschaft aber als ein assoziiertes Unternehmen zu führen.

In der Praxis kann die Ermittlung der indirekten Stimmrechte zu erheblichen Problemen führen, weil hier die Konzern- und Beteiligungsstrukturen für die Berechnung maßgeblich sind. Gerade bei verschachtelten Konzernen lässt sich eine Stimmrechtsermittlung nur schwer vornehmen.

Tipp:
Liegen keine gesellschafts- oder steuerrechtlichen Zwänge vor, sollten Konzernstrukturen immer möglichst einfach aufgebaut sein.

3.3 Sonderfälle

3.3.1 Zweckgesellschaften

Zweckgesellschaften sind Gesellschaften, die eine dedizierte Aufgabe zu erfüllen haben. Meistens werden Zweckgesellschaften für strukturierte Finanzierungen verwendet, sodass mehrere Ziele gleichzeitig erreicht werden:

- Das begünstigte Unternehmen (der Sponsor) will sich einer Durchgriffshaftung der Gläubiger entziehen,
- das Finanzierungssubjekt und die korrespondierende Verbindlichkeit sollen nicht vom Investor bilanziert werden,
- das Finanzierungssubjekt soll vor Insolvenzrisiken geschützt werden.

Zweckgesellschaften wurden – historisch betrachtet – genutzt, um Vermögenswerte und insbesondere Schulden von einem Konzernabschluss fernzuhalten und in eine eigenständige Gesellschaft auszulagern, ohne sie in den Konsolidierungskreis aufnehmen zu müssen. Insofern handelte es sich in der Vergangenheit bei Zweckgesellschaften um Off-Balance-Sheet-Transaktionen. Spätestens seit dem spektakulären Zusammenbruch von Enron wurden die Vorschriften für Zweckgesellschaften derart verfeinert, dass sie nur noch in den seltensten Fällen nicht in den Konsolidierungskreis einbezogen werden müssen.

Die in den derzeitigen IFRS-Standards vorhandene Regelungslücke hinsichtlich der Behandlung von Zweckgesellschaften wird gegenwärtig durch SIC 12 ausgefüllt. SIC 12 löst sich vollkommen vom Beteiligungsansatz und stellt allein auf den wirtschaftlichen Zweck und den Nutzen ab. Dabei ist es nach SIC 12.10 unerheblich, ob der Sponsor über eine faktische Entscheidungsmacht verfügt, ob die Tätigkeiten der Zweckgesellschaft auf den Sponsor zugeschnitten sind, ob der Sponsor mehrheitlich den Nutzen aus der Zweckgesellschaft zieht oder ob die Zweckgesellschaft durch einen Autopiloten gesteuert wird. Durch diese Regelungen müssen auch Beteiligungen mit einer Quote, die unter 50 % liegt, zwingend in den Konsolidie-

rungskreis einbezogen werden. Letztendlich sind aber viele Ausgestaltungen von Zweckgesellschaften möglich, sodass immer eine Einzelfallprüfung vorgenommen werden muss.
Eine Überarbeitung der Definition und eine Berücksichtigung von Zweckgesellschaften im Konzernabschluss sind im Rahmen des Consolidation-Projektes des IASB und des FASB zu erwarten.

3.3.2 Potenzielle Stimmrechte und Optionen

Kaufverträge von Unternehmenserwerben beinhalten oftmals Optionen, die zum Erwerb weiterer Anteile nach Ermessen des Erwerbers berechtigen (Call-Optionen) oder nach Ermessen des Veräußerers verpflichten (Put-Optionen). Darüber hinaus können Kaufverträge mit weiterführenden Treuhändermodellen ausgestattet sein. Nach IAS 27.14 und IAS 27.IG1 ff. sind diese potenziellen Stimmrechte in die Beurteilung einer möglichen Beherrschung einzubeziehen.

Optionen

Bei Optionen ist zu unterscheiden, ob sie sofort oder erst später ausgeübt werden können. Bei der sofortigen Ausübung sind die Optionen hinsichtlich einer möglichen Beherrschung in die Ermittlung der Stimmrechtsquote zwingend einzubeziehen. Die Intention des Managements ist hierbei unerheblich. Interpretationswürdig sind allerdings die wirtschaftlichen Verhältnisse bzw. die Möglichkeiten zur Ausübung von Optionen aufgrund der unscharfen Definitionen in den Standards. Gegenwärtig stehen sich zwei Meinungen gegenüber: Einerseits wird die Meinung vertreten, dass bei einer als ungünstig eingestuften Optionsausübung die daraus resultierenden Stimmrechte regelmäßig auszuschließen und im Umkehrfall einzubeziehen sind. Andrerseits wird die Meinung vertreten, dass die Optionen – unabhängig von der wirtschaftlichen Situation – immer mit zu berücksichtigen sind. Letztendlich ist aber eine Gesamtwürdigung des Umfelds und der wirtschaftlichen Faktoren vorzunehmen. Wenn aber die Ausübung der Optionen erst zu einem definierten, späteren Zeitpunkt erfolgen kann, sind die Optionen nicht zu berücksichtigen. Die Ausübung der Optionen kann allerdings zu einem späteren Zeitpunkt eine Beherrschung begründen.

Treuhändermodelle

Neben den Optionen und ihrer Ausübung sind Treuhändermodelle mögliche Vertragsbestandteile. Der Veräußerer oder ein neutraler

Dritter halten in diesem Fall die erworbenen oder die zu erwerbenden Anteile treuhänderisch für den Erwerber für einen definierten Zeitraum oder bis zum Eintritt eines definierten Ereignisses. Typischerweise können derartige Konstruktionen bei Unternehmenserwerben aufgrund regulatorischer oder gesetzlicher Auflagen vorkommen. Eine explizite Berücksichtigung derartiger Modelle ist in IAS 27 gegenwärtig nicht vorhanden. Insofern sind die Regeln des IAS 27.13 ff. analog auf Treuhändermodelle anzuwenden. Die Grundlage bildet immer die vertragliche Ausgestaltung. Hat der Erwerber keinen Einfluss auf den Treuhänder und kann somit in keiner Weise (weder direkt noch indirekt) Einfluss auf die Unternehmensführung des erworbenen Unternehmens ausüben, sind die vom Treuhänder gehaltenen Anteile nicht in die Stimmrechtsermittlung einzubeziehen. Besteht jedoch die Möglichkeit, einen Einfluss über den Treuhänder auszuüben, oder kann oder würde der Treuhänder nur mit Zustimmung des Erwerbers agieren, ist eine Einflussmöglichkeit zu bejahen. In diesen Fällen sind die treuhänderisch gehaltenen Anteile mit in die Stimmrechtsermittlung einzubeziehen. Die in der derzeit gültigen Version des IAS 27 vorhanden Unschärfen und Regelungslücken sollen mit der Überarbeitung der Konsolidierungsvorschriften beseitigt werden. Im Rahmen des Diskussionspapiers zur berichtenden Einheit plant das IASB sowohl eine Überarbeitung des Rahmenkonzeptes bezüglich der Berücksichtigung genereller Konzepte zur Konsolidierung als auch eine Erweiterung der in IAS 27 definierten Vorschriften zur Beherrschung. Die darin enthaltenen Kriterien zur Bestimmung der Beherrschung sollen dann entsprechend erweitert werden.

3.3.3 Wegfall der Beherrschung

Soweit eine Beherrschung begründet ist, muss eine Tochtergesellschaft zwingend im Konsolidierungskreis gehalten werden. Ist die Beherrschung nicht mehr gegeben, verlässt das Tochterunternehmen den Konsolidierungskreis. Eine fehlende Beherrschung kann vielfältige Gründe haben:

- vollständige oder teilweise Veräußerung von Unternehmensanteilen an der Tochtergesellschaft,

- Veränderung von gesellschaftsrechtlichen Vereinbarungen oder Auflagen,
- Insolvenz (die Beherrschung erfolgt dann durch den Insolvenzverwalter),
- staatliche Auflagen (z. B. Auflagen von Kartellbehörden).

Der Wegfall der Beherrschung bedeutet nicht zwingend, dass eine Tochtergesellschaft nicht mehr zum Konzern gehört. Das Unternehmen kann durchaus im Konzernverbund verbleiben, ist aber aufgrund der fehlenden Beherrschung nicht mehr nach IAS 27 zu bilanzieren. In solchen Fällen erfolgt eine Bilanzierung der Beteiligung entweder als ein assoziiertes Unternehmen nach IAS 28, als ein Joint Venture nach IAS 31 oder als eine reine Finanzbeteiligung nach IAS 39. Mit der Änderung der Bilanzierung gehen meistens umfangreiche Anpassungen aufgrund der unterschiedlichen Bilanzierungsvorschriften einher.

Beispiel:

Zum 31.03.2008 hat die Mellenich AG 21 % der Anteile an der Kijba BV veräußert. Mit der Veräußerung ändert sich der Status der Gesellschaft. Die zuvor als assoziiertes Unternehmen geführte Kijba ist nun als eine reine Finanzbeteiligung einzustufen. Der sich daraus ergebende Statuswechsel erzwingt die Durchführung einer Überleitungskonsolidierung. Hier ist eine Abwärtskonsolidierung erforderlich.[7]

Siehe CD-ROM

3.4 Konsolidierungskreis

Der Umfang des eigentlichen Konzerns wird immer durch den Konsolidierungskreis bestimmt. Basierend auf dem Control-Konzept ist nach IAS 27.12 festzulegen, für welche Gesellschaften eine Beherrschung, also ein Mutter-Tochter-Verhältnis vorliegt. Diese Gesellschaften sind dann in den Konsolidierungskreis einzubeziehen. Aus der Beherrschung ergibt sich ebenfalls, dass die Purchase-Methode als Konsolidierungsart anzuwenden ist. Soweit Beteiligungen als assoziierte Unternehmen eingestuft sind, fallen sie nicht unter die oben genannten Voraussetzungen und sind somit auch nicht in den Konso-

[7] Siehe Kapitel 9.3.1 ab S. 223.

lidierungskreis einzubeziehen. Solche Beteiligungen werden über eine eigene Vorschrift in den Konzernabschluss einbezogen.
Die Konsolidierungspflicht für Mutter-Tochter-Verhältnisse ergibt sich aus IAS 27.9. Danach hat die Muttergesellschaft einen konsolidierten Abschluss aufzustellen. In großen Unternehmensverbunden kommen Mutter-Tochter-Verhältnisse allerdings auf unterschiedlichen Ebenen vor. Insofern handelt es sich hier um mehrstöckige Konzerne. Um nicht in den Zwang zu geraten, auf jeder Ebene einen separaten Konzernabschluss erstellen zu müssen, kann unter gewissen Voraussetzungen von den Befreiungsvorschriften nach IAS 27.10 Gebrauch gemacht werden, sodass die Konsolidierung nur noch auf der höchsten Ebene, also bei der Muttergesellschaft stattfinden muss.

Siehe CD-ROM

Beispiel:

Für die Bestimmung des Konsolidierungskreises der Mellenich AG sind Stimmrechte, Beherrschungsvereinbarungen und mögliche faktische Beherrschungen zu prüfen. Im Rahmen der routinemäßigen Prüfung wurde entschieden, die Mellenich USA Corp. nicht in den Konsolidierungskreis einzubeziehen. Die Gesellschaft wurde im Dezember 2007 neu gegründet und übt derzeit noch keine aktive Tätigkeit aus. Unter Berücksichtigung von Wesentlichkeitsgesichtspunkten soll diese Gesellschaft als eine reine Finanzbeteiligung in den Konzernabschluss einfließen. Damit stellt sich der Konsolidierungskreis wie folgt dar:

Zum 02.01.2008 gehören die folgenden Unternehmen zum Konsolidierungskreis:

- Mellenich AG (als Muttergesellschaft),
- Yao Tung Ltd. (als Gemeinschaftsunternehmen ist diese Gesellschaft nur quotal in den Konsolidierungskreis einzubeziehen),
- Solenta Kabelsysteme GmbH,
- Ehrlicher GmbH & Co. KG,
- MPG mbH,
- Mellenich Vertriebsholding GmbH,
- Wilmington Ltd.,
- Mellenich Belgium Sprl.

Zum 01.04.2008 wird der Konsolidierungskreis um die LT Leitsysteme GmbH erweitert.

Zum 30.10.2008 verlässt die MPG mbH den Konsolidierungskreis.

3.5 Anhangsangaben

Die in einem Jahresabschluss geforderten Ausweispflichten zum Konzern und zur Konsolidierung beziehen sich sowohl auf allgemeine Angaben zum Konzern als auch auf spezifische Sachverhalte.
Unter den allgemeinen Angaben im ersten Teil der Notes werden meistens allgemeine Angaben zum Konzern aufgenommen. Neben den Angaben zur (börsennotierten) Muttergesellschaft sind hier auch Angaben zum Konsolidierungskreis zu finden. In der Regel wird der Konsolidierungskreis weit gefasst sein und nicht nur Tochterunternehmen, sondern auch assoziierte Unternehmen und Joint Ventures beinhalten. Gleichzeitig sollten hier auch Veränderungen im Konsolidierungskreis erwähnt werden. Die Grundlage hierfür bilden die Angabepflichten des IAS 1 und des IAS 27.
Wollen börsennotierte Aktiengesellschaften von einem befreienden Konzernabschluss nach § 315 a HGB Gebrauch machen, sollte das mit den Angaben zu den Beteiligungen nach § 313 Abs. 2–4 HGB gekoppelt werden. Das bedeutet eine Aufstellung sämtlicher im Konsolidierungskreis befindlicher Gesellschaften mit Name, Sitz und Anteil am Kapital.
Weitere Pflichtangaben im allgemeinen Teil sind Ausführungen zu den Konsolidierungsgrundsätzen. IAS 27.41 ff. fordert die Angabe von Kriterien zur Einbeziehung in den Konsolidierungskreis und der Beherrschung. Hier ist neben den Stimmrechten insbesondere auf abweichende Kriterien einzugehen, die für die Bestimmung des Konsolidierungskreises maßgeblich sind. Es empfiehlt sich, regelmäßig Ausführungen zum Zeitpunkt der Einbeziehung in den Konsolidierungskreis sowie zur wirtschaftlichen Verfügungsmacht und zu den daraus resultierenden Früchten und Risiken zu machen. Zu den Konsolidierungsgrundsätzen gehören aber auch die angewendeten Konsolidierungsmethoden und -verfahren. Hier sollten – falls erforderlich – die für den Konzernabschluss relevanten Konsolidierungsmethoden und -maßnahmen und deren Anwendungen zumindest ansatzweise erwähnt werden.

4 Das Erstellen des Konzernabschlusses

4.1 Organisatorische Vorbereitung

Das Erstellen eines Konzernabschlusses ist eine interdisziplinäre Tätigkeit, in die unterschiedliche Abteilungen bei verschiedenen Unternehmen im Konzernverbund eingebunden sind. Da Konzernabschlüsse zumeist von börsennotierten Aktiengesellschaften erstellt werden, unterliegt das Erstellen einem gewissen Zeitdruck, weil Fristen zur Veröffentlichung des Jahresabschlusses einzuhalten sind. Vor diesem Hintergrund ist eine Reihe organisatorischer Maßnahmen zwingend erforderlich, damit das Erstellen des Abschlusses zeitgerecht erfolgen kann. Unter anderem sind die folgenden Maßnahmen zu bedenken:

- einheitliche Konzernstrukturen,
- konzerneinheitliche Bewertungs- und Bilanzierungsvorschriften,
- gleiche Geschäftsjahre,
- eine abgestimmte Zeit- und Maßnahmenplanung,
- ein auf den Konzernabschluss abgestimmtes Berichtswesen.

4.1.1 Strukturen

Die effiziente Erstellung eines Konzernabschlusses ist sehr stark von den Konzernstrukturen abhängig. Die gängige Praxis der Trennung der Legalstruktur von der Managementstruktur für die operative Führung eines Konzerns und seiner Geschäftsbereiche ist für Konsolidierungszwecke zweitrangig. Da Abschlüsse auf Unternehmensebene erstellt werden, ist sowohl für die Mutter als auch für sämtliche Beteiligungen – seien es Tochterunternehmen, assoziierte Unternehmen oder Joint Ventures – ausschließlich der Einzelabschluss maßgeblich. Die Unternehmen finden ihren Einzug in die Legalstruktur eines Konzerns, der für die Definition des Konsolidierungskreises von Bedeutung ist.

Kontenplan

Ein wesentliches Element der Konzernstrukturen ist der Konzernkontenplan. Er ist die für alle Unternehmen des Konzerns verpflichtend anzuwendende Arbeitsgrundlage im Rahmen des Berichtswesens. Darüber hinaus wenden viele Unternehmen aus Praktikabilitätsgründen den Konzernkontenplan auch auf Ebene der einzelnen Unternehmen an. Die Buchung sämtlicher Geschäftsvorfälle bei allen Gesellschaften eines Konzerns unter Anwendung eines einheitlichen Kontenplans bietet die notwendigen Synergien, um einen schnellen Konzernabschluss zu erstellen. Sie wird meistens durch zentrale Vorgaben aus dem Konzernrechnungswesen veranlasst. Bei vielen, gerade mittelständisch geprägten Konzernen findet man allerdings auch andere Strukturen, die eine effiziente Konsolidierung erschweren. Sie stammen entweder aus der historischen Entwicklung des Konzerns oder man will den Managern „vor Ort" größtmögliche Freiheiten für die von ihnen verantworteten Gesellschaften geben. Hier sind die Abschlüsse (konkret: die finalen Saldenlisten) an den Konzernkontenplan anzupassen. Diese Anpassung hat mit jedem Quartals- und Jahresabschluss zu erfolgen. Erfolgt das monatliche Reporting ebenfalls auf der Basis des Konzernkontenplans, müssen darüber hinaus die monatlichen Abschlüsse auf die Konzernstrukturen angepasst werden.

Tipp:

Wann immer Sie können: Streben Sie einen konzerneinheitlich anzuwendenden Konzernkontenplan an. So lassen sich viele Fehler vermeiden und Sie beschleunigen den Erstellungsprozess des Konzernabschlusses erheblich.

Um auch hier eine halbwegs effiziente Konsolidierung zu gewährleisten, ist ein „Mapping" des lokal verwendeten Kontenplans in den Konzernkontenplan vorzunehmen. Über Regeln ist zu definieren, welches lokale Konto in welches Konzernkonto zu überführen ist. Hierbei sind zwei wesentliche Besonderheiten zu beachten:

- Kontenzuordnung

  Es besteht keine 1:1-Beziehung in der Kontenzuordnung. Soll ein lokales Konto mehreren Konzernkonten zugeordnet werden, muss eine manuelle Zuordnung oder Umbuchung erfolgen. Das ist nicht nur zeitaufwendig, sondern auch sehr fehlerträchtig und sollte vermieden werden. Deshalb empfiehlt es sich immer, auf zwei lokalen Konten zu buchen und diese Konten dann den entsprechenden Konzernkonten zuzuordnen.

- Intercompany-Konten

  Um Beziehungen zwischen Konzerngesellschaften sauber zu eliminieren, sollten alle konzerninternen Liefer- und Leistungsbeziehungen auf separaten Konten erfasst werden. Eine Vermischung zwischen externen und konzerninternen Umsätzen und Kosten ist hinsichtlich der genauen Trennung problematisch und wird regelmäßig zu Fehlern führen.

Siehe CD-ROM

Beispiel:

Die Mellenich AG benutzt einen Kontenplan, der an den Datev SKR-04-Kontenplan angelehnt ist. Corporate Finance ist bemüht, die Struktur weitestgehend unverändert zu lassen. Für Zwecke der Konzernrechnungslegung wurde der nach dem Abschlussprinzip gegliederte Kontenplan um spezifische Konzernkonten erweitert. Im Bereich der Forderungen aus Lieferungen und Leistungen werden die folgenden Konten verwendet:

Konto	Bezeichnung
1200	Forderungen aus Lieferungen und Leistungen
1240	Zweifelhafte Forderungen
1246	Einzelwertberichtigungen
1249	Pauschalwertberichtigungen
1260	Forderungen gegen verbundene Unternehmen

Der Kontenplan der LT Leitsysteme GmbH basiert auf dem Industriekontenplan, der zwar auch nach dem Abschlussprinzip gegliedert ist, der sich aber im Aufbau an unterschiedlichen Stellen stark vom SKR-04-Kontenplan unterscheidet. Forderungen aus Lieferungen und Leistungen werden in diesem Kontenplan auf den folgenden Konten gebucht:

Konto	Bezeichnung
08000	Pauschalwertberichtigungen
14000	Forderungen aus Lieferungen und Leistungen Inland
14100	Forderungen Ausland
14200	Einzelwertberichtigungen
14500	Forderungen gegen verbundene Unternehmen

Damit die LT Leitsysteme GmbH nicht dazu gezwungen ist, den vorhandenen Kontenplan ab dem Zeitpunkt der Übernahme sofort und komplett umzustellen, wird dem Management der LT Leitsysteme GmbH gestattet, zunächst den alten Kontenplan beizubehalten und den Wechsel erst zu einem späteren Zeitpunkt zu vollziehen. Damit für Management- und Abschlusszwecke ein funktionierendes Berichtswesen sichergestellt ist, muss in der Zwischenzeit ein „Mapping", also eine Kontenzuordnung zwischen den Kontenplänen durchgeführt werden. Das erfolgt üblicherweise einmal zum Zeitpunkt des Unternehmenserwerbes, sodass dann aufgrund der Kontenzuordnung die LT Leitsysteme GmbH in den Konzernabschluss integriert werden kann.

Konto Mellenich AG	Konto LT Leitsysteme GmbH
1200	14000
1200	14100
1240	kein Mapping
1246	14200
1249	08000
1260	14500

Das für den Konzernabschluss vorherrschende Rechnungslegungssystem sind die IFRS. Die IFRS können auf unterschiedliche Weisen in einem Konzern implementiert sein.

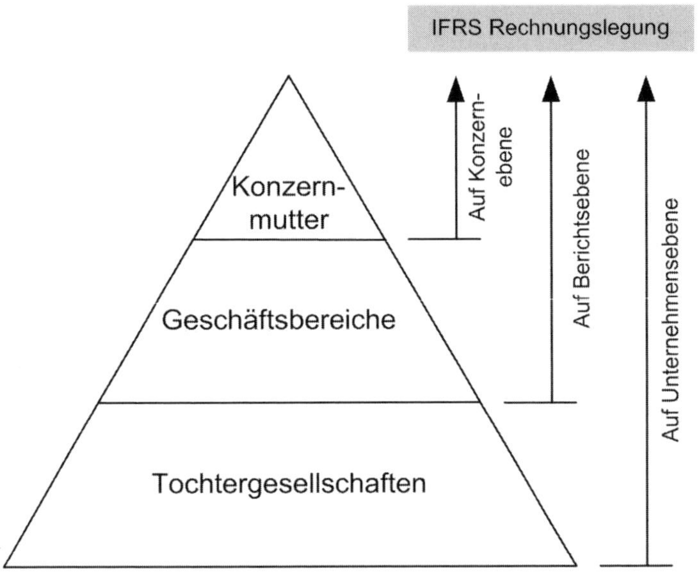

Abb. 4: Durchdringung der IFRS-Rechnungslegung

- Auf der Konzernebene

  Eine IFRS-Rechnungslegung auf Konzernebene entspricht der Überleitung eines voll konsolidierten Jahresabschlusses nach dem HGB auf die IFRS. Bei der Verwendung einer Überleitungsrechnung gehen im Rahmen des Konsolidierungsprozesses viele Detailinformationen verloren, sodass zusätzliche Anforderungen an das Berichtswesen zu stellen sind, um das Informationsmanko auszugleichen.

- Auf der Berichtsebene

  Der Ansatz einer IFRS-Rechnungslegung auf Berichtsebene lässt den einzelnen Unternehmen die Freiheit zur Anwendung der eigenen Rechnungslegung, zwingt sie aber zur Überleitung auf die IFRS für das Berichtswesen. Die Konsolidierung erfolgt dann nach den Regeln der IFRS.

- Auf der Unternehmensebene

  Mit dem Einsatz der IFRS bereits bei den Tochtergesellschaften erfolgt eine durchgängige Implementierung der IFRS im gesamten Konzern. Für Zwecke der nationalen Rechnungslegung sind die IFRS-Einzelabschlüsse der Unternehmen in das entsprechende Rechnungslegungssystem (z. B. das HGB) zu überführen.

Im Hinblick auf eine optimale und effiziente Konzernrechnungslegung nach den IFRS ist der Variante der Implementierung auf Unternehmensebene der Vorzug zu geben. Nur diese Variante garantiert eine zügige Erstellung des Konzernabschlusses, weil bei ihr aufwendige Überleitungen entfallen.

EDV-Implementierung

Aufgrund der Zwänge der parallelen Rechnungslegung von HGB und IFRS auf Ebene des Einzelabschlusses sind Konzepte in die EDV-Strukturen zu implementieren, die sowohl die HGB- als auch die IFRS-Rechnungslegung sicher abbilden. Durchgesetzt haben sich zwei Varianten:

- Die Mickey-Mouse-Variante

  Bei dieser Variante sind die HGB- und die IFRS-Rechnungslegung in einem Mandanten und in einem Rechnungslegungskreis vorhanden. Neben gemeinsamen Konten gibt es spezifische Konten nur für die HGB- oder nur für die IFRS-Rechnungslegung.
- Das Parallelsystem

  Das Parallelsystem baut auf verschiedenen Mandanten oder Buchungskreisen auf, wobei einer für die IFRS verwendet wird. Der HGB-Mandant (oder der HGB-Buchungskreis) wird entweder als Delta-System, das nur die Differenzbuchungen zwischen IFRS und HGB aufnimmt, oder als Durchbuchsystem ausgelegt. Im letzten Fall werden sämtliche IFRS-Buchungen auch im HGB-Mandanten gebucht, wobei zusätzliche HGB-Buchungen abweichende Bewertungen und Bilanzierungen korrigieren.

Empfehlenswert ist die Anwendung des Parallelsystems, weil hier eine strikte Trennung von HGB und IFRS erfolgt und so in sich geschlossene Rechnungslegungssysteme vorhanden sind. Das reduziert die Gefahr, durch falsche oder unüberlegte Buchungen fehlerhafte Journaleinträge zu erzeugen. Einer Vermischung von HGB und IFRS wird so sicher vorgebeugt. Zudem werden die Saldenlisten wesentlich lesbarer und verständlicher und die Rechnungslegungskreise können individuell gehandhabt werden (z. B. beim Schließen von Perioden und Geschäftsjahren).

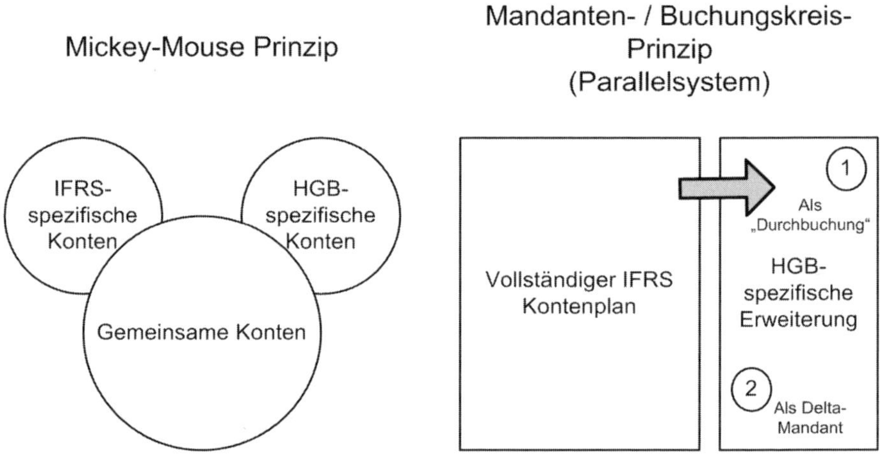

Abb. 5: Implementierung der IFRS-Rechnungslegung in der EDV

Ein weiteres „Spielfeld“ effizienter Konzernstrukturen sind die konzerneinheitlichen Bewertung- und Bilanzierungsvorschriften. Der geringste Arbeitsaufwand entsteht, wenn auch die Beteiligungen die Bewertungs- und Bilanzierungsrichtlinien der Konzernmutter anwenden. Leider ist das vielfach aufgrund nationaler Vorschriften oder aufgrund mangelnder Beherrschung – gerade in internationalen Konzernen – nicht möglich, sodass immer wieder abweichende Bewertungs- und Bilanzierungsfälle vorkommen werden. Dann sind Überleitungsrechnungen erforderlich, um die Bewertungen auf der Ebene des Einzelabschlusses zu korrigieren und an die konzerneinheitlichen Bewertungs- und Bilanzierungsvorschriften anzupassen.
Da die Erstellung des Konzernabschlusses stichtagsbezogen ist und sich am Geschäftsjahr der Muttergesellschaft orientiert, sind auch sämtliche Beteiligungen zu diesem Abschlussstichtag in den Konzernabschluss einzubeziehen. Das führt regelmäßig zu Problemen, wenn Tochtergesellschaften ein abweichendes Geschäftsjahr haben.

Der Zeitversatz kann – solange er weniger als drei Monate beträgt – durch eine Fortschreibung überbrückt werden. Beträgt der Zeitversatz mehr als drei Monate, ist für die betroffenen Tochtergesellschaften regelmäßig ein Zwischenabschluss verpflichtend, was zu einem höheren Aufwand führt. Um diese Abgrenzungsproblematik zu umgehen, sollten sämtliche Unternehmen im Konsolidierungskreis ein einheitliches Geschäftsjahr verwenden.

4.1.2 Prozesse

Neben den Konzernstrukturen sind die Prozesse für die Erstellung des Konzernabschlusses ein weiteres wichtiges Organisationsmerkmal. Da für Konzernabschlüsse sämtliche Unternehmen des Konsolidierungskreises einzubinden sind, ist durch eine abgestimmte Zeit- und Maßnahmenplanung sicherzustellen, dass der Konzernabschluss fristgerecht erstellt werden kann. Die Fristen ergeben sich zum einen aus § 325 HGB und zum anderen aus den Börsenvorschriften zur Offenlegung der Quartals- bzw. Jahresabschlüsse. In der Regel veröffentlichen die schnellsten Konzerne ihre Jahresabschlüsse bereits nach 30 Tagen; die Erstellung des Konzernabschlusses ist dann innerhalb von 15 bis 18 Tagen erledigt.[8] Derartige Erstellungsgeschwindigkeiten erfordern die Durchführung eines Fastcloses, was wiederum sorgfältig aufeinander abgestimmter Prozesse bedarf.

Sämtliche Prozesse sind interdisziplinär aufgestellt. Sie umfassen nicht nur das Rechnungswesen, sondern auch das Controlling, das Management und gegebenenfalls weitere Abteilungen, die spezifische Informationen bereitzustellen haben.

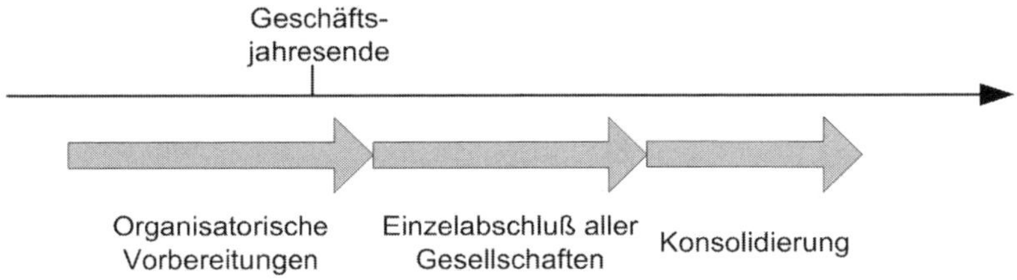

Abb. 6: Zeitlicher Ablauf einer Konsolidierung

[8] CIO, 26.01.2006, http://www.cio.de/strategien/methoden/817372/

Ganz allgemein lassen sich die Prozesse zur Erstellung eines Konzernabschlusses – ohne dabei auf die Mechanismen des Fastcloses zurückzugreifen – in drei große Bereiche untergliedern:

- Organisatorische Vorbereitungen

  Unter den organisatorischen Vorbereitungen wird eine Vielzahl durchzuführender Maßnahmen subsumiert. Hierunter fallen allgemeine Dinge des Einzelabschlusses wie auch spezifische Anforderungen für den Konzernabschluss wie z. B.

  - die Kommunikation des Fristenplanes und der zu liefernden Unterlagen,
  - die Abstimmung von Maßnahmen und deren Zusammenspiel für den Einzel- und den Konzernabschluss,
  - die Festlegung der einzelnen Maßnahmen mit Tätigkeitsbeschreibungen, Verantwortlichkeiten und Fristen,
  - das Ausarbeiten eines „Abschlussfahrplanes" für jedes Unternehmen,
  - der richtige Ausweis von Geschäftsvorgängen auf Intercompany-Konten,
  - die Saldenabstimmung von Liefer- und Leistungsbeziehungen zwischen den Unternehmen des Konsolidierungskreises,
  - das Clearing der Intercompany-Konten,
  - das Sammeln und Aufbereiten konzernrelevanter Sachverhalte für das spätere Berichtswesen,
  - das Einholen von Gutachten, Nachweisen etc.

  Ein besonderes Augenmerk sollte bei den Tochtergesellschaften auf die Konzernanforderungen im Rahmen des Einzelabschlusses gelegt werden, weil er für Konzernzwecke gegebenenfalls nochmals aufbereitet werden muss.

- Erstellung der Einzelabschlüsse

  Die Erstellung eines Einzelabschlusses für ein Unternehmen aus dem Konsolidierungskreis folgt den üblichen Regeln zur Erstellung von Jahresabschlüssen. Hier ist zu beachten, dass in Abhängigkeit vom verwendeten Rechnungslegungssystem gegebenenfalls Korrekturen erforderlich werden (Rechnungslegungsbasis ist IFRS: Überleitung nach HGB durch den Parallelmandanten bzw. das Parallelrechnungslegungssystem).

- Erstellung des Konzernabschlusses

  Der Konzernabschluss fußt systematisch auf den Einzelabschlüssen. Auf der Ebene der Tochtergesellschaften sind gegebenenfalls Korrekturen von Wertansätzen vorzunehmen, um sie an die konzerneinheitlichen Bewertungs- und Bilanzierungsgrundsätze anzupassen.

  Auf der Ebene des Konzerns erfolgt die Konsolidierung der einzelnen Abschlüsse. Darüber hinaus sind gegebenenfalls weitere Konzernbuchungen notwendig, um den Konzernabschluss zu vollenden. Ein weiterer wesentlicher Prozess ist die Auswertung der Detailinformation zur Erstellung der (konsolidierten) Kapitalflussrechnung, der Eigenkapitalveränderungsrechnung und der Notes.

In internationalen Konzernen ist die Währungsumrechnung ein weiterer wesentlicher Prozess der Konzernrechnungslegung. Für die nähere Erläuterung wird auf Kapitel 11.2 verwiesen.

Beispiel:

Siehe CD-ROM

Im Rahmen der routinemäßigen Vorbereitung des Konzernabschlusses für das Geschäftsjahr 2008 hat die Abteilung „Group Accounting" in Abstimmung mit dem Vorstand den folgenden Fristenplan erarbeitet, der von allen Beteiligungen einzuhalten ist:

Datum	Aktivität
19.12.2008	Clearing-Intercompany-Transaktionen
31.12.2008	Jahresabschluss
30.01.2008	Frist testierte Einzelabschlüsse aller Gesellschaften (inkl. Mutter)
05.02.2009	Frist Reporting Package (Zusatzangaben für Konzernabschluss) aller Gesellschaften
12.02.2009	Vorläufiger Konzernabschluss
20.02.2009	Testierter Konzernabschluss
24.02.2009	Aufsichtsratssitzung
04.03.2009	Veröffentlichung des Jahresabschlusses

Basierend auf diesem Fristenplan hat die Wilmington Ltd. den folgenden eigenen „Abschlussfahrplan" erstellt:

Datum	Aktivität	verantwortlich
12.12.2008	Einholung von Pensionsgutachten, Berechnung und Buchung der Rückstellungen	Bucks
17.12.2008	Abstimmung Intercompany-Konten	Nielsson
19.12.2008	Clearing-Intercompany-Transaktionen	Nielsson
22.12.2008	Bestellschluss	Purchasing
30.12.2008	Buchungsschluss Umsätze, Abstimmung Vermögenswerte, Forderungen, Anlagevermögen	Nielsson
31.12.2008	Jahresabschluss	
05.01.2008	Inventur	Jones
06.01.2009	Bankenschluss	Hester
09.01.2009	Buchungsschluss Eingangsrechnungen	Hester
12.01.2009	Vorläufiger IFRS-Abschluss	Bucks
15.01.2009	Überleitung UK-GAAP Abschluss, Steuerbilanz	Smith
16.01.2009	Finaler IFRS-Abschluss	Bucks
29.01.2009	Testierter IFRS-Abschluss	Auditor
30.01.2009	Reporting IFRS-Abschluss	Bucks
04.02.2009	Erstellung Reporting Package	Bucks, Miller
05.02.2009	Submission Reporting Package	Miller
20.02.2009	Finaler Abschluss UK-GAAP, Steuererklärung	Bucks

4.1.3 Berichtswesen

Ein funktionierendes Berichtswesen, das alle für die Konsolidierung relevanten Daten erhebt und bereitstellt, ist das Rückgrat der Konzernrechnungslegung. Der Zweck des Berichtswesens im Rahmen des Konzernabschlusses ist nicht die Zusammenführung von Managementinformationen zur Steuerung des Konzerns, sondern die Zusammenführung von Informationen und Unternehmensdaten zur Abschlusserstellung. Insofern weichen das Berichtsformat und die darin enthaltenen Inhalte vom Berichtsformat der Managementinformationen ab, weil deutlich mehr Detailangaben für den Jahresabschluss erforderlich sind. Gleichwohl werden aber auch Managementinformationen im Rahmen des Konzernabschlusses benötigt, sodass sich die Berichtsformate hier ergänzen. Als Beispiele seien

Angaben für die Segmentberichterstattung nach IFRS 8 oder der Management Report genannt.

Zu den Standardinhalten gehören neben den detaillierten Summen- und Saldenlisten, die sich entweder im Rohformat befinden und noch aufbereitet werden müssen oder die schon für Konzernzwecke aufbereitet sind, auch ergänzende Angaben. Hierzu gehören immer eine Kapitalflussrechnung, eine Eigenkapitalveränderungsrechnung und eine steuerliche Überleitungsrechnung. Zusätzlich sind Detailangaben zu ausgewählten Bilanzposten und Positionen der Gewinn- und Verlustrechnung zu machen, um die geforderten Angaben in den Notes sicherzustellen.

Die Berichtspflicht ist von jedem Unternehmen im Konsolidierungskreis gleichmäßig zu erfüllen, Ausnahmen sollten nicht zugelassen werden. Dadurch werden zwar kleinere Gesellschaften benachteiligt, weil das Berichtswesen unabhängig von der Unternehmensgröße der Tochtergesellschaften vorzunehmen ist, aus Konzernperspektive ist das jedoch unumgänglich. Das bedeutet aber auch, dass das Berichtsformat und die geforderten Inhalte ebenfalls von allen Unternehmen im Konsolidierungskreis einzuhalten sind. Probleme bereiten hier regelmäßig assoziierte Unternehmen und Joint Ventures, weil das gewünschte Berichtsformat mangels Beherrschung oftmals nicht geliefert wird.

Die Art, wie das Berichtswesen „gelebt" wird, ist von mehreren Faktoren abhängig. Hier spielen Konzernstrukturen eine ebenso entscheidende Rolle wie die Implementierung integrierter EDV-Systeme. Dabei gilt, je stärker die Unternehmen des Konsolidierungskreises in eine einheitliche und homogene IT-Umgebung integriert sind, desto einfacher kann die Konsolidierung erfolgen, weil die erforderlichen Daten sofort nach dem „Abmelden" durch eine Tochtergesellschaft für die Konsolidierung zur Verfügung stehen. Dementsprechend schlanker kann auch das Berichtswesen ausfallen, weil es sich ausschließlich auf die nicht in den EDV-Systemen vorhandenen Informationen konzentrieren kann. Bei nicht hochgradig integrierten Konzernstrukturen werden vielfach dedizierte Reporting-Applikationen verwendet, die eine Datenübernahme aus den lokalen Buchhaltungssystemen in die Konsolidierung sicherstellen sollen. Diese Anwendungen sind meistens so aufgebaut, dass das komplette Berichtswesen, inklusive der geforderten Berichtsformate, vollständig integriert sind, sodass parallele Berichtswege entfallen. Darüber hinaus unterstützen diese Anwendungen auch die Nutzung von Formularen für eine einfache, benutzerfreundliche Bedienung. Der Umfang des Berichtswesens schwankt sehr stark und ist von konzernspezifischen Eigenheiten geprägt. Bei großen, international ausgerichteten Konzernen kann das Berichtswesen sehr aufwendig gestaltet sein. Anwendungen mit bis zu 70 unterschiedlichen Formularen zum Erfassen von Detailangaben sind dort keine Seltenheit. Kleinere Konzerne kommen allerdings mit einem deutlich geringeren Berichtsumfang aus.

4.2 Ablauf der Konsolidierung

Die Erstellung eines Konzernabschlusses basiert auf zwei wesentlichen Eckpfeilern: Die IFRS-Einzelabschlüsse sämtlicher in den Konzernabschluss einzubeziehender Gesellschaften und die eigentliche Konsolidierung. Dabei ist zu unterscheiden, ob es sich um eine Erstkonsolidierung handelt, weil das Unternehmen im laufenden Jahre erworben wurde oder ob eine reguläre Folgekonsolidierung vorliegt.

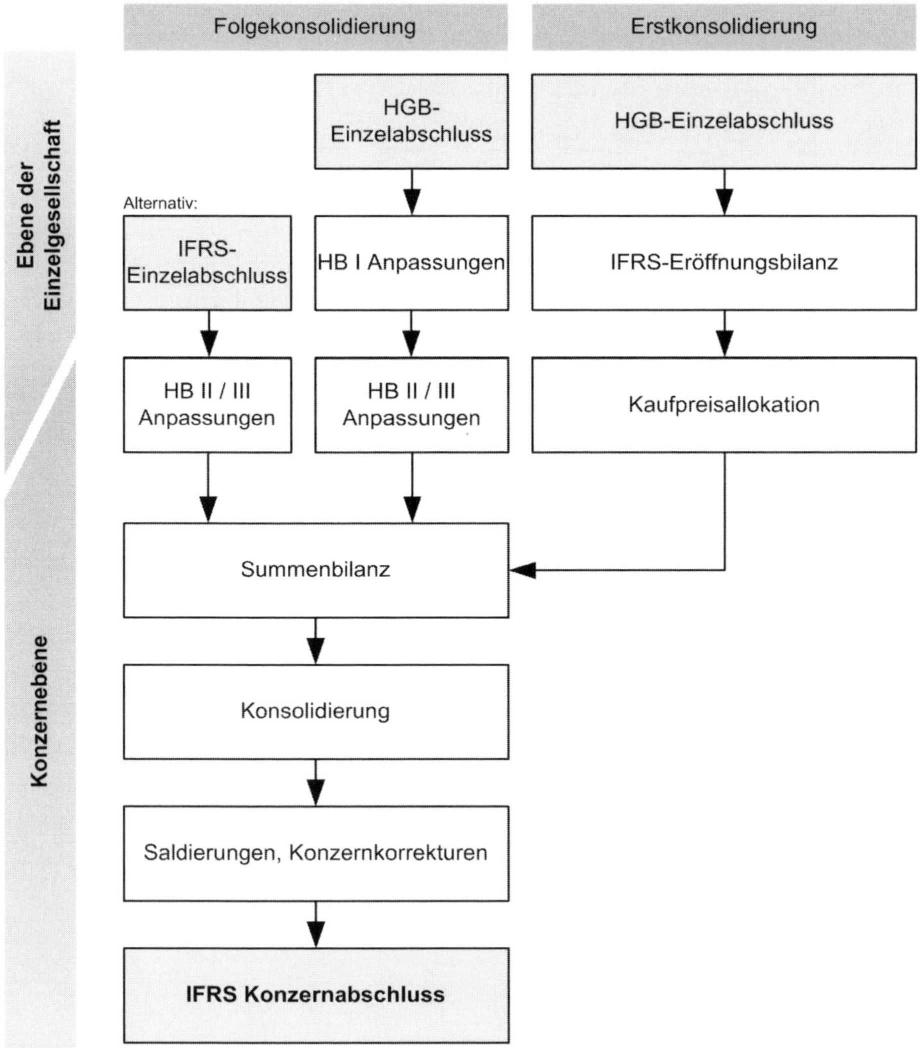

Abb. 7: Ablauf der Konsolidierung

Im Rahmen der Erstkonsolidierung einer neu erworbenen Beteiligung ist regelmäßig eine IFRS-Eröffnungsbilanz zu erstellen. Basis ist der HGB-Abschluss zum Akquisitionsstichtag. Nach Durchfüh-

rung der Kaufpreisallokation wird die erworbene Gesellschaft in die Summenbilanz des Konzernabschlusses aufgenommen.
Die Arbeitsschritte im Rahmen der Folgekonsolidierung unterscheiden sich nur bis zur Erstellung der Summenbilanz von den Arbeitsschritten der Erstkonsolidierung. Insofern ist einer der Hauptschritte die Vorbereitung des Einzelabschlusses für den Konzernabschluss. IAS 27.24 fordert, dass für Abschlüsse der Beteiligungen dieselben Bilanzierungs- und Bewertungsgrundsätze anzuwenden sind, wie sie die Muttergesellschaft anwendet. Die Einzelabschlüsse dürfen also nicht unkorrigiert in die Konsolidierung einfließen. Sie sind vielmehr – je nach Art der vorliegenden Abweichung – systematisch zu korrigieren. Die gängige Lehre[9] hat hier ein mehrstufiges Modell entwickelt, nach dem die Abweichungen anzupassen sind:

- Handelsbilanz I

  Die Ebene der Handelsbilanz I (HB I) wird für Anpassungen verwendet, die auf der Ebene des Einzelabschlusses erfolgen sollen oder müssen. HB-I-Anpassungen werden häufig dazu benutzt, die IFRS-Überleitung abzubilden, wenn die Tochtergesellschaft weiterhin ihre Rechnungslegung nach HGB vornehmen soll. Ein weiterer Anwendungsfall ist die Aufnahme von „Push-Down Entries“[10] im Rahmen des Konzernabschlusses.
- Handelsbilanz II

  Auf der Ebene der Handelsbilanz II (HB II) erfolgen sämtliche Anpassungen an die Bilanzierungs- und Bewertungsgrundsätze des Konzerns. Soweit erforderlich sind hier Transaktionen auf der Ebene des Einzelabschlusses zu stornieren und durch konzernkonforme Transaktionen zu ersetzen.
- Handelsbilanz III

  Die Handelsbilanz III (HB III) nimmt weitere Anpassungen auf, die im Rahmen der Neubewertungsmethode entstehen. Hierzu gehören insbesondere die Aufdeckung von stillen Reserven und

---

[9] Vgl. Kütting/Weber, Der Konzernabschluss.

[10] Push-Down Entries sind Buchungen im Rahmen des Konzernabschlusses, die vom Konzernrechnungswesen ausgelöst werden und die in den Einzelabschlüssen der Beteiligungen gebucht werden.

stillen Lasten, die im Rahmen von Unternehmenserwerben regelmäßig vorkommen. Das ist insbesondere dann wichtig, wenn kein vollständiger Unternehmenserwerb erfolgt. In der Praxis dagegen erfolgt vielfach keine Trennung von HB-II- und HB-III-Anpassungen. Beide Anpassungen werden meistens auf der Ebene der HB II vorgenommen.

In Rahmen der Abschlusserstellung erfolgen immer Buchungen auf HB-II-Ebene. Anpassungen auf HB-I- und HB-III-Ebene sind dagegen u. U. seltener anzutreffen. Sie hängen eher von der Art der Implementierung der Konzernrechnungslegung bei der Mutter und den Töchtern ab.

Liegt die Summenbilanz vor, erfolgen die eigentlichen Arbeitsschritte im Rahmen der Konsolidierung: die Kapitalkonsolidierung, die Konsolidierung von Vermögen und Schulden, von Aufwand und Erträgen sowie die Zwischengewinneliminierung. Diese Arbeitsschritte erfordern meistens zusätzliche Informationen von den Tochtergesellschaften. Aus den Konsolidierungsvorgängen können sich aber auch weitere Arbeitsschritte als Folgeeffekte ergeben. Als Beispiel sei hier die Buchung latenter Steuern genannt. Des Weiteren erfordern einige IFRS-Standards weitergehende Saldierungen, Umbuchungen oder ähnliche Maßnahmen auf Konzernebene.

5 Erstkonsolidierung von Tochterunternehmen

5.1 Grundlagen

Die Erstkonsolidierung von Tochterunternehmen kommt bei Unternehmenserwerben zum Tragen. Aufgabe der Erstkonsolidierung ist die Integration des erworbenen Unternehmens in den Konsolidierungskreis. Systematisch ist die Erstkonsolidierung ein Bestandteil der Unternehmenserwerbe, der zu den Unternehmenszusammenschlüssen gehört. Maßgeblicher Standard hierfür ist der *IFRS 3 – Business Combinations.* IFRS 3 ist eng verbunden mit dem *IAS 27 – Consolidated and Separate Financial Statement.* Beide Standards ergänzen sich, wobei in IFRS 3 der Unternehmenserwerb und in IAS 27 die Konsolidierung geregelt ist.

> **Achtung:**
> Mit dem Einzug der Business Combination Phase II (BC II) in den IFRS 3 hat das IASB diesen Standard neu gefasst. Im Zuge der neuen Rechnungslegungsvorschriften, die für Geschäftsjahre, die nach dem 01.07.2009 enden, pflichtgemäß anzuwenden sind, wurden gleichfalls Namensänderungen vorgenommen. Hier wird IFRS 3 in der neuen Fassung besprochen.

Sollten Unternehmenserwerbe erfolgen, sind sie im Einzelabschluss nach IAS 39.43 mit den Anschaffungskosten als beizulegendem Zeitwert anzusetzen. Im Konzernabschluss erfolgt die Auflösung der Anschaffungskosten auf einzelne Vermögenswerte und Schulden. Hier wird der Unternehmenserwerb als ein Zugang von Vermögenswerten und Schulden fingiert. Insofern wird auch von der Einzelerwerbsfiktion gesprochen.

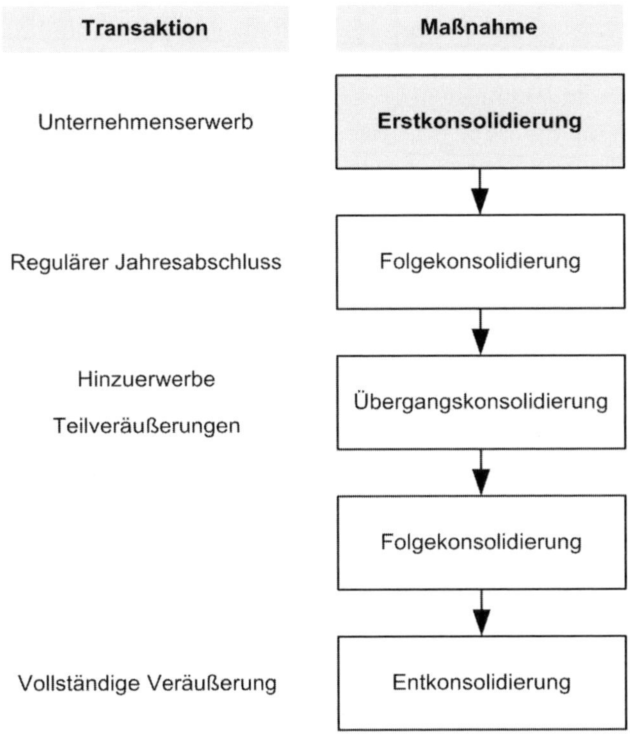

Abb. 8: Lebenszyklus eines Unternehmens im Konzernverbund

Business Combination Phase II

IFRS 3 hat mit der Business Combination Phase II eine Erweiterung von Vorschriften sowie eine Änderung bisheriger Methoden erfahren. Die BC II berücksichtigt nun auch Unternehmenszusammenschlüsse, die keine (entgeltlichen) Erwerbsvorgänge sind.[11]

Vollständig weggefallen ist das Anschaffungskostenprinzip, weil aus Sicht des IASB ein Unternehmenszusammenschluss nicht zwangsläufig per Unternehmenserwerb erfolgen muss. Das bedeutet, dass durch Unternehmenserwerbe und -zusammenschlüsse bedingte

[11] Unternehmenszusammenschlüsse, die keine Erwerbsvorgänge sind, werden hier nicht besprochen.

Kosten einem Aktivierungsverbot unterliegen. Damit sind die Kosten des Erwerbes der Beteiligung zum Zeitpunkt des Erwerbes bereits verbraucht und stellen keinen künftigen Nutzen für das Unternehmen mehr da. Die bisherige Praxis der Aktivierung der Anschaffungsnebenkosten, wie z. B. die Kosten von Unternehmensberatern, Wirtschaftsprüfern etc. ist somit nicht mehr möglich. Diese Kosten sind vollständig als Aufwand in der Periode des Unternehmenserwerbs zu erfassen! Da zu erwarten ist, dass im handelsrechtlichen Einzelabschluss Anschaffungskosten nach wie vor konform nach § 255 Abs. 1 HGB aktiviert werden, werden sich als Folgeeffekt latente Steuern auf Beteiligungsbuchwerte einstellen.

Full Goodwill vs. Purchased Goodwill

Neben der bisherigen Ermittlung des Geschäfts- oder Firmenwertes nach der Purchased-Goodwill-Methode besteht nun ein Wahlrecht zur Anwendung der sog. Full-Goodwill-Methode. Durch die Option zur Bilanzierung nach der Full-Goodwill-Methode kann der Erwerber nun auch die den Minderheiten zuzurechnenden Geschäfts- oder Firmenwert ansetzen, was eine Bilanzverlängerung zur Folge hat. Konzeptionell basiert der Ansatz der Full-Goodwill-Methode auf der Einheitstheorie. Diese Bilanzierung ermöglicht eine einfachere Konsolidierung, allerdings ist die Bewertung der auf die Minderheitenanteile entfallende Geschäfts- oder Firmenwerte sehr problematisch.[12]

Geändert hat sich ferner die Behandlung von nachträglichen Erkenntnissen. Konnten bislang Änderungen über den Geschäfts- oder Firmenwert „abgefangen“ werden, ist nun nach IFRS 3.45 ff. bezüglich der Art der Änderungen zu unterscheiden. Werden neue Erkenntnisse für am Akquisitionsstichtag vorhandene Sachverhalte innerhalb der Korrekturperiode bekannt, ist eine Anpassung der Bilanzposten vorzunehmen, wenn die Bilanzposten bereits einen Einfluss auf die Bewertung zum Akquisitionsstichtag hätten. Insofern wirken diese neuen Erkenntnisse werterhellend. Eine Anpassung der betroffenen Bilanzposten ist mit den zum Akquisitionsstichtag herrschenden Verhältnissen vorzunehmen. Liegen aber wertbegründende Erkenntnisse vor, darf ein Bilanzansatz von Ver-

[12] Für eine genaue Erläuterung der Zusammenhänge siehe Kapitel 5.3.5 auf S. 90.

mögenswerten und Schulden nur dann erfolgen, wenn die Vermögenswerte und Schulden auch zum Akquisitionsstichtag aktiviert bzw. passiviert worden wären. Andernfalls gilt ein Ansatzverbot von Bilanzposten. Werden neue Erkenntnisse nach Ende der Korrekturperiode gewonnen, führen sie nur dann noch zu einem geänderten Bilanzansatz, wenn es sich um Fehler nach *IAS 8 – Accounting Policies, Changes in Accounting Estimates and Errors* handelt. Korrekturen von Schätzungen und Annahmen sind somit keine Gründe zur nachträglichen Korrektur von Bilanzposten.

Tipp:

Die neuen Regeln schränken die bisherige Freiheit erheblich ein. Wenn Sie sich bezüglich des Ansatzes eines Bilanzpostens nicht 100%ig sicher sind, sollten Sie die Kaufpreisallokation des Unternehmenserwerbs als vorläufig einstufen. So sichern Sie sich einen Handlungsspielraum für eventuell noch vorzunehmende Korrekturen.

Aufgrund wesentlicher konzeptioneller Änderungen, hat der Standard eine Reihe von Namensänderungen erfahren, die nicht unbedingt sofort ersichtlich sind. So wurde aus der „Purchase Method" die „Acquisition Method" und aus „Minority Interests" „Noncontrolling Interests".[13]
Neben diesen Änderungen behält das IASB ein wesentliches Prinzip bei. Auch in der Neufassung des IFRS 3 werden Unternehmen und Transaktionen unter einheitlicher Leitung (also Gleichstellungskonzern) von der Anwendung des IFRS 3 ausgeschlossen.

5.2 Die IFRS-Eröffnungsbilanz

Die Wertfindung des Kaufpreises im Rahmen des Unternehmenserwerbes erfolgt üblicherweise auf der Basis der Due Diligence, die sich im Rahmen der Financial Due Diligence ihrerseits wiederum auf das Finanz- und Rechnungswesen des betroffenen Unternehmens stützt. Schwerpunktmäßig soll sich hier ein Bild über die Vermögens-, Fi-

[13] Der Einfachheit halber werden hier weiterhin die Begriffe „Minderheitenanteile" oder „Minderheiten" benutzt.

nanz- und Liquiditätslage gemacht und die mit dem Geschäft einhergehenden finanziellen Risiken aufgedeckt und bewertet werden – soweit das möglich ist. Neben den erfassten Geschäftsvorfällen, den Bilanzposten und der Gewinn- und Verlustrechnung wird zum Erwerbsstichtag üblicherweise ein eigenständiger Abschluss erstellt, der in der Regel Bestandteil des Kaufvertrages ist.
Diesem Abschluss zum Erwerbsstichtag kommt eine besondere Bedeutung zu, weil der Abschluss der Startpunkt für das künftige Geschäft des Käufers ist. In der Regel wird der Abschluss nicht nach IFRS-Standards erstellt, sondern basiert auf der lokalen Rechnungslegung des Unternehmens. In Deutschland ist regelmäßig von einem HGB-Abschluss auszugehen.

Achtung:
Der Erwerbsstichtag ist der Zeitpunkt, ab dem das erworbene Unternehmen sein „Leben" im neuen Konzern beginnt. Aufgrund der Angabepflichten im Anhang weicht der Zeitpunkt der IFRS-Eröffnungsbilanz aber regelmäßig vom Erwerbsstichtag ab![14]

Aus dem Erwerbsgeschäft durch den Käufer ergeben sich somit zwei Sichtweisen auf das übernommene Unternehmen:

- Käufersicht

  Neben den bilanzierten Vermögenswerten und Schulden hat der Käufer auch nicht bilanzierte Vermögenswerte und Schulden, Technologien und sonstiges Wissen übernommen. Da es sich beim Erwerben eines Unternehmens aus juristischer Sicht um ein dingliches Anschaffungsgeschäft handelt, sind auch diese Vermögenswerte zu erfassen und zu bilanzieren. Das ist auf der Basis der angewendeten Rechnungslegungsvorschriften (der IFRS) vorzunehmen.
- Unternehmenssicht

  Das Unternehmen bilanziert zum Erwerbsstichtag sein Vermögen und seine Schulden auf der Basis der bislang angewendeten Rechnungslegungsvorschriften (HGB). Die vom Käufer übernommenen und bewerteten weiteren Vermögenswerte können

[14] Siehe Kapitel 5.6 auf Seite 104.

oder dürfen von Unternehmen nicht bilanziert werden und sind diesem auch meistens unbekannt.

In diesem Spannungsfeld zwischen der Käufer- und der Unternehmenssicht ist die IFRS-Eröffnungsbilanz anzusiedeln, die quasi eine Brücke bildet. Aufgabe der Eröffnungsbilanz ist es, den Startpunkt für das neue Leben des Unternehmens als Tochtergesellschaft im Konzern festzulegen. Aufgrund der Angabepflichten im Anhang ist eine Eröffnungsbilanz zum Anfang des Geschäftsjahres zu erstellen und dann auf den Erwerbsstichtag weiterzuentwickeln. Weichen die Posten der Gewinn- und Verlustrechnung nach den IFRS kaum von den analogen Posten nach dem HGB ab und sind die Differenzen als nicht wesentlich einzustufen, wird die IFRS-Eröffnungsbilanz unter Kosten-Nutzen-Gesichtspunkten vielfach auf den Erwerbsstichtag gelegt. Die für die Proforma-Angaben benötigten Daten werden dann aus dem HGB-Zahlenwerk abgeleitet.

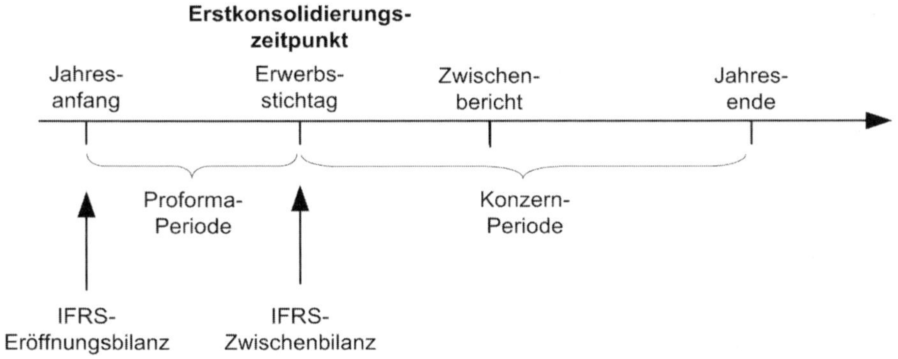

Abb. 9: Zeitstrahl für die IFRS-Eröffnungsbilanz

Hinsichtlich der IFRS-Eröffnungsbilanz und der Erfassung der Transaktionen bei der Tochtergesellschaft gibt es unterschiedliche Konzepte und Philosophien. In der Praxis hat sich aber eine abgestufte Vorgehensweise als praktikabel erweisen:

1. Abschluss des Unternehmens

   Der Abschluss des Unternehmens wird „as it is" übergeleitet. Das heißt: Sämtliche bislang vom Unternehmen bilanzierten Posten und erfassten Geschäftsvorfälle werden nach IFRS-Regeln bewertet. Die sich ergebenden Unterschiede werden dann als HB-I-Anpassungen eingestellt und entsprechend weiterentwickelt.

2. Bilanzanpassungen

   In einem zweiten Schritt werden die Bilanzierungs- und Bewertungsvorschriften an die konzerneinheitlichen Bewertungs- und Bilanzierungsstandards angepasst. Hierbei handelt es sich um die klassischen HB-II-Anpassungen, die nicht mehr direkt zur IFRS-Eröffnungsbilanz gehören. Will das Tochterunternehmen seine Bilanzierungs- und Bewertungsrichtlinien an die Konzernvorgaben anpassen, können die HB-II-Anpassungen auch auf der Ebene der HB-I-Anpassungen vorgenommen werden. Dann entfällt dieser Schritt. Grundlage ist die IFRS-Eröffnungsbilanz.

3. Effekte aus dem Unternehmenserwerb

   Sämtliche Effekte aus dem Unternehmenserwerb werden im dritten Schritt erfasst. Die Erfassung erfolgt im Rahmen der normalen Aufgaben des Unternehmenserwerbs. Auch hier ist die Grundlage die IFRS-Eröffnungsbilanz.

Tipp:

Seien Sie sich der vielfältigen Wahlrechte bei der Erstellung der IFRS-Eröffnungsbilanz bewusst! Im Rahmen der Eröffnungsbilanz können Sie bilanzpolitisch gestalten und damit auch die wesentlichen künftigen Erfolgsfaktoren beeinflussen.

Getrennt von der Erstellung der IFRS-Eröffnungsbilanz ist die weitere buchhalterische Behandlung beim neuen Tochterunternehmen zu betrachten. Soll das Tochterunternehmen weiterhin eigenständig nach HGB bilanzieren, sind die Differenzen bei jedem Abschluss als HB-I-Anpassungen weiterzuschleppen und – wenn es sich nicht um konstante Differenzen oder bloße Umgliederungen handelt – auch entsprechend fortzuschreiben. Soll die Tochtergesellschaft ihre Rechnungslegung auf IFRS umstellen, dient die IFRS-Eröffnungsbilanz als Startpunkt für die Buchhaltung. Sämtliche Geschäftsvorfälle sind nach den Vorschriften der IFRS zu erfassen. In einem Nebenmandanten ist die HGB-Buchhaltung für Abschlusszwecke (Ge-

winnausschüttung und Steuererklärungen) weiterzuführen. Die sich aus der Überleitung ergebenden Differenzen sind im Nebenmandanten einzustellen und für den HGB-Jahresabschluss regelmäßig weiterzuentwickeln.
Das folgende Beispiel verdeutlicht die Unterschiede der einzelnen Konzepte.

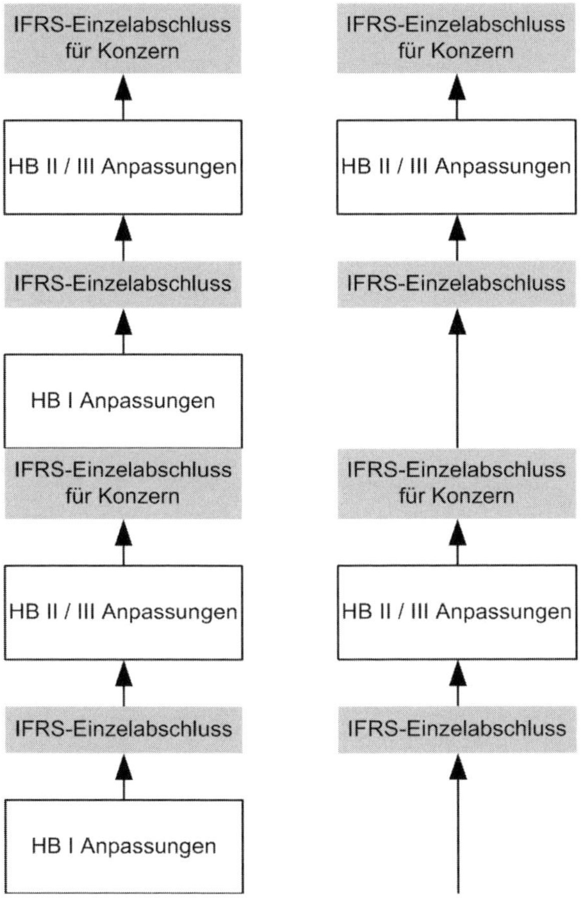

Abb. 10: Möglicher Mandantenaufbau bei Tochterunternehmen

Empfehlenswert ist die Überführung der Tochtergesellschaft auf eine IFRS-konforme Buchhaltung. Auf der Basis des IFRS-Mandanten lassen sich die Abschlüsse der Tochtergesellschaft wesentlich schneller und transparenter erstellen. Die für das HGB und das Steuerrecht erforderlichen Abschlüsse müssen nur einmal jährlich erstellt werden, wogegen die Konzernabschlüsse regelmäßig zu erstellen sind.

Siehe CD-ROM

Beispiel:

Der Erwerb der LT Leitsysteme GmbH zum 01.04.2008 erfordert die Erstellung der IFRS-Eröffnungsbilanz zu diesem Stichtag. Grundlage zur Erstellung der Eröffnungsbilanz ist die HGB-Bilanz zum Akquisitionsstichtag.

Testierte HGB-Bilanz zum 01.04.2008:

Aktiva			Passiva
Ingangsetzungsaufwendungen	375	Stammkapital	250
Immaterielle Vermögensgegenstände	120	Gewinnrücklagen	3.000
Sachanlagen	4.955	Jahresüberschuss	488
Vorräte	3.999	Steuerrückstellungen	831
Forderungen aus L&L	7.175	Sonstige Rückstellungen	2.189
Sonstige Vermögensgegenstände	2.558	Verbindlichkeiten gegenüber Kreditinstituten	14.560
Wertpapiere	500	Verbindlichkeiten aus L&L	3.434
Kassenbestand, Bankguthaben	5.694	Sonstige Verbindlichkeiten	734
Rechnungsabgrenzungsposten	130	Rechnungsabgrenzungsposten	20
Bilanzsumme	25.506	Bilanzsumme	25.506

Im Rahmen der dem Kauf vorgeschalteten obligatorischen Due-Diligence-Prüfung wurden von den beauftragten Wirtschaftsprüfern die folgenden Sachverhalte identifiziert und zutreffend bewertet. Sämtliche Sachverhalte werden auf der HB-I-Ebene abgebildet. Soweit die IFRS Gestaltungsmöglichkeiten erlauben, werden sie in dem Sinne ausgeübt, dass die konzerneinheitlichen Bewertungs- und Bilanzierungsrichtlinien eingehalten werden.

- Bilanzierungshilfe
  Für den Aufbau des Geschäftsbereiches Fernservices wurden im Geschäftsjahr 2004 Aufwendungen für die Ingangsetzung und Erweiterung des Geschäftsbetriebes in Höhe von 2.000 TEUR aktiviert. Zum Akquisitionsstichtag ist noch ein Saldo in Höhe von

375 TEUR vorhanden. Nach den IFRS sind derartige Bilanzposten nicht zulässig.

- Forderungen
  In den Forderungen sind Pauschalwertberichtigungen in Höhe von 2,5 % der Nettoforderungen enthalten. Die Konzernrichtlinien verbieten einen Ansatz derartiger Wertberichtigungen. Vom Wahlrecht nach IAS 39.AG87 wurde kein Gebrauch gemacht.
- Instandhaltungsrückstellungen
  Für eine größere Wartungs- und Instandhaltungsmaßnahme wurde im Vorjahr ein Betrag in Höhe von 450 TEUR zurückgestellt. Die Maßnahme soll während der Betriebsferien im Sommer 2009 durchgeführt werden.
- Abschreibungen
  Im Zuge der IFRS-Anwendung sind die steuerlichen Nutzungsdauern der Gebäude, der technischen Anlagen und der Maschinen den tatsächlichen Nutzungsdauern anzupassen. Unter Beibehaltung der bisherigen Abschreibungsmethoden ergibt sich ein Nettoeffekt in Höhe von 491 TEUR im Bilanzansatz der Sachanlagen. Die tatsächlichen Nutzungsdauern basieren auf den konzerneinheitlichen Bewertungs- und Bilanzierungsvorschriften. Hinsichtlich der Abschreibungsmethoden sind keine besonders zu beachtenden Konzernvorschriften zu beachten.
- Wertpapiere
  Durch die Verpflichtung zur Bewertung von Wertpapieren mit ihrem beizulegenden Zeitwert sind Anpassungen in Höhe von 51 TEUR erforderlich.
- Kosten einer Markenanmeldung
  Im Jahr 2007 hat die LT Leitsysteme GmbH eine neue Marke angemeldet. Die Kosten in Höhe von 20 TEUR wurden aufwandswirksam erfasst. Nach IAS 38 sind diese Kosten aktivierungsfähig.

Alle weiteren Bilanzposten wurden auch nach den Regeln der IFRS als zutreffend eingestuft, sodass die HGB-Salden direkt in die IFRS-Bilanz übernommen werden können. Ein Folgeeffekt der Anpassung der identifizierten Sachverhalte sind die unterschiedlichen Wertansätze in der IFRS-Bilanz und in der Steuerbilanz. Sie lösen zusätzlich latente Steuern aus, die ebenfalls zu berücksichtigen sind[15].

---

[15] Aus Übersichtlichkeitsgründen wird auf die latenten Steuern hier nicht weiter eingegangen. Siehe das Beispiel in Kapital 11.4.2 auf S. 274 für die weitere Behandlung der latenten Steuern zu diesem Sachverhalt.

Neben den Sachverhalten, die den Wertansatz ändern, sind Umgliederungen für einen korrekten Bilanzausweis vorzunehmen. Hier wurden die folgenden Sachverhalte identifiziert:

- Steuerrückstellungen in Höhe von 831 TEUR sind nach den sonstigen Verbindlichkeiten umzugliedern. Rückstellungen für Urlaub und Jubiläumszuwendungen in Höhe von 498 TEUR sind ebenfalls nach den sonstigen Verbindlichkeiten umzugliedern. Ferner sind passive Rechnungsabgrenzungsposten für Wartungsrechnungen in Höhe von 20 TEUR unter dieser Bilanzposition auszuweisen.
- Aktive Rechnungsabgrenzungsposten in Höhe von 130 TEUR sind nach den sonstigen Forderungen bzw. Vermögenswerten umzugliedern.
- Alle Bilanzposten sind zudem nach der Fristigkeit zu gliedern.

Die Effekte aus der Anpassung der Bilanzposten werden dem Eigenkapital belastet und in den Gewinnrücklagen ausgewiesen. Die IFRS-Eröffnungsbilanz zum 01.04.2008 stellt sich dann wie folgt dar:

Aktiva			Passiva
Immaterielle Vermögenswerte	140	Stammkapital	250
Sachanlagen	5.446	Gewinnrücklagen	3.884
Vorräte	3.999	Langfr. Rückstellungen	1.100
Forderungen aus L&L	7.355	Langfr. Finanzverbindlichkeiten	12.484
Kurzfr. Vermögenswerte	2.688	Latente Steuern	421
Wertpapiere	551	Kurzfr. Finanzverbindlichkeiten	2.076
Kassenbestand, Bankguthaben	5.694	Kurzfr. Rückstellungen	141
		Verbindlichkeiten aus L&L	3.434
		Steuerverbindlichkeiten	831
		Sonstige Verbindlichkeiten	1.252
Bilanzsumme	25.873	Bilanzsumme	25.873

Tipp:

Nutzen Sie ein separates Konto in den Gewinnrücklagen, das alle Effekte aus der IFRS-Umstellung aufnimmt. Das schafft Transparenz und hält die Gewinnrücklagen übersichtlich. Seien Sie sich bewusst, dass dieses Konto in der Zukunft nie mehr bebucht wird und seinen Saldo bis zur Liquidation des Unternehmens unverändert fortführen wird.

5.3 Unternehmenserwerbe und die Kaufpreisallokation nach IFRS 3 – Technik

Unternehmenserwerbe nach IFRS 3 n. F. unterliegen einer definierten Vorgehensweise, die sich direkt aus dem Standard ergibt. IFRS 3.4 und IFRS 3.5 verlangen die Anwendung der Erwerbsmethode (Acquisition Method), die mehrere Schritte beinhaltet:

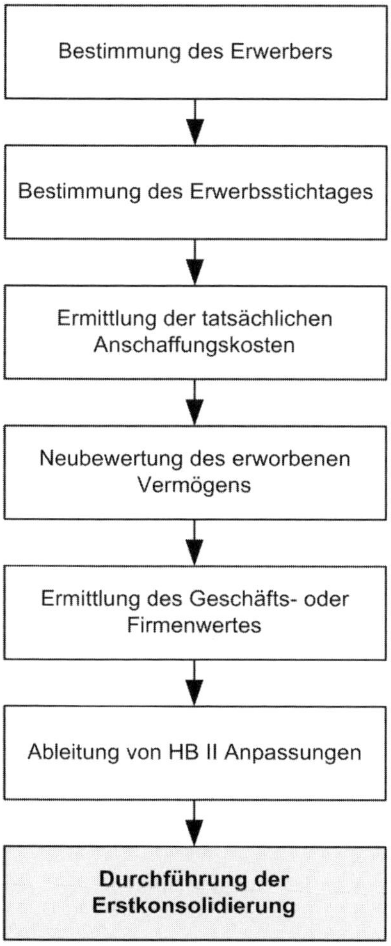

Abb. 11: Schritte im Rahmen der Erstkonsolidierung

Schritt	Maßnahme
1	Identifikation des Erwerbers
2	Bestimmung des Erwerbsstichtags
3	Ermittlung der effektiven Anschaffungskosten
4	Ansatz und Bewertung der identifizierten Vermögenswerte und Schulden
5	Ermittlung des resultierenden Geschäfts- oder Firmenwertes, wobei dies auch die Ermittlung der Minderheitenanteile beinhaltet

Tab. 2: Schritte der Kaufpreisallokation

5.3.1 Erwerber

Der erste Schritt im Rahmen der Kaufpreisallokation ist die Identifikation des Erwerbers nach IFRS 3.6 und IFRS 3.7. Generell gilt: Der Erwerber ist derjenige, der letztendlich die Beherrschung über das erworbene Unternehmen ausübt. IFRS 3.7 stellt hier ausdrücklich klar, dass das Beherrschungsmodell des IAS 27 anzuwenden ist.
Im Rahmen des entgeltlichen Erwerbs von Unternehmensanteilen sollte der Erwerber in der Regel aufgrund der zugrunde liegenden vertraglichen Schuldrechtsbeziehungen leicht zu identifizieren sein. Gerade wenn man große Anteile an einem Unternehmen erwirbt, ist die Identifikation des Erwerbes eher eine reine Formsache.

Siehe CD-ROM

Beispiel:

Mit dem Erwerb von 60 % der stimmrechtsberechtigten Anteile der LT Leitsysteme GmbH durch die Mellenich AG übt die Mellenich AG ab dem Akquisitionsdatum einen beherrschenden Einfluss auf die LT Leitsysteme GmbH aus. Da die Mellenich AG der alleinige Erwerber der Anteile und zugleich die Konzernobergesellschaft ist und keine Anteile von weiteren Gesellschaften im Konzernverbund gehalten werden, gilt die Mellenich AG als Erwerber.

Trotzdem kann es in manchen Situationen schwierig sein, den Erwerber einwandfrei zu identifizieren. Derartige Fälle können sich z. B. bei steuergetriebenen, verschachtelten Konzernstrukturen ergeben. Ein weiteres Beispiel ist der Erwerb von Anteilen an einem Unternehmen durch eine nachgelagerte Holdinggesellschaft, wobei die Mutter bereits Anteile an dem Unternehmen hält. Hier wird der

Erwerber letztendlich die Mutter sein, weil die Mutter dann die Beherrschung ausübt.

Beispiel:

Siehe CD-ROM

Per 01.07.2008 erwirbt die Mellenich Vertriebsholding GmbH 15 % der Anteile an der Mellenich Austria GmbH mit Sitz in Innsbruck. Bereits im Geschäftsjahr 2005 hat die Mellenich AG die Gelegenheit genutzt, 10 % der Anteile an der Mellenich Austria GmbH zu erwerben.

Aus Einzelbetrachtungssicht wären die Erwerbe der Anteile jeweils als Finanzbeteiligungen einzustufen. Zur Bestimmung des Erwerbers aus Konzernsicht ist IFRS 3.6 i. V. m. IFRS 3.B14 ff. und IAS 27 anzuwenden. Da hier die Mellenich AG Anteile an der Mellenich Austria sowohl direkt als auch indirekt über die Vertriebsholding hält und die Mellenich Austria als ein assoziiertes Unternehmen einzustufen ist, ist die Mellenich AG letztendlich auch als der Erwerber zu qualifizieren.

Neben den reinen Erwerbsvorgängen umfasst IFRS 3 auch Unternehmenszusammenschlüsse der unterschiedlichsten Form. Hierzu gehören Varianten von Anteilstausch über Merger, Reverse Acquisitions, mehrere Erwerber bis hin zur Formierung einer neuen Muttergesellschaft. Bei diesen Formen von Zusammenschlüssen kann die Bestimmung des Erwerbers oftmals nicht klar vorgenommen werden. Hier hilft IFRS 3, Appendix B.14 bis B.18 weiter, in dem Empfehlungen zur Identifikation anhand von qualitativen Merkmalen gegeben werden.

5.3.2 Erwerbsstichtag

Als Erwerbsstichtag definiert IFRS 3.8 den Tag, an dem der Erwerber die Beherrschung über das erworbene Unternehmen erlangt hat. Üblicherweise ist als Erwerbsstichtag der Tag anzusehen, an dem sämtliche Nutzen und Lasten an den Erwerber übergehen. Damit richtet sich der Erwerbsstichtag nach den wirtschaftlichen Gegebenheiten und löst sich vom rein rechtlichen Gehalt des Erwerbes. Die ausstehenden rechtlichen Aktivitäten werden als Folgemaßnahmen im Rahmen des Unternehmenserwerbes behandelt. Egal wie Unternehmensakquisitionen gestaltet werden; es ist immer eine Einzelfallbetrachtung vorzunehmen.

Achtung:
Eintragungen in das Handelsregister vollenden Unternehmenstransaktionen. Für den Erwerbsstichtag ist dieses Datum allerdings irrelevant.

Das Auseinanderfallen der rechtlichen von der wirtschaftlichen Betrachtung kann in bestimmten Akquisitionskonstellationen einen Schwebezustand induzieren, der einer Beherrschung entgegensteht.

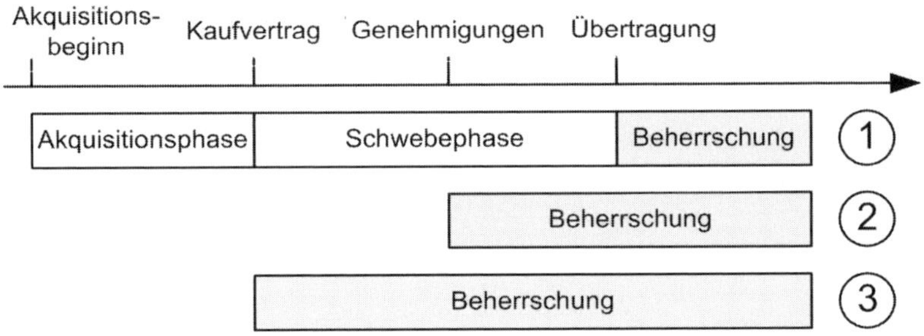

Abb. 12: Zeitpunkte des Erwerbes

Soweit mit Datum des Kaufvertrages (der Kaufzeitpunkt) sämtliche Nutzen und Lasten auf den Erwerber übertragen werden, ist dieses Datum zugleich der Erwerbsstichtag. Ein Schwebezustand liegt in diesen Fällen meistens nicht vor. Es kann aber auch andere rechtlich bindende Formen (z. B. ein Memorandum of Understanding) geben, die zum Teil einem Kaufvertrag vorgelagert sind. Beinhalten diese Formen bindende Zusagen, die dem Erwerber weitgehende Rechte einräumen, ist hier zu prüfen, ob ab diesem Zeitpunkt nicht bereits eine Beherrschung gegeben ist.

Aufschiebende Bedingungen

Unternehmenserwerbe können aufschiebende Bedingungen beinhalten, die den Erwerbsstichtag zeitlich verzögern. Typischerweise sind dies ausstehende Genehmigungen von Gremien (z. B. des Aufsichtsrats, der Hauptversammlung) des Verkäufers und/oder des Erwerbers. Üblicherweise werden in Kaufverträgen Klauseln integriert, die während dieser Schwebephase eine treuhänderische Verwaltung durch den Verkäufer vorsehen.

Kartellbehörden

Neben den zuvor beschriebenen aufschiebenden Bedingungen können auflösende Bedingungen in Form von Genehmigungsvorbehalten seitens der Kartell- und Aufsichtsbehörden bestehen. Sie sind als ein Teil der rechtlichen Aktivitäten einzuordnen und tangieren den Erwerbsstichtag zunächst nicht. Dahinter steht die Annahme, dass die Akquisition auf der Basis der Annahme einer Zustimmung der Kartellbehörde getätigt wurde. Verweigert die Kartellbehörden die Zustimmung, ist der Unternehmenserwerb hinfällig. Die zwischenzeitlich begründete Beherrschung entfällt. Liegt zwischen dem Erwerbszeitpunkt und dem Bescheid der Kartellbehörden ein Zwischen- oder Jahresabschluss, ist eine Erstkonsolidierung rückabzuwickeln. Nach herrschender Meinung darf keine Entkonsolidierung vorgenommen werden, weil dadurch eine Konzernzugehörigkeit für einen – wenn auch kurzen – Zeitraum vorgetäuscht würde, der rechtlich nicht zulässig wäre. Stattdessen sind sämtliche Konsolidierungsmaßnahmen (Erstkonsolidierung sowie Folgekonsolidierung zu den betroffenen Abschlussstichtagen) rückgängig zu machen und ein Restatement der betroffenen Abschlüsse nach IAS 8 vorzunehmen.
Erfolgt der Anteilserwerb schrittweise, wird der Erwerbszeitpunkt erreicht, sobald eine Beherrschung gegeben ist.

Kaufverträge können Gewinnbezugsrechte und Rückdatierungen des Kaufzeitpunktes enthalten, die sehr häufig auf den Geschäftsjahresanfang datiert werden. Fallen die Nutzen und Lasten dem Erwerber bereits vor dem Kaufzeitpunkt zu, kann der Erwerbszeitpunkt vordatiert werden. Andernfalls ist der Erwerbszeitpunkt mit dem Kaufzeitpunkt identisch.

Achtung:
Gewinnbezugsrechte haben keinen Einfluss auf den Erwerbszeitpunkt. Sie wirken sich nur auf die Anschaffungskosten bzw. den Kapitalausweis aus.

Siehe CD-ROM

Beispiel:

Der Erwerb der LT Leitsysteme GmbH erfolgte mit notarieller Beurkundung am 01.04.2008. Da laut Notar und laut Legal-Due-Diligence-Prüfung durch den Kauf der Gesellschaft keine marktbeherrschende Stellung erlangt wird, sind keine behördlichen Genehmigungen erforderlich und wurden folglich auch nicht in den Kaufvertrag aufgenommen. Hier ein Auszug aus dem Kaufvertrag:

„[...] Der Verkäufer verkauft seinen Geschäftsanteil im Nennbetrag von 100.000,– EUR an der Gesellschaft nebst Gewinnbezugsrecht ab dem 1. Januar 2008 sowie einschließlich sämtlicher Nebenrechte an den Käufer.

Der Verkauf nach vorstehender Ziffer erfolgt mit wirtschaftlicher Wirkung zum 1. Januar 2008 0:00 Uhr (Stichtag). Stichtagsabschluss ist der zum 31. Dezember 2007 erstellte Jahresabschluss der Gesellschaft, der dem für die Gesellschaft maßgeblichen Handelsgesetz entspricht und unter Beachtung der Grundsätze ordnungsgemäßer Buchführung, der Bilanzierungs- und Bewertungsstetigkeit und des Vorsichtsprinzips erstellt ist. [...]"

Die Ermittlung des Erwerbsstichtags erfolgt nach IFRS 3.8. Danach ist der Erwerbsstichtag der Tag, an dem die Kontrolle über die LT Leitsysteme GmbH erlangt wird. Laut Kaufvertrag soll das mit wirtschaftlicher Wirkung zum 01.01.2008 erfolgen. Da der Kaufvertrag aber erst zum 01.04.2008 verhandelt wurde, ist der frühste mögliche Zeitpunkt einer Beherrschung der Zeitpunkt der Vertragsverhandlung. Da rückwirkend zum 01.01.2008 veräußert wurde, kann eine später erlangte Beherrschung aufgrund der Übertragung genauso ausgeschlossen werden wie eine spätere Beherrschung aufgrund von behördlichen Genehmigungen. Somit ist der Erwerbsstichtag der 01.04.2008.

5.3.3 Anschaffungskosten

Anschaffungskosten werden nach IFRS 3 als Bestandteil der Ermittlung des Geschäfts- oder Firmenwertes betrachtet. Zur systematischen Kaufpreisallokation wird die Ermittlung der Anschaffungskosten aber als ein eigenständiger Arbeitsschritt betrachtet, um der Komplexität der Anschaffungskosten besser Rechnung zu tragen. IFRS 3.32 a) (i) definiert in diesem Zusammenhang die Anschaffungskosten als die transferierten oder hingegebenen Gegenwerte (consideration transferred) des erworbenen Unternehmens. Die

Norm lässt offen, was unter Gegenwerten zu verstehen ist und schreibt lediglich vor, dass diese nach den beizulegenden Zeitwerten zum Erwerbsstichtag zu bestimmen sind. Eine systematische Klassifizierung der möglichen Gegenwerte kann wie folgt geschehen:

- Barkaufpreise, Zahlungsmittel und Zahlungsmitteläquivalente. Sie sind stets mit dem Nominalwert anzusetzen.
- Aktien und andere Eigenkapitalinstrumente (z. B. Wandelschuldverschreibungen) des Erwerbers. Hier ist der Kurswert zum Erwerbsstichtag anzusetzen. Unterliegen die Eigenkapitalinstrumente einer großen Volatilität aufgrund Handelsvolumen, Free Float oder ähnlichen Gründen, kann statt des Kurswertes hilfsweise auch ein adäquater Kurs zum Erwerbsstichtag angesetzt werden.[16] IFRS 3.27 a. F. nennt in diesem Zusammenhang ausdrücklich die Marktenge als ein Kriterium. Neben diesen Möglichkeiten der Kursbestimmung können Kursäquivalente zur Wertfindung herangezogen werden. IFRS 3.33 lässt den Ansatz der Eigenkapitalinstrumente des erworbenen Unternehmens als Ersatz zu, falls der Kurs der Eigenkapitalinstrumente des Erwerbers entweder nicht zuverlässig ermittelt werden kann oder es an einer Börsennotierung mangelt.
- Tausch von nicht monetären Vermögenswerten sowie Übernahme von Schulden. Hinsichtlich der Bewertung ist nach dem Empfänger zu unterscheiden. Vermögenswerte und Schulden sind nach IFRS 3.38 mit den beizulegenden Zeitwerten anzusetzen, sobald sie an den Verkäufer gehen bzw. von ihm übernommen werden. Weichen die Buchwerte von den beizulegenden Zeitwerten ab, sind sie ergebniswirksam zu korrigieren. Verbleiben die Vermögenswerte und Schulden aber beim übernommenen Unternehmen, erfolgt der Ansatz zum aktuellen Buchwert.

Tipp:

Berücksichtigen Sie bereits während der Akquisition, dass bei Tauschgeschäften Werthaltigkeitsnachweise für die betroffenen Vermögenswerte in Form von Gutachten erforderlich sind!

[16] Vgl. Lüdenbach in Haufe IFRS-Kommentar, § 31, Rz. 37.

- Raten und Renten. Raten und Renten – seien sie zeitlich begrenzt oder lebenslang in Form von Leibrenten zu zahlen – sind stets mit dem Barwert unter Berücksichtigung eines adäquaten Diskontierungszinssatzes anzusetzen. Handelt es sich um Leibrenten, müssen adäquate Laufzeiten basierend auf geschätzten Lebenserwartungen berücksichtigt werden.[17]
- Variable Kaufpreiselemente. Variable Kaufpreiselemente sind in der Regel an die Performance des übernommenen Unternehmens geknüpft und meistens erst nach Ablauf eines definierten Zeitraums fällig. Dieser Zeitraum beträgt typischerweise bis zu fünf Jahren. Sie werden oft unter der Bezeichnung Earn-Out-Klauseln subsumiert und sollen den aktuellen und den von den Alteigentümern initiierten Geschäftsentwicklungen Rechnung tragen. In der Regel wird eine EBIT- oder EBITDA-Kennzahl (inkl. der Definition der einzubeziehenden Erträge und Aufwendungen) als Bezugsgröße verwendet, wobei sich die variablen Kaufpreise nach einem zwischen Erwerber und Veräußerer vereinbarten Rechenmodell ermitteln. Das Rechenmodell kann dabei Kappungen und garantierte Mindestrenditen beinhalten. Da variable Kaufpreise zwar hinsichtlich des Zeitpunktes sicher, hinsichtlich des Betrages aber unsicher sind, ist nach IFRS 3.39 für die variablen Kaufpreise ein Ansatz als Eventualverbindlichkeit mit dem beizulegenden Zeitwert des erwarteten und abgezinsten Zahlbetrages anzusetzen. Dabei ist es unerheblich, ob der variable Kaufpreis in bar oder in einer anderen Form (z. B. Aktien oder Raten) zu entrichten ist. Grundlage des Ansatzes ist die geplante Unternehmensentwicklung, aus der sich die für die variablen Kaufpreise benötigten Kenngrößen ableiten. Je nach Planungen und den zugrunde liegenden Annahmen ergibt sich eine große Bewertungsbandbreite für den endgültigen Ansatz des zu erwartenden Zahlbetrages.

[17] Hier können die Tabellen des BMF-Schreibens vom 07.12.2001 herangezogen werden.

Tipp:

Rechnen Sie Varianten von zu erwartenden variablen Kaufpreiszahlungen anhand von Worst- und Best-Case-Szenarien durch. Basierend auf deren Ergebnisse sollte eine realistische, aber konservative Schätzung für den anzusetzenden variablen Kaufpreis vorgenommen werden.

- Verdeckte Kaufpreiselemente. Kaufverträge können sog. verdeckte Kaufpreiselemente beinhalten. Hierbei handelt es sich typischerweise um Optionen, die zu weiteren Anteilskäufen berechtigen oder verpflichten. Je nach Vertragsgestaltung kann das Optionsrecht beim Veräußerer, beim Erwerber oder bei beiden Parteien liegen. Für den Ansatz ist auf die Wahrscheinlichkeit der Optionsausübung abzustellen, wenn die Optionsausübung verlässlich bewertet werden kann. Der Ansatz erfolgt analog den Regeln für variable Kaufpreise mit dem beizulegenden Zeitwert der Optionen auf der Basis des erwarteten Wertes zum Ausübungszeitpunkt.
- Garantien. Garantien können sowohl vom Erwerber als auch vom Veräußerer im Rahmen des Kaufvertrages gegeben werden. Es wird unterschieden nach Kursgarantien, Ertragsgarantien und Bilanzgarantien. Sie sind alle mit dem beizulegenden Zeitwert anzusetzen.
  - Kursgarantien werden üblicherweise vom Erwerber gegeben, wenn der Kaufpreis zum Teil mit Aktien oder sonstigen Eigenkapitalinstrumenten beglichen wird. Sie sollen einen gewissen Mindestwert sicherstellen.
  - Ertragsgarantien stehen im Zusammenhang mit variablen Kaufpreiselementen, meistens mit Earn-Out-Klauseln. Sie sollen in der Regel einen Mindestertrag garantieren. Je nach vertraglicher Gestaltung können diese Garantien zu einem Aussetzen der variablen Kaufpreise, zu Minimalzahlungen durch den Erwerber oder zu Rückzahlungen durch den Veräußerer führen.
  - Bilanzgarantien sollen dem Erwerber die Werthaltigkeit ausgewiesener Bilanzposten sichern. Sie werden typischerweise für das Eigenkapital, in einigen Fällen auch für definierte Bi-

lanzposten gegeben. In Fall der Inanspruchnahme führen sie meistens zu teilweisen Rückzahlungen des Kaufpreises.

Allen Garantien gemeinsam ist die Unsicherheit bezüglich einer möglichen Inanspruchnahme. Hier kann – wenn überhaupt – nur der Rückgriff auf statistische oder historische Werte gewählt werden, aus denen sich mögliche Garantieverpflichtungen ableiten lassen. Vielfach lassen sich mangels der Bewertung einer Eintrittswahrscheinlichkeit keine Wertansätze ermitteln.

- Zeitlich versetzte Kaufpreise und Stundungen. Werden (Bar-) Kaufpreise deutlich später als zum Erwerbszeitpunkt fällig, sind diese auf den Erwerbsstichtag abzuzinsen. Das gilt für sämtliche zeitversetzten Zahlungen, auch für variable Kaufpreise, Optionen, Garantien und ähnliche Kaufpreisbestandteile.

Enthalten die oben aufgelisteten Kaufpreiselemente keine Barmittel, stellt sich die Frage nach einer verlässlichen Bewertung des Erstansatzes als Anschaffungskosten. Infrage kommen als Bewertungsgrundlagen je nach Vertragselement Marktwerte, Zeitwerte, Barwerte oder Werte, die auf der Basis von Rechenmodellen ermittelt werden. Das eröffnet eine große Bewertungsbandbreite, die durch Annahmen des Managements entsprechend gesteuert werden kann, woraus sich aus der Sicht des Erwerbers und des Verkäufers auch Unsicherheiten ergeben.[18] IFRS 3.39 i. V. m. IFRS 3.BC344 stellt aber auch klar, dass sowohl eine Eintrittswahrscheinlichkeit künftiger Elemente als auch deren verlässliche Bewertung gegeben sein muss. Das bereitet im Fall von zeitlich verzögerten Kaufpreiselementen, von künftigen Ereignissen, die Kaufpreiszahlungen auslösen können und von Garantien regelmäßig Probleme, die gerade im Fall von Garantien sehr häufig zu einem Nichtansatz führen.

Nachträgliche Anschaffungskosten

Stellen sich zu einem späteren – nach dem Erwerbsstichtag liegenden – Zeitpunkt, ab dem der Eintritt eines Kaufpreiselementes wahrscheinlich wird und dann auch verlässlich bewertet werden kann oder ab dem neue Erkenntnisse für ein bereits berücksichtigtes Kaufpreiselement vorliegen, Umstände ein, löst dies Folgeaktivitäten aus. Soweit es sich bei diesen neuen Umständen um werterhellende

[18] Vgl. Wirth, Firmenwertbilanzierung nach IFRS.

Informationen handelt, erfolgt eine Anpassung der Anschaffungskosten. Das folgende Prüfschema hilft bei der Klassifizierung dieser Ereignisse.

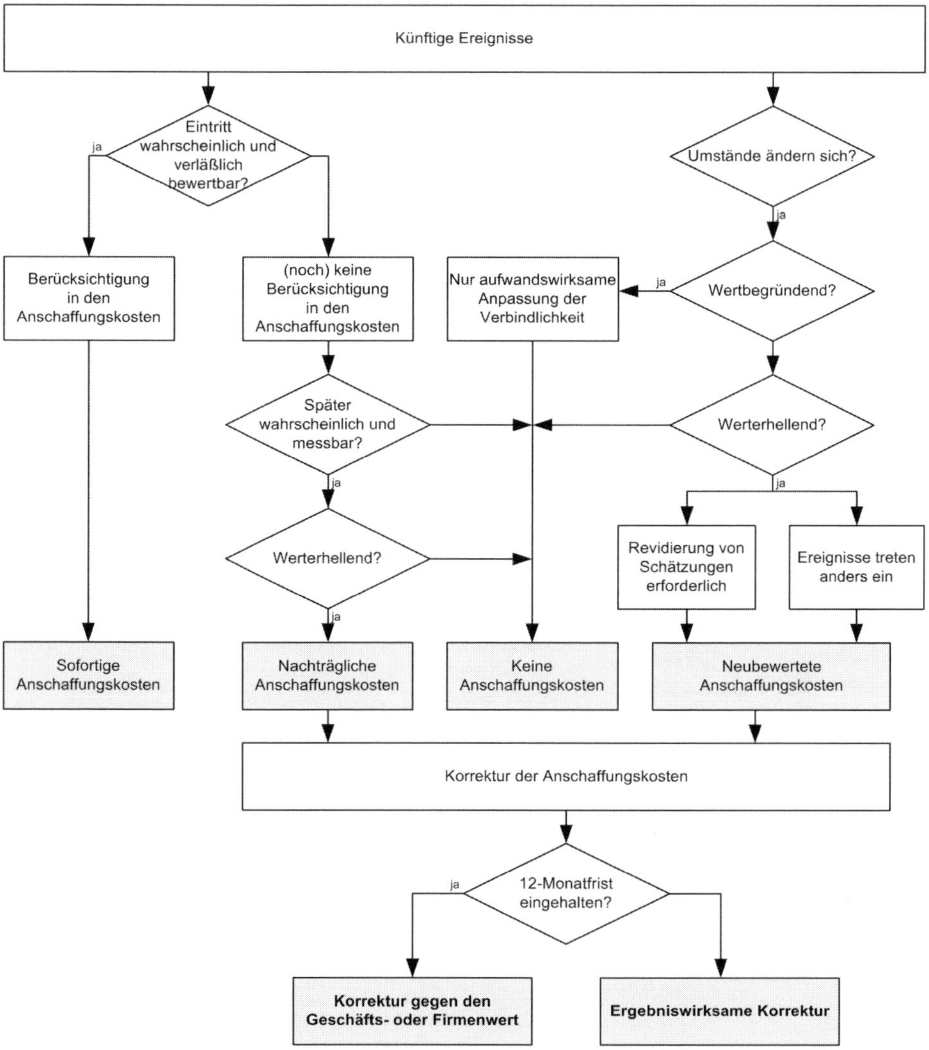

Abb. 13: Anpassung der Anschaffungskosten

Nachträgliche Anschaffungskosten liegen vor, wenn ein Vertragselement erstmalig nach der Kaufpreisermittlung aufgrund des Eintretens eines künftigen Ereignisses berücksichtigt wird, das zum Erwerbsstichtag zwar bekannt war, aber noch nicht verlässlich bewertet werden konnte. Ändern sich Ereignisse, weil sie durch das Management des Erwerbers zum Erwerbszeitpunkt anders eingeschätzt wurden, hat eine Neubewertung der Anschaffungskosten zu erfolgen. Analog ist bei der Korrektur von Schätzungen zu verfahren.

12-Monatsfrist

Generell können Änderungen der Anschaffungskosten aufgrund neuer Erkenntnisse, die werterhellend sind, jederzeit erfolgen. Hier ist aber zu unterscheiden, wann und wie die Änderungen eintreten. Erfolgen die Anpassungen innerhalb der Measurement-Periode[19] nach IFRS 3.45, ist eine Anpassung gegenüber dem Geschäfts- oder Firmenwert rückwirkend, d. h. retrospektiv, auf den Erwerbsstichtag vorzunehmen. Änderungen nach Ablauf der Measurement-Periode sind entweder ergebniswirksam oder nach den Regeln des IAS 8 zu erfassen, wenn keine Eigenkapitalinstrumente betroffen sind. IFRS 3.50 stellt dabei klar, dass die Regeln des IFRS 3 Vorrang vor den Regeln des IAS 8 haben.

Mehrkomponentengeschäfte

Im Rahmen von Unternehmenserwerben können Konstellationen vorkommen, bei denen mehrere Transaktionen gleichzeitig ablaufen. Hier ist aus Sicht des Erwerbers zu prüfen, ob ein Mehrkomponentengeschäft vorliegt, oder ob es sich um zusammengehörige Transaktionen handelt. Grundlage ist in der Regel der wirtschaftliche Gehalt des Kaufvertrages, was also die Vertragsparteien gewollt haben. Mehrkomponentengeschäfte sind inzwischen ansatzweise in IFRS 3.51 ff. und IFRS 3.B50 ff. geregelt. Ist ein Mehrkomponentengeschäft zu verneinen, werden die betroffenen Transaktionen zu Bestandteilen des Kaufvertrages und die damit verbundenen Zahlungen zu Kaufpreiselementen.

[19] Die Measurement-Periode umfasst einen Zeitraum von 12 Monaten ab Erwerbsstichtag.

Beispiel:

Siehe CD-ROM

Im Rahmen des Unternehmenserwerbs der LT Leittechnik GmbH wurden mit den zwei geschäftsführenden Gesellschaftern, die zugleich die Verkäufer sind, neue Arbeitsverträge ausgehandelt, die mit einer großzügigen Vorauszahlung von 200 TEUR pro Person verbunden sind. Die Geschäftsführer sollen weiterhin für das Unternehmen tätig sein, weil sie über ein sehr spezielles Wissen – verbunden mit guten Kontakten zu Schlüsselkunden – verfügen, das für die weitere Entwicklung des Unternehmens wesentlich ist. Diese Kombination hätte auch ein fremder Geschäftsführer erfüllen können. Eine Fortführung des Geschäftsbetriebes durch die bisherigen geschäftsführenden Gesellschafter wurde von der Mellenich AG gewünscht.

Hier sind die Geschäftsführerverträge als kein wesentliches Element im Rahmen des Unternehmenserwerbs einzustufen. Die Vorauszahlungen sind in diesem Fall zu den Personalaufwendungen zu zählen. Könnten die Geschäftsführertätigkeiten aber von keinem fremden Dritten ausgeübt werden, ist die Behandlung dieses Vorganges nicht als ein Mehrkomponentengeschäft nach IFRS 3.52 b) einzustufen, die Vorauszahlungen könnten dann zu den Anschaffungskosten gehören.

Das Fair-Value-Prinzip zwingt zum Ansatz von Barwerten, wenn Zahlungen erst künftig fällig werden. Das ergibt sich inzwischen nur noch indirekt aus IFRS 3.32 a) (i) durch die Pflicht zum Ansatz mit dem beizulegenden Zeitwert. In der alten Fassung des IFRS 3 wurde dies noch explizit in IFRS 3.26 a. F. vorgeschrieben. Die Diskontierung hat dabei mit dem Zinssatz zu erfolgen, den der Erwerber auf dem Kapitalmarkt hätte erzielen können. Mit der Diskontierung fallen der Vermögenswert und die korrespondierende Verbindlichkeit auseinander und beginnen jeweils ein wirtschaftliches Eigenleben.

Tipp:

Verwenden Sie im Zweifelsfall die Zinssätze oder den Durchschnitt der Zinssätze der aktuellen Finanzierungen, wenn ihr Grenzzinssatz nicht bekannt ist.

Basierend auf der Theorie des Tausches von Vermögenswerten zwischen einem Erwerber und einem Veräußerer betrachtet das IASB die mit diesem Tausch einhergehenden Nebenkosten als eigenständige Transaktionen. Hier wird argumentiert, dass Nebenkosten für Dienstleistungen von Wirtschaftsprüfern, Rechtsanwälten, Notaren und Beratern konsumierte Dienstleistungen sind, die stets aufwandswirksam zu erfassen sind. Insofern unterliegen Nebenkosten von Unternehmenserwerben nach IFRS 3.53 einem Ansatzverbot. Hier durchbricht das IAS das Anschaffungskostenprinzip und forciert dadurch Inkonsistenzen bei Akquisitionsvorgängen. Denn letztendlich ist nicht einzusehen, warum der Erwerb eines Unternehmens anders zu behandeln ist als der Erwerb einer Maschine oder von Rohstoffen.

Achtung:
Je nach Umfang des Unternehmenserwerbes können die Anschaffungsnebenkosten das Ergebnis und das operative Geschäft erheblich belasten!

Falls allerdings Nebenkosten zu Finanzierung durch eigene Anteile – sprich Aktien – entstehen, sind diese analog den Vorschriften nach IAS 32 und IAS 39 im Eigenkapital bzw. bei den Schulden zu erfassen. In einigen Fällen ist die Trennung von Neben- und Finanzierungskosten problematisch zu beurteilen. Hier ist eine Einzelprüfung hinsichtlich der betroffenen Leistungen vorzunehmen.

Tipp:
Beurteilen Sie den Unternehmenserwerb so, als ob die Finanzierung aus Barmitteln anstelle von Aktienausgaben erfolgt wäre. Würden dann diese Leistungen ebenfalls so anfallen oder würden sich Verschiebungen bei den Leistungen und den damit verbundenen Kostenstrukturen eintreten? Kann diese Frage positiv beantwortet werden, könnten Indizien für eine Aktivierung als Transaktionskosten im Eigenkapital vorliegen.

Siehe CD-ROM

Beispiel:
Der Kaufpreis der LT Leitsysteme GmbH setzt sich aus mehreren Elementen zusammen. Neben einem Barkaufpreis in Höhe von 9 Mio. EUR ist ein Ergänzungskaufpreis zu zahlen, der vom erreichten EBIT

der Geschäftsjahre 2008 bis 2010 abhängt. Hier ein Auszug aus dem Kaufvertrag:

„[...] Der Ergänzungskaufpreis beträgt höchstens 6.000.000,00 EUR. Er wird wie folgt ermittelt:

Erreicht das kumulierte EBITDA der Gesellschaft für die Geschäftsjahre 2008 bis 2010 einen Betrag in Höhe von 20.000.000,00 EUR oder überschreitet er diesen Betrag, ist der maximale Ergänzungskaufpreis zu entrichten.

Erreicht das kumulierte EBITDA der Gesellschaft für die Geschäftsjahre 2008 bis 2010 einen Betrag zwischen 10.000.000,00 EUR und 20.000.000,00 EUR errechnet sich der Ergänzungskaufpreis linear proportional zum dem erreichten EBIT.

Unterschreitet das kumulierte EBITDA der Gesellschaft für die Geschäftsjahre 2008 bis 2010 einen Betrag von 10.000.000,00 EUR ist kein Ergänzungskaufpreis zu zahlen.

Der Ergänzungskaufpreis ist 10 Bankarbeitstage nach der Feststellung des testierten Jahresabschlusses der Gesellschaft des Geschäftsjahres 2010 fällig, spätestens aber zum 31.03.2011.

Die Ermittlung des EBITDA [...]"

An Nebenkosten sind der Mellenich AG 80 TEUR für Rechtsanwälte und Wirtschaftsprüfer entstanden, die im Rahmen der Due Diligence und der Vertragsbegleitung tätig wurden. Zur Finanzierung des Barkaufpreises hat die Mellenich AG ein kurzfristiges Darlehen in Höhe von 5.000 TEUR zu einem Zinssatz in Höhe von 4,7 % und einer jährlichen Tilgung in Höhe von 500 TEUR aufgenommen, das durch einen Swap gegen Zinsrisiken gesichert ist. Die Bankmarge des Swaps beträgt 1,1 %. Das Management der Mellenich AG erwartet aufgrund der Positionierung der LT Leitsysteme GmbH auf dem Markt, des Marktumfeldes, des Kundenbestandes und der Umsatzentwicklung in der Branche, dass der Ergänzungskaufpreis vollständig fällig wird.

Die Anschaffungskosten ermitteln sich wie folgt:

	Betrag
Barkaufpreis	9.000
Ergänzungskaufpreis, diskontiert und gerundet auf 1 TEUR	5.066
Anschaffungskosten:	14.066

Der Ergänzungskaufpreis ist nach IFRS 3.37 auf den Barwert abzuzinsen. Als Diskontierungszinssatz wurde der Grenzzinssatz des Unternehmens in Höhe von 5,8 % angewendet, mit dem die Transaktion finanziert wurde (Zinssatz Darlehen sowie Bankmarge).

Die Anschaffungsnebenkosten sind als Aufwand zu erfassen und nicht aktivierungsfähig.

5.3.4 Bewertung des erworbenen Vermögens

Allgemeines[20]

Mit der Konsolidierung wird der Bilanzansatz der Beteiligung an einem erworbenen Unternehmen in seine Einzelbestandteile, den einzelnen Bilanzposten, aufgelöst. Insofern ist es nicht ausreichend, nur den Beteiligungsansatz im Einzelabschluss adäquat zu bilanzieren. Vielmehr ist es erforderlich, auch die Bilanzposten des erworbenen Unternehmens entsprechend zu berücksichtigen. IFRS 3 löst dies durch zwei zentrale Vorschriften. Im Rahmen des Unternehmenserwerbs verwobene Vermögenswerte und Schulden sowie mit übernommene Anteile von Minderheiten sind nach IFRS 3.10 zum Erwerbsstichtag vollständig zu erfassen. Ferner verlangt IFRS 3.18, dass diese Vermögenswerte und Schulden mit dem beizulegenden Wert zu bewerten sind. Aus diesen beiden Vorgaben der IFRS wird die folgende Vorgehensweise zum Umgang mit den erworbenen Vermögenswerten und Schulden empfohlen:

Schritt	Maßnahme
1	Inventarisierung und Kategorisierung der bilanzierten Posten
2	Prüfung der bilanzierten Vermögenswerte und Schulden auf einen möglichen IFRS-Ansatz
3	Identifizierung stiller Reserven und stiller Lasten bei den bilanzierten Vermögenswerten und Schulden
4	Identifizierung vorhandener, aber nicht bilanzierter Vermögenswerte und Schulden

[20] Aufgrund der Komplexität der Materie können hier keine detaillierten Erläuterungen gegeben werden. Das Kapitel beschränkt sich deshalb auf die wichtigsten Themen. Es soll dem Leser einen fundierten Überblick geben. Für Details sei auf die einschlägige Fachliteratur verwiesen.

Schritt	Maßnahme
5	Identifizierung zusätzlicher Risiken und Lasten
6	Prüfung auf Zulässigkeit des Bilanzansatzes nach IFRS
7	(Neu-)Bewertung bilanzierter Vermögenswerte
8	Bewertung nicht bilanzierter Vermögenswerte

Tab. 3: Vorgehensweise für die Neubewertung von Vermögenswerten und Schulden

Der Ansatz der erworbenen Bilanzposten im Rahmen der Kaufpreisallokation erfolgt nach den allgemeinen Regeln der IFRS. IFRS 3.11 beinhaltet einen expliziten Verweis auf die Definitionen des Rahmenkonzepts sowie auf die Standards der IFRS. Neben diesen Verweisen listet IFRS 3 nochmals die wesentlichen Kriterien für einen Ansatz von Vermögenswerten und Schulden auf. Hier gilt im Wesentlichen, dass Vermögenswerte und Schulden identifizierbar sind und einen ökonomischen Nutzen haben. Hinsichtlich immaterieller Vermögenswerte bejaht IFRS 3.B31 ff. eine Identifizierbarkeit, wenn die immateriellen Vermögenswerte entweder separierbar sind oder auf einem vertraglich-rechtlichen Kriterium basieren. Hier sollte aber immer eine Einzelfallprüfung für immaterielle Vermögenswerte im Rahmen von Schritt 4 erfolgen.

Die Bewertung der identifizierten Vermögenswerte und Schulden unterliegt wie der Ansatz ebenfalls den allgemeinen Bewertungsvorschriften der IFRS, wobei dies immer zum beizulegenden Zeitwert zu erfolgen hat. Ausnahmen hiervon bestehen für einige definierte Vermögenswerte:

- Latente Steuern sind ausschließlich nach den Vorschriften des IAS 12 zu bewerten.
- Pensionsverpflichtungen sind nach IAS 19 zu bewerten.
- Schuldfreistellende Vermögenswerte sind in der Höhe des passivierten Risikos anzusetzen.
- Rückerworbene Rechte sind auf der Basis des verbleibenden Vertragswertes zu bewerten.

- Vorerwerbliche Geschäftsbeziehungen unterliegen besonderen Bilanzierungsvorschriften nach IFRS 3.52.
- Anteilsbasierte Vergütungen des Erwerbers als Ersatz für gleichartige Vergütungen des Veräußerers sind nach IFRS 2 zu bewerten.
- Zur Veräußerung gehaltene Anteile sind in Übereinstimmung mit IFRS 5 zu bewerten.

Die Empfehlungen zur Bewertung immaterieller Vermögenswerte in Form einer Bewertungshierarchie nach IAS 38 sind in der gegenwärtigen Form des IFRS 3 nicht mehr explizit enthalten. Dennoch kann es sinnvoll sein, in bestimmten Situationen auf diese Bewertungshierarchie nach IAS 38.39 ff. zurückzugreifen.

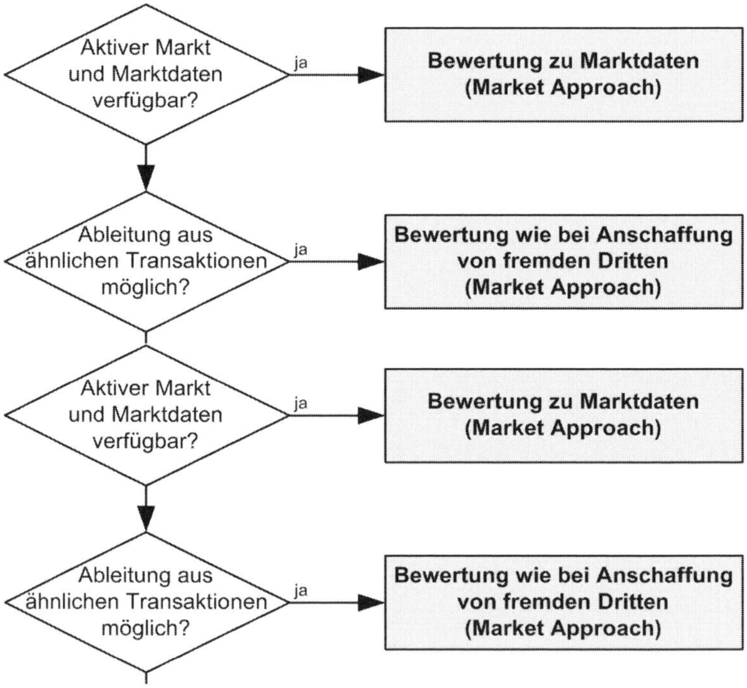

Abb. 14: Bewertungshierarchie des IAS 38

IFRS 3.B16 a. F. listet beispielhaft die Wertansätze einzelner Vermögenswerte und Schulden auf. Diese Auflistung kann auch für die gegenwärtig gültigen IFRS als Grundlage für die Bewertung der entsprechenden Bilanzposten verwendet werden.

Bewertungsmaßstäbe

Vermögenswert bzw. Schuld	Bewertungsmaßstab
Wertpapiere, an einer Börse gehandelt	Aktuelle Börsenkurse
Wertpapiere, nicht an einer Börse gehandelt	Erwartete bzw. geschätzte beizulegende Zeitwerte
Forderungen und günstige Vertragsbeziehungen und sonstige Vermögenswerte	Barwerte
Fertige Erzeugnisse und Handelswaren	Erzielbare Nettoverkaufswerte
Unfertige Erzeugnisse	Erzielbare Nettoverkaufswerte abzüglich restliche Fertigstellungskosten
Rohstoffe	Wiederbeschaffungskosten
Grundstücke und Gebäude	Marktwerte
Technische Anlagen, Büro- und Geschäftsausstattung	Durch Gutachten ermittelte Marktwerte oder beizulegende Zeitwerte auf der Basis von Bewertungsmodellen
Immaterielle Vermögenswerte, an einem Markt gehandelt	IAS 38
Immaterielle Vermögenswerte, nicht an einem Markt gehandelt	„Wie unter fremden Dritten", durch Gutachten ermittelte beizulegende Zeitwerte
Pensionsverpflichtungen	Barwerte
Steuerforderungen und -verbindlichkeiten	Nominalbeträge
Verbindlichkeiten aus Lieferungen & Leistungen, langfristige Schulden und sonstige Verbindlichkeiten	Barwerte
Lästige Verträge	Barwerte
Eventualschulden	„Wie unter fremden Dritten", durch Gutachten ermittelte beizulegende Zeitwerte

Tab. 4: Wertansätze von Vermögenswerten und Schulden

Bilanzierte Vermögenswerte und Schulden

Die Pflicht zum Ausweis der erworbenen Vermögenswerte und Schulden mit dem beizulegenden Zeitwert bedingt für bereits bilanzierte Vermögenswerte und Schulden eine Neubewertung zum Erwerbsstichtag. Hierbei wird unterstellt, dass die Neubewertung entsprechend den Vorgaben des Erwerbers erfolgt. Da das erworbene Unternehmen aber regelmäßig andere Bilanzierungs- und Bewertungsrichtlinien verwendet, können mehrere Problemkreise gleichzeitig zusammenfallen:

- Abweichende Bewertungs- und Bilanzierungsrichtlinien. Praktiziert das erworbene Unternehmen bereits eine Rechnungslegung nach den IFRS, sind lediglich Anpassungen an die konzerneinheitlichen Bewertungs- und Bilanzierungsrichtlinien erforderlich.
- Anwendung eines anderen Rechnungslegungssystems als die IFRS, z. B. das HGB. Eine Umstellung auf eine IFRS-konforme Rechnungslegung löst regelmäßig die Aufdeckung stiller Reserven und Lasten aus.
- Gleiche oder gleichartige Bilanzposten aus Geschäftsbeziehungen zwischen den Unternehmen können unterschiedliche Salden aufweisen.
- Unterschiedliche Geschäftsjahre.

Sämtliche Problemkreise werden entweder im Rahmen der IFRS-Eröffnungsbilanz oder der Kaufpreisallokation berührt. Dabei ist zu beachten, dass bilanzierte Vermögenswerte und Schulden je nach Art unterschiedlich zu behandeln sind:

- Nach IFRS ansatzfähige Bilanzposten sind auf einen konzernkonformen Ansatz zu prüfen. Hierzu gehören neben der Erstbewertung auch die Folgebewertung, insbesondere die zugrunde liegenden Parameter. Als Beispiel seien hier Sachanlagen genannt; Abschreibungsmethoden, Nutzungsdauer oder Restwerte sind konzernkonform zu berücksichtigen.
- Nicht nach IFRS ansatzfähige Bilanzposten sind vollständig zu eliminieren. Das sind typischerweise spezielle Regelungen des

HGB oder Posten, die aufgrund der umgekehrten Maßgeblichkeit aus dem Steuerrecht übernommen wurden. Als Beispiele sind hier aktivierte Aufwendungen für die Ingangsetzung und Erweiterung des Geschäftsbetriebes, Posten der DM-Eröffnungsbilanz oder Sonderposten mit Rücklageanteil zu nennen.

- Reklassifizierungen und Umgliederungen sind vorzunehmen, wenn ein Bilanzposten je nach Rechnungslegung unterschiedlich auszuweisen ist. Dieser Ausweis hat keine Auswirkung auf die Bewertung des Postens. Beispiele hierzu sind z. B. Steuerrückstellungen, die nach dem HGB als Rückstellungen, nach dem IFRS aber als Verbindlichkeit auszuweisen sind.
- Eine Aufteilung oder Spaltung von Bilanzposten sind für einen adäquaten Bilanzausweis bezüglich der Fristigkeit vorzunehmen. Das betrifft insbesondere langfristige Posten wie z. B. Dauerschulden in Form von Darlehen, bei denen der kurzfristige Anteil gesondert auszuweisen ist.

Für alle Bilanzposten sind die allgemeinen Wertansätze von Vermögenswerten und Schulden heranzuziehen.

Beispiel:

Sämtliche erworbenen Vermögenswerte der LT Leitsysteme GmbH wurden im Rahmen der IFRS-Eröffnungsbilanz auf mögliche stille Reserven und Lasten überprüft:

Das Betriebsgrundstück hat laut dem Gutachten eines Sachverständigen für die Bewertung von Grund und Boden einen Marktwert von 1.955 TEUR. In der IFRS-Eröffnungsbilanz ist das Grundstück unverändert mit seinem HGB-Buchwert von 850 TEUR ausgewiesen. Der Buchwert des Gebäudes beträgt unter Berücksichtigung der konzerneinheitlichen Bewertungs- und Bilanzierungsvorschriften 1.695 TEUR.

Der Sachverhalt ist im Rahmen der Eröffnungsbilanz zu berücksichtigen und auf der HB-II-Ebene zu erfassen.

Siehe CD-ROM

Nicht bilanzierte Vermögenswerte und Schulden

Aufgrund der Erwerbsfiktion des IFRS 3 liegen für die einzelnen Vermögenswerte und Schulden Anschaffungsgeschäfte vor. Insofern sind auch Bilanzposten, die einem Ansatzverbot bei der eigenen Herstellung unterliegen, zu bilanzieren. In der Regel umfassen diese nicht bilanzierten Posten immaterielle Vermögenswerte, Steuerposten und Eventualschulden, Vorräte oder ähnliche Aktiva oder Passiva und weniger Sachanlagen. Nicht bilanzierte Vermögenswerte sind nach den in IFRS 3 spezifizierten Schritten zu behandeln: Identifizierung, Ansatz, Bewertung.

Da eine Abgrenzung der immateriellen Vermögenswerte vom Geschäfts- oder Firmenwert nicht immer einfach zu realisieren ist, beinhaltet IFRS 3 Beispiele zur Identifizierung und zum Ansatz immaterieller Vermögenswerte. IFRS 3.IE16 ff. listet beispielhaft mögliche immaterielle Vermögenswerte auf, die im Rahmen der Kaufpreisallokation identifizierbar sind. Hierbei ist zu beachten, dass es sich lediglich um eine Hilfestellung und nicht um eine abschließende Liste[21] handelt. Je nach Unternehmen, Geschäftsmodell und Tätigkeitsbereich können weitere Arten von immateriellen Vermögenswerten vorhanden sein. In jedem Fall sollte das Geschäftsmodell des erworbenen Unternehmens kritisch hinterfragt und analysiert werden. Hierzu gehören, neben der Analyse, Interviews mit ausgewählten Mitarbeitern des erworbenen Unternehmens, die Verwendung von Due-Diligence-, Vorstands-, Aufsichtsrats- und sonstige Geschäftsunterlagen sowie das sorgfältige Studium des Kaufvertrages.

Eine Identifizierung steuerlicher Verlustvorträge sollte auf der Basis der vorliegenden Steuerbescheide und einer entsprechenden Unternehmensplanung problemlos möglich sein.

Eventualschulden

Ein ähnliches Vorgehen wie bei den immateriellen Vermögenswerten ist für Eventualschulden anzuwenden. Soweit Risiken aus dem Altgeschäft vorhanden sind, sind diese zu identifizieren und als „Opening Book Provisions“ zu berücksichtigen. Typische Beispiele dieser Art von Rückstellungen sind lästige Verträge oder stille Lasten. Besonderheiten gelten für Restrukturierungen: Sie dürfen nur dann angesetzt werden, wenn es bereits vor dem Unternehmenser-

[21] Die vom IASB definierten Fälle von immateriellen Vermögenswerten wurden in einer Prüfliste zusammengefasst und um zusätzliche Elemente erweitert. Die Liste ist im Anhang I zu finden.

werb Anzeichen für eine notwendige Restrukturierung gibt. Anhaltende Verluste, Überkapazitäten oder ein zu geringer Auftragsbestand können Indizien für einen Restrukturierungsbedarf sein.
In der Praxis wird nicht nur die Identifikation, sondern auch die Bewertung nicht bilanzierter Vermögenswerte und Schulden problematisch sein, weil viele Bilanzpositionen nicht greifbar sind. Das trifft insbesondere auf immaterielle Vermögenswerte zu, für die dann auf Bewertungsverfahren zurückgegriffen werden muss. Sie leiten Wertansätze entweder aus Marktdaten vergleichbarer bzw. ähnlicher Transaktionen oder über Barwerte, die auf Cashflow-Rechnungen basieren, ab. Letztere Bewertungsverfahren sind üblicherweise ertrags- bzw. cash-orientierte DCF-Methoden, die der Unternehmensbewertung entnommen sind. Sie setzen Planungsrechnungen des Unternehmens bzw. der Geschäftsbereiche voraus, die meistens durch das Controlling erstellt werden. Wenn die Wertfindung vor Steuer erfolgt und die immateriellen Vermögenswerte Abschreibungen unterliegen, ist zusätzlich ein „Tax Amortization Benefit“ (TAB) bzw. ein „Tax Shield“ zu berücksichtigen, das den Abschreibungseffekten Rechnung trägt. Aufgrund der gegenseitigen Abhängigkeit von Vermögenswert und „Tax Amortization Benefit“ und dem Ausweis in einem Bilanzposten hat die Ermittlung des TAB iterativ zu erfolgen.
Werden Risiken in einzelnen Vermögenswerten identifiziert, sind sie beim Ansatz des Vermögenswertes mit dem beizulegenden Zeitwert zu berücksichtigen. Eigenständige, pauschale Wertberichtigungspositionen, sog. „Valuation Allowances“ sind nach IFRS 3.B41 nicht zulässig.

Beispiel:

Siehe CD-ROM

Die Identifizierung und die Wertermittlung für den Ansatz nicht bilanzierter Vermögenswerte wurde seitens der Mellenich AG an die Wirtschaftsprüfer vergeben, die bereits im Rahmen der Due Diligence tätig wurden. Basierend auf dem Gutachten der Wirtschaftsprüfer sind Bilanzansätze für die folgenden Sachverhalte vorzunehmen:

- Der Kundenstamm der LT Leitsysteme GmbH umfasst namenhafte Unternehmen, die teilweise seit vielen Jahren Geschäftsbeziehungen mit der LT Leitsysteme pflegen. Der Wert dieser langfristigen Geschäftsbeziehungen wurde mit 3.600 TEUR ermittelt, wobei eine gewöhnliche Nutzungsdauer von zehn Jahren für den Kundenstamm unterstellt wird.
- Der Auftragsbestand der LT Leitsysteme GmbH beinhaltet Aufträge, die vollständig im Geschäftsjahr 2008 zu erbringen sind. Langfristige Lieferverpflichtungen sind nicht vorhanden. Der Wert der Auftragsbestände wurde mit 1.300 TEUR ermittelt.
- Aus einem fehlgeschlagenen Kundenprojekt können der LT Leitsysteme GmbH etwaige Regressanforderungen erwachsen. Gegenwärtig laufen noch Verhandlungen mit dem Kunden bezüglich der Rückabwicklung des Projektes oder der Erfüllung der vertraglich geschuldeten Leistungen. Das Management erwartet, dass eine außergerichtliche Einigung möglich und auch sehr wahrscheinlich ist. Deshalb wurden bisher keine Drohverlustrückstellungen gebildet. Dennoch ist mit einem Aufwand in Höhe von 100 TEUR zu rechnen, sei es für eine Rückabwicklung oder für den Zusatzaufwand zur Vertragserfüllung. Aus IFRS-Sicht ist das gescheiterte Projekt als ein lästiger Vertrag zu klassifizieren.

Alle Sachverhalte sind auf der HB-II-Ebene zu erfassen.

Gemeinsamkeiten

Sowohl der Erstansatz stiller Reserven und Lasten als auch der Ansatz bislang nicht bilanzierter Vermögenswerte lösen regelmäßig Steuereffekte aus, die zum Ansatz von latenten Steuern zwingen. Die in der Regel auf der HB-II-Ebene bilanzierten Vermögenswerte und Schulden werden nicht im Einzelabschluss und auch nicht in der Steuerbilanz erfasst, sodass sich entweder temporäre, permanente oder quasi-permanente Differenzen einstellen, die im Rahmen des Erstansatzes zu berücksichtigen sind.

Siehe CD-ROM

Beispiel:

Unter Berücksichtigung sämtlicher Sachverhalte, die im Rahmen der Kaufpreisallokation identifiziert wurden, sind zur Erstellung der IFRS-(Konzern-)Eröffnungsbilanz der LT Leitsysteme GmbH die folgenden Buchungen vorzunehmen:

Bilanzposten	Eröffnungsbilanz	HB-II-Anpassungen			Eröffnungsbilanz Konzern
	Saldo	Soll	Haben	Referenz	Saldo
Aktiva					
Immaterielle Vermögenswerte	140	3.600		a)	5.040
		1.300		b)	
Sachanlagen	5.446	1.105		c)	6.551
Vorräte	3.999				3.999
Forderungen aus L&L	7.355				7.355
Sonstige Vermögenswerte	2.688				2.688
Wertpapiere	551				551
Kassenbestand, Bankguthaben	5.694				5.694
Aktive latente Steuern	0	35		e)	35
Passiva					
Stammkapital	-250				-250
Gewinnrücklagen	-3.884	2220	6.040	a)–e)	-7.704
Rückstellungen	-1.241		100	d)	-1.341
Finanzverbindlichkeiten	-14.560				-14.560
Passive latente Steuern	-421		2.120	e)	-2.541
Verbindlichkeiten aus L&L	-3.434				-3.434
Steuerverbindlichkeiten	-831				-831
Sonstige Verbindlichkeiten	-1.252				-1.252
Summe	0	8.260	8.260		0

Die folgenden Buchungen wurden vorgenommen:

Referenz	**Bezeichnung**	**Betrag**
a)	Kundenstamm	3.600
b)	Auftragsbestand	1.300
c)	Stille Reserve Grundstück	1.105
d)	Lästiger Vertrag	100
e)	Latente Steuern	
	– aktivisch	35
	– passivisch	2.120

Werden ertragsorientierte Bewertungsmethoden verwendet, stellt sich regelmäßig die Frage nach dem anzuwendenden Diskontierungszinssatz. Da IFRS 3.18 die Bewertung zum Erwerbsstichtag verlangt, ist konsequenterweise auch der Diskontierungszinssatz zu diesem Zeitpunkt zu verwenden. In der Regel wird als Diskontierungszinssatz der WACC verwendet, um eine marktrisikogerechte Wertermittlung durchzuführen.

Tipp:

Ist der WACC für Ihr Unternehmen bekannt, berechnen Sie ihn zum Erwerbsstichtag neu und verwenden Sie diesen. Weicht der Zinssatz unwesentlich vom alten Zinssatz ab, wäre auch die Verwendung des alten Zinssatzes hinnehmbar, wenn die sich einstellenden Differenzen nicht wesentlich sind.

5.3.5 Zusammenspiel von Minderheitenanteilen mit dem Geschäfts- oder Firmenwert

Theorie

Ein Ziel der Business Combination II ist die Vereinheitlichung der Rechnungslegungsvorschriften des IASB und des FASB. Beide Rechnungslegungsvorschriften basieren auf unterschiedlichen Lehrmeinungen. Während das IASB mit dem Ausweis des Geschäfts- oder Firmenwertes des Erwerbers bisher die Interessentheorie vertrat und nun zur Einheitstheorie tendiert und sie vertritt, ist das FASB mit dem vollständigen Ausweis des Geschäfts- oder Firmenwertes Anhänger der Einheitstheorie. Die unterschiedlichen Ansätze und Theorien sind teilweise sehr tief in den Rechnungslegungsphilosophien verankert, sodass das IASB sich zu keiner einheitlichen Anwendung einer Vorschrift einigen konnte.[22] Deshalb steht dem Anwender nun ein Wahlrecht hinsichtlich der bilanziellen Behandlung des Geschäfts- oder Firmenwertes zur Verfügung.

[22] Vgl. IFRS 3.BC210, dort ausführlich dargelegt.

Grundlagen

Mit der aktuellen Fassung des IFRS 3 ist die Anschaffungskostenermittlung ein Bestandteil der Ermittlung des Geschäfts- oder Firmenwertes geworden. Das ist durch die Behandlung der erhaltenen Vermögenswerte und Schulden bedingt. Die Anschaffungskosten werden nun als Gegenleistung für die erhaltenen Vermögenswerte und Schulden verstanden.[23] Ihre Wertermittlungen berücksichtigen die vollständigen Bilanzansätze, also inklusive der den Minderheitengesellschaftern zurechenbaren Anteile. Folgerichtig ist auch bei der Gegenleistung ein entsprechender Wertansatz für die Minderheiten zu berücksichtigen.

Mit dem nun vorhandenen Wahlrecht des Minderheitenausweises nach IFRS 3.19 stehen dem Erwerber zwei Methoden zur Ermittlung des Geschäfts- oder Firmenwertes zur Verfügung.

- Purchased-Goodwill-Methode

  Die Purchased-Goodwill-Methode entspricht der in IFRS 3 a. F. verpflichtend anzuwendenden Berechnung des Geschäfts- oder Firmenwertes. Bei dieser Methode wird lediglich der anteilige Geschäfts- oder Firmenwert des Erwerbers ausgewiesen.
- Full-Goodwill-Methode

  Bei der Full-Goodwill-Methode wird dagegen ein kompletter Ausweis des in der Beteiligung enthaltenen Geschäfts- oder Firmenwertes vorgenommen. Hierzu gehört nicht nur der anteilige Geschäfts- oder Firmenwert des Erwerbers, auch der anteilige Wert des Minderheitengesellschafters wird aufgedeckt und bilanziert. Dadurch entsteht eine Bilanzverlängerung, weil sowohl der Geschäfts- oder Firmenwert als auch der Minderheitenanteil vollständig ausgewiesen wird.

Minderheitenanteile

Systembedingt mit dem Ansatz der erworbenen Vermögenswerte und Schulden in Verbindung mit der Anwendung der Full-Good-

[23] Für die besseren Darstellungszwecke wird die Gegenleistung im Kapitel „Anschaffungskosten" ab S. 70 ausführlich besprochen.

will-Methode erfolgte eine Umbenennung des Begriffs Minderheiten in „nicht kontrollierende Gesellschafter".[24] Der Bilanzausweis im Eigenkapital ist unverändert übernommen worden.
Aufgrund der Wahlrechte nach IFRS 3.19 für die Bewertung der Minderheitenanteile ist hinsichtlich der Anwendung zu unterscheiden. Fällt die Wahl auf die Bewertung nach dem anteilig neu bewerteten Nettovermögen, kann die bisherige Methodik der Kaufpreisallokation beibehalten werden. Erfolgt die Bewertung des Minderheitenanteils mit dem beizulegenden Zeitwert, eröffnen sich neue Problemkreise der Anteilsbewertung. Handelt es sich bei den Beteiligungen um nicht börsennotierte Kapitalgesellschaften (z. B. um GmbHs), lässt sich der beizulegende Zeitwert der Minderheitenanteile mangels eines aktiven Marktes nur schwer ermitteln. In diesem Fall sieht IFRS 3.B44 zwingend vor, Bewertungsverfahren – z. B. die Unternehmensbewertung – anzuwenden. Eine Ableitung der beizulegenden Zeitwerte aus den Anteilen des Erwerbers ist unzulässig, weil dem Erwerber in der Regel eine Beherrschungsprämie aufgrund der gehaltenen Anteile zugerechnet wird. Methodisch ist die Bewertung mit dem beizulegenden Zeitwert bei Minderheitenanteilen identisch mit der Bewertung beim Halten eines 100-%-Anteiles. Hier ergeben sich dann bilanztechnisch keine Unterschiede.
Die Ausübung des Wahlrechts kann für jeden einzelnen Unternehmenserwerb erfolgen. IFRS 3.BC216 bestätigt das ausdrücklich. Damit wird allerdings die Methodenstetigkeit durchbrochen.

Berechnung des Geschäfts- oder Firmenwertes

Je nach Ausübung des Wahlrechts zum Ausweis der Minderheitenanteile wird der Geschäfts- oder Firmenwert in mehreren Schritten errechnet.

---

[24] In diesem Buch werden weiterhin die Begriffe „Minderheiten" bzw. „Minderheitenanteile" verwendet.

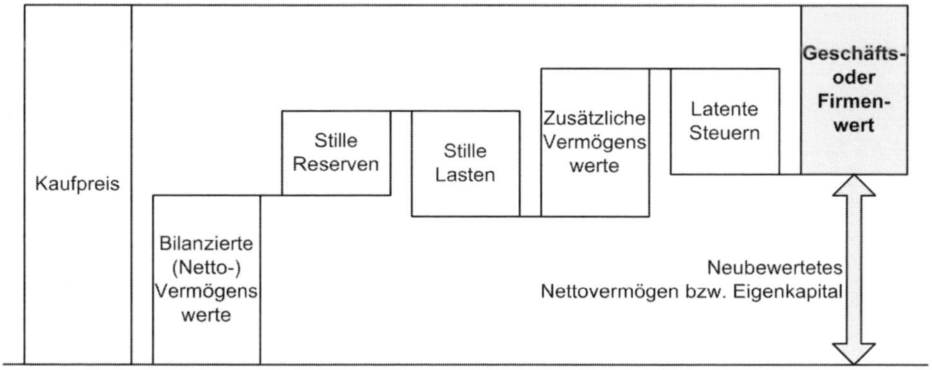

Abb. 15: Ermittlung des Geschäfts- oder Firmenwertes nach der Purchased-Goodwill-Methode

Bei der Anwendung der Purchased-Goodwill-Methode erfolgt die Ermittlung des Geschäfts- oder Firmenwertes gemäß der nachfolgenden Schritte: Von sämtlichen aufgedeckten und neu bewerteten Vermögenswerten, Schulden und latenten Steuern wird zunächst der Minderheitenanteil berechnet und in das Eigenkapital eingestellt. Analog wird mit den Buchwerten der Vermögenswerte und Schulden verfahren. Der Geschäfts- oder Firmenwert ermittelt sich als Unterschiedsbetrag aus den Anschaffungskosten und dem errechneten Nettovermögen, wobei eventuelle Effekte aus Mehrkomponentengeschäften und früheren Beziehungen von den Anschaffungskosten abzuziehen sind.

Soll dagegen die Full-Goodwill-Methode zur Anwendung kommen, sind zusätzliche Schritte erforderlich. Zuerst sind sämtliche Schritte der Purchased-Goodwill-Methode zu durchlaufen, um den anteiligen Geschäfts- oder Firmenwert des Erwerbers zu ermitteln. Danach ist eine Bewertung der beizulegenden Zeitwerte der Minderheitenanteile durchzuführen, also entweder als Ableitung aus Börsenkursen oder mittels Barwertberechnungen. Der ermittelte beizulegende Zeitwert ist für die Minderheitenanteile im Eigenkapital anzusetzen. Der Differenzbetrag aus dem beizulegenden Zeitwert und den anteiligen, der Minderheit zurechenbaren Vermögenswerten und Schulden ist als Geschäfts- oder Firmenwert einzustellen. Damit wird bei der Full-Goodwill-Methode regelmäßig ein höherer Geschäfts- oder Firmenwert ausgewiesen.

Zu beachten ist, dass der Geschäfts- oder Firmenwert nach IAS 36 einem regelmäßigen Werthaltigkeitstest unterliegt. Wurde die Anwendung der Full-Goodwill-Methode gewählt, erstreckt sich der Werthaltigkeitstest auf beide Komponenten des Geschäfts- oder Firmenwertes, also auf den Anteil des Erwerbes und auf den Anteil der Minderheit.

Siehe CD-ROM

Beispiel:

Für die Berechnung des sich aus dem Erwerb der LT Leitsysteme GmbH ergebenden Geschäfts- oder Firmenwertes sind sowohl die Anschaffungskosten als auch die neu bewerteten Vermögenswerte zu berücksichtigen. Zu beachten ist, dass für die Ermittlung des effektiven Geschäfts- oder Firmenwertes die Beteiligungsquote berücksichtigt werden muss. Die Mellenich AG verwendet die Purchased-Goodwill-Methode. Der Geschäfts- oder Firmenwert errechnet sich dabei wie folgt:

Bilanzposten	**Eröffnungsbilanz Konzern**
	Saldo
Immaterielle Vermögenswerte	5.040
Sachanlagen	6.551
Vorräte	3.999
Forderungen aus L&L	7.355
Sonstige Vermögenswerte	2.688
Wertpapiere	551
Kassenbestand, Bankguthaben	5.694
Aktive latente Steuern	35
Rückstellungen	-1.341
Finanzverbindlichkeiten	-14.560
Passive latente Steuern	-2.541
Verbindlichkeiten aus L&L	-3.434
Steuerverbindlichkeiten	-831
Sonstige Verbindlichkeiten	-1.252
Nettovermögen	7.954

		Betrag
Anschaffungskosten		14.066
Nettovermögen	7.954	
./. Minderheitenanteil (40 %)	3.182	
Zurechenbares Nettovermögen		./. 4.772
Geschäfts- oder Firmenwert		9.294

Negativer Unterschiedsbetrag

Sollte sich im Rahmen der Berechnung des Geschäfts- oder Firmenwertes ein negativer Unterschiedsbetrag einstellen, ist nach IFRS 3.36 eine nochmalige Überprüfung der Bilanzansätze von sämtlichen Vermögenswerten und Schulden vorzunehmen. Hinter der Folgeprüfung steht die Annahme, dass ein ordentlicher Kaufmann einen Unternehmensanteil niemals verlustbehaftet veräußern würde. Die Überprüfung sollte sich im Minimum auf die folgenden Punkte erstrecken:

Punkt	Prüfumfang
1	Sind sämtliche bilanzierte Vermögenswerte und Schulden richtig bewertet worden?
2	Wurden sämtliche nicht bilanzierten Vermögenswerte, Schulden und Risiken vollständig identifiziert und bewertet?
3	Sind die der Bewertung zugrunde liegenden Parameter plausibel? Beispiel: Diskontierungszinssätze
4	Schreiben die IFRS Folgebilanzansätze vor, die einen negativen Unterschiedsbetrag erklären könnten? Beispiel: latente Steuern
5	Sind alle Komponenten des Kaufvertrages berücksichtigt worden?
6	Wurden alle vorerwerblichen Geschäftsbeziehungen identifiziert und von den Anschaffungskosten abgezogen?
7	Sind die Bestandteile der Anschaffungskosten auf mögliche Kompensationsgeschäfte oder Mehrkomponentengeschäfte vollständig untersucht worden?
8	Konnten alle Komponenten der Anschaffungskosten, die von künftigen Ereignissen abhängen, vollständig und zuverlässig ermittelt werden?

Punkt	Prüfumfang
9	Wurde die Ermessensbandbreite der künftigen Ereignisse vom Management richtig ausgeschöpft?
10	Sind mechanische Fehler auszuschließen? Beispiel: Rechenfehler

Tab. 5: Prüfumfang bei negativem Unterschiedsbetrag

Haben alle Prüfungen zu keiner Korrektur des negativen Unterschiedsbetrages geführt oder verbleibt ein negativer Unterschiedsbetrag nach einer Korrektur, ist der Unterschiedsbetrag ergebniswirksam zu erfassen.

5.4 Konsolidierung – Technik

Nachdem die Kaufpreisallokation von Unternehmenserwerben durchgeführt ist und die entsprechenden Wertansätze ermittelt wurden, sind zunächst sämtliche Wertansätze zu verbuchen, um dann im nächsten Schritt die Erstkonsolidierung auf der Basis der Salden der HB-II-Ebene durchzuführen.[25] Hier erfolgt eine Arbeitsteilung zwischen dem Erwerber, dem erworbenen Unternehmen und der Erstkonsolidierung.
Der Erwerber hat in seinem IFRS-Einzelabschluss die Anteile am erworbenen Unternehmen mit den effektiven Anschaffungskosten anzusetzen. Sämtliche Änderungen der Anschaffungskosten – seien es Neubewertungen oder nachträgliche Anschaffungskosten – werden ebenfalls im Einzelabschluss erfasst.

Achtung:
Der Ansatz der Anteile am erworbenen Unternehmen im IFRS-Einzelabschluss kann auch zu einem anderen Wert erfolgen als in der Steuerbilanz ausgewiesen. Hierdurch entstehen zusätzlich latente Steuern, die im Konzernabschluss zu berücksichtigen sind.

Die Differenzen aus der Neubewertung bzw. dem Erstansatz der Vermögenswerte und Schulden zu den Buchwerten des erworbenen

[25] Umgangssprachlich wird hier auch von HB-II-Bilanzen oder von IFRS-II-Bilanzen gesprochen.

Unternehmens sind auf HB-II-Ebene des erworbenen Unternehmens einzustellen. Hierzu gehören auch die latenten Steuern auf die aufgedeckten Vermögenswerte und Schulden, die ebenfalls auf der HB-II-Ebene abzubilden sind.

Die Erstkonsolidierung des erworbenen Unternehmens als neue Tochtergesellschaft im Konsolidierungskreis beschränkt sich im Wesentlichen auf die Kapitalkonsolidierung sowie die Konsolidierung vorerwerblicher Geschäftsbeziehungen. Die im Rahmen der Folgekonsolidierung üblichen Konsolidierungsbuchungen wie z. B. die Schuldenkonsolidierung, Ergebniskonsolidierung und Zwischengewinneliminierung sind bei der Erstkonsolidierung nicht erforderlich, weil zum Erwerbszeitpunkt keine entsprechenden Transaktionen vorliegen.

Die Aufgabe der Kapitalkonsolidierung umfasst zum einen die Eliminierung der Kapitalanteile des erworbenen Unternehmens gegen den Beteiligungsansatz beim Mutterunternehmen sowie den Ausweis von Minderheitenanteilen. Zur besseren Dokumentation wird empfohlen, die Kapitalkonsolidierung in mehreren Teilschritten vorzunehmen. Hinsichtlich der einzelnen Schritte ist dabei zu unterscheiden, nach welcher Methode die Minderheitenanteile auszuweisen sind.

Purchased Goodwill

Schritt	Tätigkeit
1	Anteilige Eliminierung der Kapitalkonten des erworbenen Unternehmens gegen den Beteiligungsansatz beim Erwerber (Mutterunternehmen).
2	Anteilige Eliminierung der aufgedeckten und identifizierten Vermögenswerte, Schulden und latenten Steuern auf HB-II-Ebene gegen den Beteiligungsansatz beim Erwerber (Mutterunternehmen).
3	Umgliederung des verbleibenden Beteiligungsansatzes des Erwerbers als Geschäfts- oder Firmenwert.
4	Anteilige Eliminierung der Kapitalkonten des erworbenen Unternehmens gegen die Minderheitenanteile.
5	Anteilige Eliminierung der aufgedeckten und identifizierten Vermögenswerte, Schulden und latenten Steuern auf HB-II-Ebene gegen die Minderheitenanteile.

Tab. 6: Teilschritte der Kapitalkonsolidierung im Rahmen der Erstkonsolidierung für die Purchased-Goodwill-Methode

Full Goodwill

Soll die Full-Goodwill-Methode zur Anwendung kommen, sind zusätzliche Konsolidierungsschritte für die Minderheitenverbuchung notwendig.

Schritt	Tätigkeit
1	Anteilige Eliminierung der Kapitalkonten des erworbenen Unternehmens gegen den Beteiligungsansatz beim Erwerber (Mutterunternehmen).
2	Anteilige Eliminierung der aufgedeckten und identifizierten Vermögenswerte, Schulden und latenten Steuern auf HB-II-Ebene gegen den Beteiligungsansatz beim Erwerber (Mutterunternehmen).
3	Umgliederung des verbleibenden Beteiligungsansatzes des Erwerbers als Geschäfts- oder Firmenwert.
4	Einbuchen des beizulegenden Zeitwertes des Minderheitenanteils gegen den Geschäfts- oder Firmenwert.
5	Anteilige Eliminierung der Kapitalkonten des erworbenen Unternehmens gegen den Geschäfts- oder Firmenwert.
6	Anteilige Eliminierung der aufgedeckten und identifizierten Vermögenswerte, Schulden und latenten Steuern auf HB-II-Ebene gegen den Geschäfts- oder Firmenwert.

Tab. 7: Teilschritte der Kapitalkonsolidierung im Rahmen der Erstkonsolidierung für die Full-Goodwill-Methode

Alternativ können sämtliche Schritte der Purchased-Goodwill-Methode für die Full-Goodwill-Methode übernommen werden. Dann muss der Unterschiedsbetrag zwischen dem beizulegenden Zeitwert und den neu bewerteten Vermögenswerten und Schulden gegen den Geschäfts- oder Firmenwert gebucht werden.

Tipp:

Vielfach wird bei kleineren Konzernen mit einem weniger ausgeprägten Konzern- und Managementreporting aus Praktikabilitätsgründen auf eine separate Erstkonsolidierung verzichtet. Die Erstkonsolidierung wird dann im Rahmen der (externen) Berichtspflichten zum nächsten Abschlusszeitpunkt nachgeholt. Unter dem Aspekt einer effektiven Unternehmenssteuerung sollte aber immer eine separate Erstkonsolidierung durchgeführt werden. Nur so kann die tatsächliche Konzernlage vollständig beurteilt werden.

Wurden vorerwerbliche Geschäftsbeziehungen identifiziert, sind sie im Rahmen der Erstkonsolidierung ebenfalls zu eliminieren. Bei der Eliminierung sind einige Besonderheiten zu beachten: Aufgrund der Vorschriften zur Bewertung sämtlicher Vermögenswerte mit dem beizulegenden Zeitwert beim erworbenen Unternehmen können unterschiedliche Bilanzansätze beim erworbenen Unternehmen und beim Erwerber vorliegen. Da aber gleichzeitig mit dem Erwerb aus der externen Geschäftsbeziehung eine eliminierungspflichtige konzerninterne Transaktion wird, gelten für die Eliminierung vorerwerblicher Geschäftsbeziehungen in Abhängigkeit von der Art des Bilanzpostens nach IFRS 3.52 a) i. V. m. IFRS 3.B52 einige Sondervorschriften.

Tipp:

Bitte beachten: Vorerwerbliche Geschäftsbeziehungen können auch mit anderen Unternehmen des Konsolidierungskreises vorliegen! Auch diese sind im Rahmen der Erstkonsolidierung zu berücksichtigen.

Für die Konsolidierung ist es zunächst empfehlenswert, die entsprechenden Bilanzposten beider Unternehmen von einem normalen Bilanzausweis nach einem „Intercompany“-Ausweis umzugliedern. So lassen sich in der Summenbilanz die konsolidierungspflichtigen Transaktionen leichter identifizieren. Erst danach ist die Konsolidierungsbuchung vorzunehmen, wobei sich aufgrund des Neubewertungsanteils beim erworbenen Unternehmen eine Residualgröße einstellen wird, falls sie nicht bereits im Erstansatz korrigiert wurde. Für den Konzernabschluss ist es unerheblich, ob die Bilanzierungsunterschiede beim erworbenen Unternehmen oder beim Erwerber entstanden sind. In jedem Fall ist die Residualgröße als Konfusionsgewinn bzw. -verlust ertragswirksam auszubuchen. Das ist eine eher ungewöhnliche Erstkonsolidierung, weil die Erstkonsolidierung normalerweise erfolgsneutral erfolgt. Dieser Vorgang ist einzig aufgrund der Rechnungslegungsvorschriften nötig. Bei der Konsolidierung derartiger Transaktionen ist allerdings auf eine Abgrenzung zum Mehrkomponentengeschäft zu achten, weil Letzteres einen wirtschaftlichen Gehalt hat.

Siehe CD-ROM

Beispiel:

Die Akquisition der LT Leitsysteme GmbH erzwingt zum Akquisitionsstichtag – spätestens aber zum Zeitpunkt der nächsten Berichterstattung – eine Erstkonsolidierung der neuen Beteiligung. Die Basis dieser Konsolidierung bilden die HB-II-Bilanzen der Unternehmen.

Die Erstkonsolidierung der LT Leitsysteme beschränkt sich auf eine Kapitalkonsolidierung. Vorerwerbliche Geschäftsbeziehungen, die einen wesentlichen Einfluss haben könnten, liegen nicht vor. Diese Geschäftsbeziehungen sind nicht wesentlich. Zum Bilanzstichtag sind keine offenen Posten (weder Forderungen noch Verbindlichkeiten) bei den Gesellschaften vorhanden.

Die folgenden Konsolidierungsbuchungen sind vorzunehmen:

Bezeichnung	Einzelabschlüsse		Summenbilanz	Konsolidierung		Referenz	Konzernabschluss
	Mellenich AG[26]	LT Leitsysteme		Soll	Haben		Saldo
Aktiva							
Geschäfts- oder Firmenwert			0	9.294		d)	9.294
Finanzanlagen	14.066		14.066	3.182	250	c) a)	0
					7.704	b)	
					9.294	d)	
Passiva							
Stammkapital	-1.500	-250	250	250		a)	-1.500
Gewinnrücklagen	-36.882	-7.704	44.586	7.704		b)	-36.882
Minderheitenanteile			0		3.182	c)	-3.182
Summe				20.430	20.430		

Buchungserläuterungen:

Referenz	Bezeichnung	Betrag
a)	Eliminierung Stammkapital	250
b)	Eliminierung Gewinnrücklagen	7.704
c)	Umbuchung Minderheitenanteile	3.182
d)	Umbuchung resultierender Geschäft- oder Firmenwert	9.294

[26] Aus Vereinfachungsgründen sind hier nur die relevanten Kapitalkonten dargestellt.

5.5 Sonderfälle

5.5.1 Umgekehrter Unternehmenserwerb

Übernimmt eine börsennotierte, kleinere Gesellschaft ein anderes, größeres Unternehmen hauptsächlich durch die Ausgabe von Aktien an die Gesellschafter bzw. Aktionäre des übernommenen Unternehmens und können die Aktionäre des übernommenen Unternehmens dadurch die Beherrschung erlangen, spricht man von umgekehrten Unternehmenserwerben, sog. „Reverse Acquisitions". Das bedeutet, dass die Tochtergesellschaft de facto die Muttergesellschaft übernimmt. Derartige Transaktionen sind sehr beliebt, um z. B. einen einfachen Börsenzugang zu erreichen.
IFRS 3.B19 ff. i. V. m. IFRS 3.IE2 ff. sieht für derartige Transaktionen eine wirtschaftliche Betrachtungsweise vor. Generell gilt, dass die normalen Schritte der Kaufpreisallokation – wie bei allen anderen Unternehmenserwerben – auch im Fall umgekehrter Unternehmenserwerbe anzuwenden sind, wobei einige Besonderheiten zu beachten sind:

- Der eigentliche Erwerber ist das erworbene Unternehmen, also das größere, nicht börsennotierte Unternehmen.
- Die Anschaffungskosten werden mittels eines fiktiven Anteilserwerbs bestimmt. Aus den nach der Ausgabe der jungen Aktien resultierenden Verhältnissen zwischen den Aktionären des übernommenen Unternehmens und den Aktionären des Erwerbers bestimmt sich zunächst die Quote der Altaktien am Gesamtkapital. Dabei spiegeln die Altaktien den erworbenen Anteil wider. Die Anschaffungskosten errechnen sich dann aus der Quote und dem beizulegenden Zeitwert der Anteile des erworbenen Unternehmens.

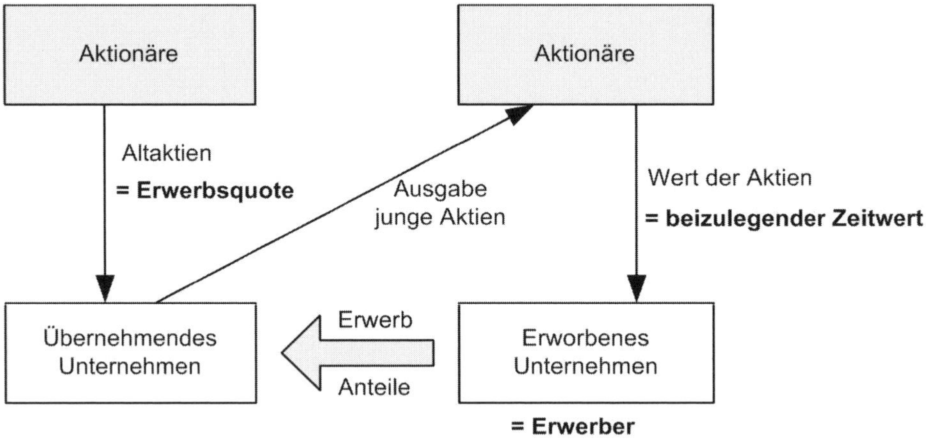

Abb. 16: Zuordnungen im Fall von umgekehrten Unternehmenserwerben

Weitere Besonderheiten sind nicht zu beachten. Die restlichen Tätigkeiten im Rahmen der Kaufpreisallokation erfolgen gemäß den zuvor beschriebenen Schritten.

5.5.2 Sukzessiver Anteilserwerb

Unter einem sukzessiven Anteilserwerb werden Unternehmensakquisitionen verstanden, bei denen Unternehmensanteile nach und nach erworben werden, bis eine Beherrschung gegeben ist. Das erworbene Unternehmen kann dabei alle Phasen der bilanziellen Erfassung durchlaufen – von einer einfachen Finanzbeteiligung nach IAS 39 über eine Bilanzierung als assoziiertes Unternehmen nach IAS 28 bis hin zu einer Bilanzierung als Tochterunternehmen nach IAS 27. Beim sukzessiven Anteilserwerb ist generell zu unterscheiden, ob nur die Beherrschung erlangt wurde oder ob über die Beherrschung hinaus weitere Anteile erworben wurden.

- Erlangung der Beherrschung

  IFRS 3 nimmt keine Rücksicht darauf, wann die früheren Anteile erworben wurden. Maßgeblich ist ausschließlich der Zeitpunkt des Erwerbes, ab dem die Beherrschung gegeben ist. Sämtliche bis dahin erworbenen Anteile sind nach IFRS 3.42 mit dem beizulegenden Zeitwert zum Erwerbszeitpunkt zu bewerten. Eventuelle Anpassungen der „Altanteile" sind ergebniswirksam vorzunehmen. Prinzipiell ergeben sich somit zwei mögliche Fallkonstellationen für die Altanteile:

- Die Bewertung erfolgte zu den historischen Anschaffungskosten.

  In diesem Fall ist eine ergebniswirksame Anpassung der Altanteile vorzunehmen.
- Die Bewertung erfolgt mittels der Neubewertungsmethode.

  Die Anteile sind bereits mit dem beizulegenden Zeitwert bewertet. Die in der Neubewertungsrücklage geparkten Anpassungen sind ergebniswirksam in die Gewinn- und Verlustrechnung umzugliedern.

- Anteilsaufstockung bei vorhandener Beherrschung

  Aufgrund der vorhandenen Beherrschung werden Anteilsaufstockungen nach IAS 27.30 als Kapitaltransaktionen bewertet. Hier erfolgen Umgliederungen innerhalb des Eigenkapitals zwischen dem eigenen Kapital und den Minderheitenanteilen.

5.5.3 Unternehmensanteile bei Tochtergesellschaften

Im Rahmen von Unternehmenserwerben kann es vorkommen, dass das erworbene Unternehmen Aktien des Erwerbes (der Muttergesellschaft) entweder als Finanzanlagen oder als kurzfristige Anlagen hält. Im Rahmen der Konsolidierung würden diese eigenen Aktien in der Konzernbilanz als Aktiva ausgewiesen. Nach IAS 32.33 und IAS 32.AG36 ist das Halten eigener Aktien aber als eine Minderung des Eigenkapitals auszuweisen. In diesem Fall ist eine Umgliederung der eigenen Aktien von Finanzanlagen bzw. kurzfristigen Anlagen zum Eigenkapital vorzunehmen.

Tipp:

Tochtergesellschaften sollten niemals Anteile an der Muttergesellschaft halten dürfen. Hält ein erworbenes Unternehmen zum Erwerbszeitpunkt Anteile an der „neuen" Muttergesellschaft, sollten diese Anteile sofort von der Muttergesellschaft eingezogen werden. Das beugt unerwünschten Eigenkapitaleffekten bei der Muttergesellschaft vor.

5.5.4 Unwesentliche Beteiligungen

Gemäß dem Wesentlichkeitsgedanken des Rahmenkonzeptes und seiner Konkretisierung in IAS 8 müssen Beteiligungen nicht in den Konzernabschluss einbezogen werden, wenn sie als unwesentlich eingestuft sind. Ändern sich jedoch die Verhältnisse und wird aus einer unwesentlichen Beteiligung eine wesentliche Beteiligung, ist das Unternehmen zwingend in den Konzernabschluss einzubeziehen. Für diese Transaktion existiert derzeit eine Regelungslücke, weder IAS 27 noch IFRS 3 decken diesen Fall ab. In der Literatur wird deshalb empfohlen, die Aufnahme der bis dato unwesentlichen Beteiligung analog der Erstanwendung der IFRS zu behandeln, um sie dann im Rahmen der Erstkonsolidierung in den Konzernabschluss zu integrieren.

Hinsichtlich der Erstanwendung ist nach IFRS 1.6 ff. eine retroaktive Erstkonsolidierung zum Zeitpunkt des ursprünglichen Unternehmenserwerbes durchzuführen. Die aufgedeckten stillen Reserven und Lasten, die identifizierten immateriellen Vermögenswerte und der sich ergebende Geschäfts- oder Firmenwert sind auf den aktuellen Bilanzstichtag weiterzuentwickeln. Ferner sind die Folgeeffekte aus Abschreibungen und latenten Steuern zu beachten, die zwischen dem fiktiven Erstkonsolidierungszeitpunkt und dem aktuellen Bilanzstichtag die Bilanzposten verändert haben, zu berücksichtigen.

5.6 Anhangsangaben

Da Erstkonsolidierungen nur im Rahmen von Unternehmenserwerben und -zusammenschlüssen vorkommen, liegt der Fokus der geforderten Anhangsangaben auf den Erwerben und den Zusammenschlüssen. Da Unternehmenserwerbe und -zusammenschlüsse wichtige Ereignisse sind, gehören sie zu den allgemeinen Angaben und sind deshalb im ersten Teil der Notes einzuordnen.

Auch wenn die Offenlegungspflichten des IFRS 3 im Standard relativ allgemein gehalten sind, ergeben sich aus den Verweisen in die Anhänge umfangreiche Angabepflichten. Nachfolgend sind die wichtigsten Pflichtangaben aufgeführt:[27]

- Allgemeine Angaben zum erworbenen Unternehmen, seinem Geschäftszweck sowie seinen Geschäftsfeldern und Tätigkeitsschwerpunkten.
- Erworbene Anteile: Hier genügt allerdings eine prozentuale Angabe.
- Das Akquisitionsdatum.
- Der Gesamtkaufpreis. Soweit variable Vergütungen, die auf künftigen Ereignissen basieren, Bestandteile des Kaufpreises sind, müssen sie in den Gesamtkaufpreis eingerechnet werden.
- Eigenkapitalinstrumente sowie deren Kosten, insbesondere aber Angaben über Aktien. In diesem Fall müssen zusätzlich die Anzahl und der Wert der abgegebenen Aktien in die Notes aufgenommen werden.
- Nicht zahlungswirksame oder zu einem späteren Zeitpunkt zahlungswirksame Bestandteile sind separat zu nennen.
- Anschaffungsnebenkosten sind nach BC II aufgrund deren ergebniswirksamen Ausweises nicht mehr Bestandteil der Pflichtangaben.
- Besondere Vereinbarungen mit den Veräußerern, wenn sie wesentlich sind.
- Angaben zur Kaufpreisallokation. Hierzu gehören alle übernommene Vermögenswerte und Schulden sowie durchgeführte Anpassungen inklusive immaterieller Vermögenswerte, aufgedeckte stille Reserven und Lasten der darauf anfallenden latenten

[27] Für eine vollständige Auflistung aller geforderten Pflichtangaben vgl. IFRS 3.59 bis IFRS 3.63 i. V. m. IFRS 3.B64 bis IFRS 3.B67.

Steuern. Eine tabellarische Zusammenfassung wird dabei empfohlen:

Bezeichnung	**Historische Buchwerte**	**Anpassungen**	**Zeitwerte zum Erwerbszeitpunkt**
Langfristige Vermögenswerte			
Immaterielle Vermögenswerte			
Sachanlagen			
Latente Steuern			
Sonstige Vermögenswerte			
Kurzfristige Vermögenswerte			
Vorräte			
Forderungen			
Sonstige Vermögenswerte			
Bank- und Kassenbestand			
Wertpapiere und kurzfristige Anlagen			
Rückstellungen und Verbindlichkeiten			
Rückstellungen			
Verbindlichkeiten			
Latente Steuern			
Nettovermögen			

Tab. 8: Angaben zu Vermögenswerten und Schulden bei Unternehmenserwerben

- Berechnung des sich ergebenden Geschäfts- oder Firmenwertes. Hier kann die folgende Tabelle helfen:

Bezeichnung	Betrag
Kaufpreis	
Anschaffungsnebenkosten (nur für IFRS 3 a. F. relevant)	
Gesamtkaufpreis	
Nettovermögen zu Buchwerten	
Anpassungen an beizulegende Zeitwerte:	
Immaterielle Vermögenswerte	
Sonstige Vermögenswerte	
Rückstellungen	
Verbindlichkeiten	
Aktive latente Steuern	
Passive latente Steuern	
Summe erworbene Vermögenswerte und Schulden	
Verbleibender Geschäfts- oder Firmenwert	

Tab. 9: Angaben zur Kaufpreisallokation bei Unternehmenserwerben

Neben der Berechnung des Geschäfts- oder Firmenwertes werden noch qualitative Aussagen zu Faktoren verlangt, die für die Entstehung des Geschäfts- oder Firmenwertes ursächlich sind. Mögliche Gründe können z. B. Synergien sein.

- Bei unvollständigen Kaufpreisallokationen und in Zweifelsfällen bezüglich des Ansatzes von Vermögenswerten und Schulden (sofern eine Nachkontrolle erfolgen soll) sollte unbedingt angegeben werden, dass es sich um eine vorläufige Kaupreisallokation handelt. Hier sind allerdings die Gründe für einen vorläufigen Erstansatz zu nennen, verbunden mit der Angabe, um welche Vermögenswerte und Schulden es sich bei dem vorläufigen Ansatz handelt.
- Übernommene Zahlungsmittel, insbesondere Bankbestände und Zahlungsmitteläquivalente.
- Umsatz- und Gewinnanteile, die das erworbene Unternehmen seit Erwerbszeitpunkt am Konzernergebnis hat.

- Pro-forma-Angaben bezogen auf das ganze Geschäftsjahr. Diese Was-wäre-wenn-Angabe soll Umsatz- und Gewinnanteile so ausweisen, als hätte das erworbene Unternehmen schon seit Anfang des Geschäftsjahres zum Konzern gehört.

Diese Pflichtabgaben beziehen sich nicht nur auf Akquisitionen, die im Laufe des Geschäftsjahres getätigt wurden, sie sind auch für alle Akquisitionen anzuwenden, die sich nach dem Bilanzstichtag und vor dem Tag der Veröffentlichung des Jahresabschlusses ereignet haben. Von einer Offenlegung kann nur dann abgesehen werden, wenn triftige Gründe vorliegen. Ein möglicher Grund kann die zeitliche Nähe der Unternehmenserwerbe zum Veröffentlichungszeitpunkt sein, sodass der Erwerber aus rein zeitlichen Gründen nicht dazu in der Lage ist, seinen Informationspflichten in vollem Umfang nachzukommen. Meistens liegt hier dann das Problem der fehlenden detaillierten Angaben vor.

6 Folgekonsolidierung von Tochterunternehmen

6.1 Grundlagen

Die Fiktion der wirtschaftlichen Einheit eines Konzerns nach IAS 27.4 verlangt die Eliminierung sämtlicher konzerninterner Transaktionen und Geschäftsvorfälle zu jedem Bilanzstichtag. In diesem Zusammenhang wird von einer Folgekonsolidierung gesprochen, wenn ein Tochterunternehmen nach der erstmaligen Konsolidierung wiederholt in den Konzernabschluss eingebunden wird. Welche Unternehmen in den Konzern eingebunden werden richtet sich nach dem Konsolidierungskreis.

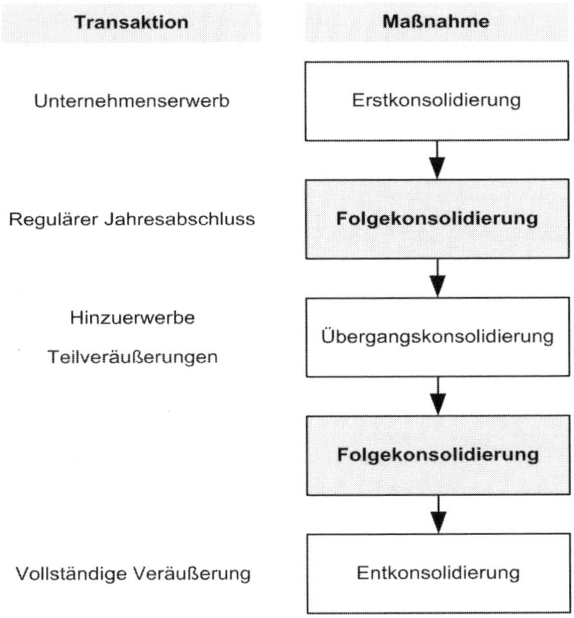

Abb. 17: Lebenszyklus eines Unternehmens im Konzernverbund

Ausgangspunkt der Folgekonsolidierung sind die Einzelabschlüsse sämtlicher Unternehmen. Bevor die eigentliche Folgekonsolidierung vorgenommen werden kann, sind eine Reihe vorgelagerter Aktivitäten erforderlich:

- Verfügt das Tochterunternehmen über einen abweichenden Abschlussstichtag, ist eine Anpassung des Einzelabschlusses auf den Abschlussstichtag des Konzernabschlusses nach IAS 27.22 i. V. m. IAS 27.23 vorzunehmen. Beträgt der Zeitversatz der Bilanzstichtage weniger als drei Monate, kann unter Anwendung der Erleichterungsregel der Einzelabschluss der Tochtergesellschaft auf den Bilanzstichtag des Konzernabschlusses weiterentwickelt werden. Andernfalls ist zwingend ein Zwischenabschluss zu erstellen.
- Ferner ist eine Anpassung der Einzelabschlüsse an die konzerneinheitlichen Bewertungs- und Bilanzierungsrichtlinien auf HB-II-Ebene vorzunehmen. In diesem Zusammenhang sind zusätzliche Informationen für die Konsolidierung von den Einzelgesellschaften bereitzustellen. Oft wird dieser Schritt auch direkt im Rahmen der Kapitalkonsolidierung vorgenommen.
- Bei ausländischen Beteiligungen, die eine andere funktionale Währung als die funktionale Währung des Konzerns verwenden, ist zusätzlich eine Währungsumrechnung auf die funktionale Währung des Konzerns vorzunehmen.
- Eine weitere wichtige vorgelagerte Aktivität ist – sofern die organisatorischen Voraussetzungen und Strukturen im Konzern nicht gegeben sind – die Überführung des HB-II-Abschlusses von den Kontenplänen der Tochterunternehmen auf den Konzernkontenplan. Um alle relevanten konzerninternen Geschäftsvorfälle und Transaktionen erfassen zu können, ist dieses „Mapping" zwingend auf Kontenebene durchzuführen.

Sind alle vorbereitenden Aktivitäten abgeschlossen, kann der eigentliche Konsolidierungsprozess beginnen. Dieser Prozess vollzieht sich im Wesentlichen in sieben Schritten.

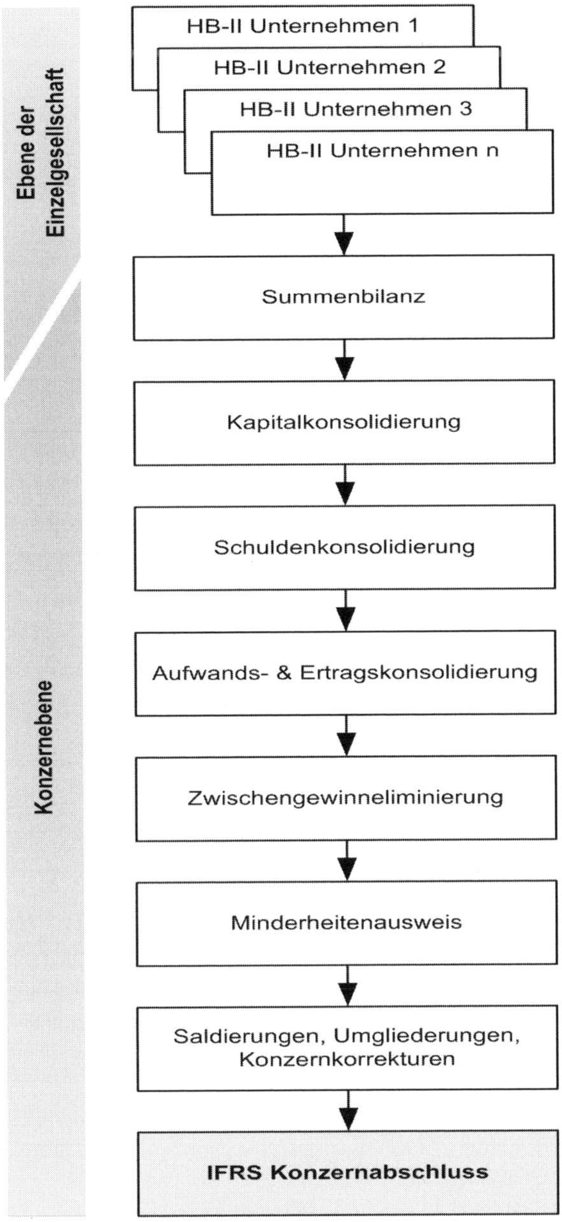

Abb. 18: Detailablauf der Konsolidierung

Die einzelnen Konsolidierungsschritte werden dabei in der folgenden Reihenfolge durchgelaufen:

- Summenbilanz: Addition der Salden sämtlicher Unternehmen des Konsolidierungskreises nach IAS 27.18.
- Kapitalkonsolidierung: Eliminierung sämtlicher Beteiligungsansätze beim Mutterunternehmen.
- Schuldenkonsolidierung: Eliminierung sämtlicher konzerninterner Schuldrechtsbeziehungen.
- Aufwands- und Ertragskonsolidierung: Eliminierung sämtlicher Ertragskomponenten aufgrund konzerninterner Liefer- und Leistungsbeziehungen.
- Zwischengewinneliminierung: Anpassung von Bilanzposten aufgrund konzerninterner Liefer- und Leistungsbeziehungen.
- Minderheitenanteile: Umgliederung und Ausweis der nicht zum Konzern gehörenden Eigenkapitalkomponenten fremder Dritter.
- Saldierungen, Umgliederungen und Konzernkorrekturen: Durchführung weiterer Konzernabschlussaktivitäten. Beispiele hierzu sind Saldierungen von Aktiva und Passiva, Umgliederungen von Bilanzposten für den Ausweis im Jahresabschluss, Berechnung latenter Steuern, Anpassung von Beständen.

Siehe CD-ROM

Beispiel:

Vor der eigentlichen Kapitalkonsolidierung der Solenta werden zunächst die Bilanzposten auf der HB-II-Ebene fortgeschrieben.

Aus dem ursprünglichen Erwerb der Solenta sind noch zwei Bilanzposten vorhanden:

- Eine Aufdeckung von stillen Reserven in Höhe von 1.000 TEUR für das Betriebsgrundstück. Der regelmäßige Impairment-Test erbrachte keine Indikation auf eine mögliche Wertminderung.
- Der Bilanzposten aus der veränderten Nutzungsdauer des Gebäudes beträgt zum Jahresanfang 900 TEUR. Nach den IFRS beträgt die gewöhnliche Nutzungsdauer bei Gebäuden 80 Jahre, im Einzelabschluss dagegen 50 Jahre. Die jährliche Abschreibungsdifferenz zwischen HGB und IFRS beträgt 75 TEUR.

Alle anderen HB-II-Posten haben ihre Ursache in unterschiedlichen Bewertungs- und Bilanzierungsvorschriften.[28] Sie beziehen sich ausschließlich auf das Sachanlagevermögen und sind kumuliert mit 67 TEUR pro Jahr zu berücksichtigen.

Insofern sind die HB-II-Anpassungen wie folgt zu buchen:

Bilanzposten	IFRS-Einzelbilanz	HB-II-Posten (AB)	HB-II-Anpassungen			IFRS-Konzernbilanz
	Saldo	Saldo	Soll	Haben	Referenz	Saldo
Aktiva						
Sachanlagen	14.695	2.413	75		a)	17.250
			67		b)	
Passiva						
Passive latente Steuern		-757		45	c)	-802
Aufwand						
Abschreibungen auf Sachanlagen	1.028			75	a)	886
				67	b)	
Steueraufwand	671		45		c)	716
Summe			187	187		

Diese Buchungen wurden vorgenommen:

Referenz	Bezeichnung	Betrag
a)	Korrektur Abschreibung Gebäude	75
b)	Abpassung Bewertungsvorschriften Konzern	67
c)	Latente Steuern auf Korrektur und Anpassung	45

[28] Effekte aus dem laufenden Geschäftsjahr sind hier noch nicht berücksichtigt. Diese erfolgen zu einem späteren Zeitpunkt.

6.2 Konsolidierungstechniken

6.2.1 Kapitalkonsolidierung

Die Kapitalkonsolidierung im Rahmen der Folgekonsolidierung hat mehrere Aufgaben. Neben der eigentlichen Kapitalkonsolidierung sind HB-II-Bilanzposten fortzuschreiben, Werthaltigkeitstests und Umgliederungen durchzuführen sowie Folgeeffekte aus abweichenden Bilanzansätzen des Einzelabschlusses nachzuhalten.
Die ursprüngliche Kapitalkonsolidierung des Erstansatzes zur Eliminierung der Beteiligungsansätze und zum Ausweis des Geschäfts- oder Firmenwertes einer Beteiligung ist in jedem Folgejahr beizubehalten, in der die Tochtergesellschaft im Konsolidierungskreis verbleibt. Dabei sind die Eröffnungswerte vorzutragen und eine erneute Kapitalkonsolidierung durchzuführen. Liegen keine Veränderungen der Beteiligungsansätze im Einzelabschluss der Muttergesellschaft vor, kann die Kapitalkonsolidierung in einem Buchungssatz erfolgen. Ergeben sich aus der Kapitalkonsolidierung Konsolidierungsdifferenzen, sind sie entsprechend des ursprünglichen Bilanzansatzes glattzustellen.

Tipp:

Schreiben Sie nur die Endsalden der Erstkonsolidierung fort. Das erleichtert die Kapitalkonsolidierung in den Folgejahren. Veränderungen der Salden von Beteiligungskonten fallen dann sofort auf.

Die aufgedeckten stillen Reserven und Lasten im Rahmen der Erstkonsolidierung und die korrespondierenden Bilanzposten auf der HB-II-Ebene sind im Rahmen der Kapitalkonsolidierung fortzuschreiben. Hier sind hinsichtlich des Bilanzpostens zu unterscheiden:

- Nicht abnutzbare, langfristige Vermögenswerte unterliegen einem Impairment-Test nach IAS 36.
- Abnutzbare langfristige Vermögenswerte sind planmäßig abzuschreiben.

- Kurzfristige Vermögenswerte sind entsprechend dem Verbrauch oder dem Abgang zu mindern.
- Aktivierte steuerliche Verlustvorträge sind – basierend auf dem Ergebnis des Einzelabschlusses – neu zu berechnen und anzupassen.
- Finanzinstrumente sind zum Stichtag neu zu bewerten.
- Rückstellungen sind entsprechend der Inanspruchnahme anzupassen.
- Eventualschulden sind unter Beachtung des Höchstwertprinzips nach IFRS 3.56 zu bewerten und entsprechend anzupassen.

Sämtliche Korrekturen von HB-II-Bilanzposten sind ergebniswirksam auf der HB-II-Ebene zu erfassen. Die Ausnahme bilden lediglich diejenigen Finanzinstrumente, für die nach IAS 39 eine ergebnisneutrale Behandlung vorgeschrieben ist. Neben der Fortschreibung der Bilanzposten sind die Bilanzposten der latenten Steuern der HB-II-Ebene, die auf die aktivierten Vermögenswerte und Schulden entfallen, neu zu berechnen und ebenfalls anzupassen. Für diese Anpassung sind die Vorschriften des IAS 12 anzuwenden.
Ein weiterer Schwerpunkt der Kapitalkonsolidierung ist die Fortschreibung des derivativen Geschäfts- oder Firmenwertes (des positiven Unterschiedsbetrags aus der Erstkonsolidierung). IFRS 3 verbietet eine planmäßige Abschreibung und verfolgt den „impairment only approach". Stattdessen ist nach IAS 36 regelmäßig (zumindest aber einmal im Jahr) ein Werthaltigkeitstest durchzuführen.

Tipp:

Legen Sie den Stichtag für die Durchführung des Impairment-Tests zeitlich kurz vor den Abschlussstichtag. So beugen Sie einem weiteren Impairment-Test aufgrund unerwarteter Ereignisse zwischen dem Stichtag des Impairment-Tests und dem Abschlussstichtag vor.

Aufgrund der Vorschriften des IAS 36 ist die Struktur des Konzerns und seiner zahlungsgenerierenden Einheiten zu beachten. Der aus der Erstkonsolidierung stammende Geschäfts- oder Firmenwert kann – je nach Art der Konzernstruktur – auf andere Einheiten überspringen, sodass ein Werthaltigkeitstest auf einer abstrakten Ebene durchzuführen ist.

Ein negativer Unterschiedsbetrag ist bei der Folgekonsolidierung unbeachtlich, weil dieser bereits im Rahmen der Erstkonsolidierung erfolgswirksam ausgebucht wird.

Eine weitere Aufgabe der Kapitalkonsolidierung ist die Umgliederung von Minderheitenanteilen. IAS 27.27 verlangt einen separaten Ausweis im Eigenkapital, aber unterhalb der Anteile der Gesellschafter.

Siehe CD-ROM

Beispiel:

Die eigentliche Kapitalkonsolidierung der Solenta umfasst ausschließlich die Auflösung des Beteiligungsansatzes der Mellenich AG an der Soltena und die Ermittlung des Geschäfts- oder Firmenwertes und der Minderheitenanteile. Da sich im Laufe des Geschäftsjahres keinerlei Änderungen im Eigenkapital ergeben haben, reicht der Vortrag der Erstkonsolidierung aus; Änderungen dürfen sich nicht einstellen.

Variante 1: Saldenvortrag aus der Erstkonsolidierung

Bezeichnung	Einzelabschlüsse		Summenbilanz	Kapitalkons.	Konsolidierung		Referenz	Konzernabschluss
	Mellenich AG[29]	Solenta			Soll	Haben		Saldo
Aktiva								
Geschäfts- oder Firmenwert			0	2.161				2.161
Finanzanlagen	4.247		4.247	-4.247				0
Passiva								
Stammkapital	-1.500	-250	-1.750	250				-1.500
Gewinnrücklagen	-36.882	-10.365	-47.247	2.358	1.148		e)	-44.889
Minderheitenanteile			0	-522		1.148	e)	-1.670
Summe				0				

Der Saldenvortrag aus der Erstkonsolidierung ist die gebräuchliche Variante, weil sie meistens automatisch erfolgt. Weitere (manuelle) Konsolidierungsbuchungen werden dadurch überflüssig.

[29] Aus Vereinfachungsgründen sind hier nur die relevanten Konten der Mellenich AG dargestellt.

Variante 2: Erneute Konsolidierungsbuchung

Bezeichnung	Einzelabschlüsse		Summenbilanz	Kapitalkons.	Konsolidierung		Referenz	Konzernabschluss
	Mellenich AG[30]	Solenta			Soll	Haben		Saldo
Aktiva								
Geschäfts- oder Firmenwert					2.161		d)	2.161
Finanzanlagen	4.247		4.247		522	250	c) a)	0
						2.358	b)	
						2.161	d)	
Passiva								
Stammkapital	-1.500	-250	-1.750		250		a)	-1.500
Gewinnrücklagen	-36.882	-10.365	-47.247		2.358		b)	-44.889
					1.148		e)	
Minderheitenanteile						522	c)	-1.670
						1.148	e)	
Summe					5.291	5.291		

Buchungserläuterungen:

Referenz	Bezeichnung	Betrag
a)	Eliminierung Stammkapital	250
b)	Eliminierung Gewinnrücklagen	2.358
c)	Umbuchung Minderheitenanteile	522
d)	Umbuchung resultierender Geschäfts- oder Firmenwert	2.161
e)	Umgliederung anteilige Gewinne Minderheiten Vorjahre	1.148

Die restlichen Gewinnrücklagen in Höhe von 8.007 TEUR der Solenta verbleiben im ersten Schritt auf der Konzernebene. Im zweiten Schritt sind die anteiligen Gewinne der Vorjahre in Höhe von 1.148 TEUR den Minderheiten zuzuordnen.

Neben den Konsolidierungsschritten zur Erstellung des Konzernabschlusses ist regelmäßig eine Prüfung der Beteiligungsansätze im Einzelabschluss erforderlich. IAS 27.38 erlaubt einen Ansatz sowohl zu den Anschaffungskosten als auch zum beizulegenden Zeitwert

30 Aus Vereinfachungsgründen sind hier nur die relevanten Konten der Mellenich AG dargestellt.

(Fair Value) nach IAS 39. Auf der Ebene des Einzelabschlusses ist für Beteiligungsansätze nach IAS 36.2 e) i. V. m. IAS 39 ebenfalls ein Impairment-Test zwingend vorgeschrieben. Wurde hier eine Abwertung des Beteiligungsansatzes vorgenommen, ist das im Rahmen der Kapitalkonsolidierung rückgängig zu machen. Hinsichtlich des Zeitpunktes des Werthaltigkeitstest ist ebenfalls eine zeitnahe Durchführung zum Abschlussstichtag empfehlenswert.

6.2.2 Schuldenkonsolidierung

Grundlagen

Basierend auf der Fiktion der wirtschaftlichen Einheit eines Konzerns ist für Bilanzposten nach IAS 27.20 eine Schuldenkonsolidierung vorzunehmen, sodass alle schuldrechtlichen Beziehungen aus konzerninternen Transaktionen und Geschäftsvorfällen zwischen Unternehmen des Konsolidierungskreises nicht in den Konzernabschluss einfließen. Insofern sind alle Bilanzpositionen auf mögliche konzerninterne Rechtsbeziehungen – Intercompany-Ausweise – zu prüfen. Zu den „klassischen" Bilanzpositionen, die regelmäßig zu prüfen sind, gehören

- Forderungen und Verbindlichkeiten aus Lieferungen und Leistungen,
- geleistete und erhaltene Anzahlungen,
- sonstige Vermögenswerte und Schulden (hierzu gehören auch Darlehensbeziehungen, Abwicklungen von Cash-Pools und Cash-Clearings sowie Vermögenswerte und Schulden, die nach dem HGB als Rechnungsabgrenzungsposten einzuordnen wären),
- Finanzanlagen,
- Rückstellungen (hierzu gehören allerdings keine Rückstellungen gegenüber Konzernunternehmen, bei denen ein Durchgriff Dritter möglich ist; als Beispiel seien hier Gewährleistungsrückstellungen genannt; in der Literatur werden solche Durchgriffe auch unter dem Begriff „Reihengeschäfte" geführt).

Eine Grundvoraussetzung für eine sichere Konsolidierung der unterschiedlichen Geschäftsvorfälle ist eine strukturierte Erfassung und eine saubere Zuordnung zu den betroffenen Unternehmen des Konsolidierungskreises. In der Regel unterstützen die EDV-Systeme eine unternehmensbezogene Identifikation des jeweiligen Geschäftsvorfalles.

Tipp:

Sofern das EDV-System keine Intercompany- Ausweise bei den Forderungen und Verbindlichkeiten unterstützt, sollten Sie für jedes verbundene Unternehmen ein separates Konto benutzen. Auf diese Weise erhalten Sie eine „Intercompany-Matrix", aus der Konsolidierungs- und Abstimmungsdifferenzen sofort ersichtlich werden.

Beispiel:

Siehe CD-ROM

In Rahmen der vorbereitenden Maßnahmen für die Einzelabschlüsse der Gesellschaften und für den Konzernabschluss wurden sämtliche konzerninternen Forderungen und Verbindlichkeiten vom Konzernrechnungswesen abgestimmt. Das Ergebnis ist die folgende Intercompany-Matrix:

Unternehmen	Verbindlichkeiten	Differenzen	Forderungen						
			Mellenich AG	Yao Tung	LT Leitsysteme	Ehrlicher	Solenta	Wilmington	Mellenich Belgium
Mellenich AG	1.683					812	871		
Yao Tung	455	-455					910		
LT Leitsysteme	230		230						
Ehrlicher									
Solenta									
Wilmington	13.566	-94				8.056	5.604		
Mellenich Belgium	7.114		497		589	3.451	2.577		
Differenzen			0			-69			
Forderungen			727	0	589	12.250	9.962	0	0

Die identifizierten Differenzen müssen entweder vor der Konsolidierung korrigiert oder im Rahmen der Konsolidierung eliminiert werden.

Siehe CD-ROM

Beispiel:

Im Laufe des Geschäftsjahres lieferte die LT Leitsysteme GmbH Waren im Wert von 3.122 TEUR an die Mellenich Belgium. Zum Bilanzstichtag ist von diesen Lieferungen noch eine Forderung in Höhe von 589 TEUR offen.

Konsolidierungsbuchungen:

Bezeichnung	Einzelabschlüsse		Summenbilanz	Konsolidierung		Referenz	Konzernabschluss
	LT Leitsysteme	Mellenich Belgium		Soll	Haben		Saldo
Aktiva							
Forderungen, verbundene Unternehmen	589	0	589		589	a)	0
Passiva							
Verbindlichkeiten, verbundene Unternehmen	−230	−7.114	−7.344	589		a)	6.755
Summe				589	589		

Buchungserläuterungen:

Referenz	Bezeichnung	Betrag
a)	Eliminierung Forderung LT Leitsysteme	589

Neben diesen „klassischen“ Bilanzposten können aber auch für andere Bilanzposten konsolidierungspflichtige Transaktionen vorkommen, die immer eine Einzelfallprüfung erfordern.

Problemkreise

In der Regel erfolgt die Schuldenkonsolidierung bei einer entsprechenden organisatorischen Vorbereitung problemlos. Dennoch kommen immer wieder Fälle vor, bei denen Differenzen bei der Schuldenkonsolidierung auftreten können. Die Literatur hat eine systematische Unterscheidung der möglichen, auftretenden Differenzen entwickelt. Sie werden unter dem Begriff der Aufrechnungsdifferenzen zusammengefasst.

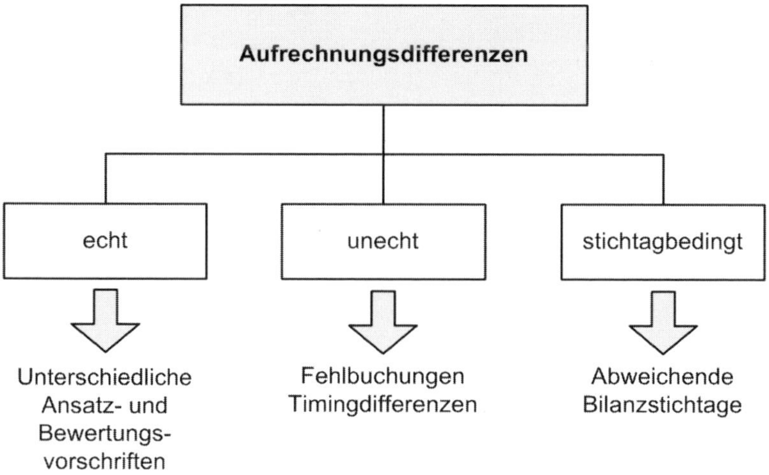

Abb. 19: Arten von Aufrechnungsdifferenzen

Generell unterscheidet die Literatur wird zwischen echten, unechten und stichtagbedingten Aufrechnungsdifferenzen:

- Echte Aufrechnungsdifferenzen

  Echte Aufrechnungsdifferenzen haben ihren Ursprung in den Ansatz- und Bewertungsvorschriften, die seitens der Konzernunternehmen angewendet werden. Durch die Anwendung der Ansatz- und Bewertungsvorschriften kann es vorkommen, dass ein Sachverhalt von den einzelnen Konzernunternehmen unterschiedlich behandelt wird. Typische Beispiele von echten Differenzen sind Wechselkurseffekte, die Anwendung des Niederstwertprinzips oder die Abzinsung von Verbindlichkeiten. Einige echte Aufrechnungsdifferenzen können dabei lang anhaltende Folgeeffekte auslösen, sodass auch in den Folgejahren entsprechende Korrekturen notwendig sind.

  Für die echten Aufrechnungsdifferenzen gibt es derzeit keine Regelungen nach den IFRS.[31] Hier wird empfohlen, hilfsweise die Regelungen nach US-GAAP oder HGB anzuwenden.

  US-GAAP beachten!

[31] Vgl. WP-Handbuch 2006, Abschnitt N, Rz. 706.

- Unechte Aufrechnungsdifferenzen

  Unter unechten Aufrechnungsdifferenzen werden alle Arten von fehlerhaft erfassten Transaktionen und Geschäftsvorfällen verstanden, die im Rahmen des Jahresabschlusses vorkommen können. Hierzu gehören Fehlbuchungen ebenso wie der falsche Ausweis von Bilanzposten und Transaktionen sowie Timingdifferenzen aufgrund der unterschiedlichen buchhalterischen Behandlung in den einzelnen Konzerngesellschaften. Diese Differenzen entstehen zum Bilanzstichtag und entfalten keine Folgeeffekte.

  Generell gilt, dass unechte Differenzen vom zugrunde liegenden Geschäftsvorfall abhängig sind. In der Regel werden die auftretenden Differenzen erfolgswirksam korrigiert.[32] Um unechte Aufrechnungsdifferenzen von anderen Differenzen unterscheiden zu können, sollten diese bereits im Einzelabschluss oder auf HB-II-Ebene korrigiert werden.

- Stichtagbedingte Aufrechnungsdifferenzen

  Stichtagbedingte Aufrechnungsdifferenzen ergeben sich aus abweichenden Bilanzstichtagen von Konzernunternehmen.[33]

Für alle Aufrechnungsdifferenzen ist zu unterscheiden, ob diese ergebnisneutral oder ergebniswirksam entstanden sind. Hier gilt der Grundsatz, dass die Korrekturen den ursprünglichen Differenzen folgen.

Aus der unterschiedlichen Behandlung von Bilanzposten im Einzel- und Konzernabschluss und den damit verbundenen Aufrechnungsdifferenzen kann sich – als ein Folgeeffekt – der Ansatz latenter Steuern ergeben. Hinsichtlich der Behandlung der latenten Steuern ist analog zu den Aufrechnungsdifferenzen zu verfahren.

Siehe CD-ROM

Beispiel:

Die sich aus der Intercompany-Matrix ergebenden Differenzen wurden im Rahmen des Konzernabschlusses klassifiziert. Zum einen han-

[32] Vgl. Baetge, Konzernbilanzen.

[33] Siehe bezüglich der stichtagbedingten Aufrechnungsdifferenzen auch die vorgelagerten Maßnahmen auf Seite 110.

delt es sich um eine Einzelwertberichtigung der Ehrlicher GmbH & Co. KG in Höhe von 69 TEUR aus einer Forderung gegenüber der Mellenich Belgium des Einzelabschlusses, die seitens der Wirtschaftsprüfer als erforderlich erachtet wurde. Zum anderen handelt es sich um eine Währungsumrechnungsdifferenz der Wilmington aus einer Verbindlichkeit gegenüber der Ehrlicher GmbH & Co. KG. Die konzerneinheitlichen Bewertungs- und Bilanzierungsrichtlinien verlangen in solchen Fällen die aufwandswirksame Ausbuchung aufseiten des Unternehmens, das die Verbindlichkeit ausweist.

Für die Ehrlicher GmbH & Co. KG sind somit die folgenden Konsolidierungsbuchungen erforderlich:

Bezeichnung	Einzelabschlüsse				Summenbilanz	Konsolidierung		Referenz	Konzernabschluss
	Mellenich AG	Ehrlicher	Wilmington	Mellenich Belgium		Soll	Haben		Saldo
Aktiva									
Forderungen, verbundene Unternehmen	727	12.250	0	0	12.977	69	812 8.056 3.451	d) a) b) c)	727
Sonstige Vermögenswerte, verbundene Unternehmen	312	0	0	0	312				312
Passiva									
Verbindlichkeiten, verbundene Unternehmen	−1.683	0	−13.566	−7.114	−22.363	812 8.056 3.451	94	a) e) b) c)	−10.138
Aufwand									
Wertberichtigungen		69			69		69	d)	0
Währungsdifferenzen	29				29	94		e)	65
Summe						12.502	12.502		

Buchungserläuterungen:

Referenz	Bezeichnung	Betrag
a)	Eliminierung Forderung Mellenich AG	250
b)	Eliminierung Forderung Wilmington Ltd.	2.358
c)	Eliminierung Forderung Mellenich Belgium	522
d)	Korrektur EWB Ehrlicher GmbH & Co. KG	2.161
e)	Ausbuchen der Währungsumrechnungsdifferenzen aus Konsolidierung bei der Wilmington Ltd.	94

Vorbeugende Maßnahmen

Aufrechnungsdifferenzen können im Rahmen der Konsolidierung erhebliche Probleme bereiten. Zum einen, weil sie oftmals sehr versteckt oder vermischt auftreten und nicht leicht zu identifizieren sind, zum anderen, weil sie den Konsolidierungsprozess nicht unwesentlich erschweren. Insofern sind im Rahmen des Jahresabschlusses vorbereitende Maßnahmen notwendig, um unechte und stichtagbedingte Aufrechnungsdifferenzen nicht entstehen zu lassen und um echte Aufrechnungsdifferenzen transparent dazustellen.
Für die wiederkehrende Abschlusserstellung sind allgemeine organisatorische Vorkehrungen zu treffen:

Erleichterungen

- Alle Tochtergesellschaften sollten einen einheitlichen Abschlussstichtag haben.
- Alle Tochtergesellschaften sollten den einheitlichen Konzernkontenplan mit ausgewiesenen „Intercompany"-Konten benutzen.
- Es sollten verpflichtend anzuwendende Konzernrichtlinien vorhanden sein, die gegebenenfalls Buchungs- und Kontierungsanleitungen beinhalten.
- Einführung konzernweiter Netting-, Clearing- und Settlement-Systeme für die systematische Erfassung und Begleichung konzerninterner Forderungen und Verbindlichkeiten.

Im Rahmen der Erstellung des Konzernabschlusses sind weiterführende Maßnahmen erforderlich:

- Vorgabe einheitlich anzuwendender Wechselkurse zum Bilanzstichtag für alle Unternehmen durch die Konzernzentrale.

- Festlegung bezüglich der Behandlungen von Geschäftsvorfällen um das Jahresende zu Vermeidung von Timing-Differenzen.
- Kontrolle der richtigen Verbuchung von „Intercompany“-Transaktionen auf den richtigen Konten.
- Abstimmung von Salden zwischen den betroffenen Unternehmen innerhalb des Konzernverbundes.

6.2.3 Zwischengewinneliminierung

Grundlagen

Eng verbunden mit den konzerninternen Lieferbeziehungen ist die Zwischengewinneliminierung. Allgemein betrachtet ist der Gewinnaufschlag des liefernden Unternehmens bei einem Verbleib der Ware zum Abschlussstichtag im Bestand des empfangenden Unternehmens zu eliminieren. Darüber hinaus ist der Warenbestand beim empfangenden Unternehmen an die konzerneinheitlichen Bewertungs- und Bilanzierungsrichtlinien anzupassen. Die Anpassung erfolgt auf der HB-II-Ebene. Die Grundlage hierfür ist die Produktkalkulation, sowohl beim liefernden als auch beim empfangenden Unternehmen. Die Behandlung der Ware beim liefernden Unternehmen kann dagegen vereinfacht betrachtet werden. Wird die Ware beim liefernden Unternehmen selbst hergestellt, fließen alle Kostenbestandteile der Produktkalkulation in die Zwischengewinneliminierung ein. Bezieht das liefernde Unternehmen die Ware komplett von einem fremden Dritten, handelt es sich aus Sicht der Produktkalkulation vereinfacht um Materialeinzelkosten zuzüglich einiger interner Kosten und einem Gewinnaufschlag. Fertigungskosten fallen in diesem Fall nicht an.

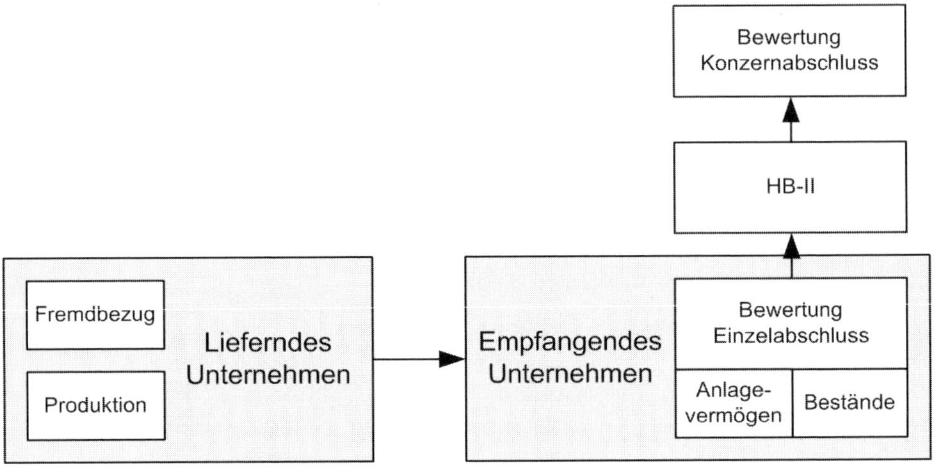

Abb. 20: Bereiche der Zwischengewinneliminierung

Diese recht allgemeine Beschreibung der Zwischengewinneliminierung ist hinsichtlich der Kostenbestandteile differenzierter zu betrachten, weil sich aus den zwei durchzuführenden Schritten – der Gewinneliminierung und der Neubewertung für Konzernzwecke – eine Vielzahl von Einzelberechnungen ergibt. Ausgangspunkt ist die Ermittlung der tatsächlichen Kosten eines Vermögenswertes. Auf dieser Kostenermittlung baut zum einen die bilanzielle Behandlung im Einzelabschluss und zum anderen die Bewertung für den Konzernabschluss auf. Da der Verbleib von Vermögenswerten im Konzern sowohl Vorräte als auch Anlagevermögen betreffen kann, ist hinsichtlich der Konzernbewertung und späteren Verwendung zu differenzieren.

Anschaffungs- und Herstellungskosten

Anschaffungs- und Herstellungskosten nach IFRS sind in drei unterschiedlichen Normen geregelt: IAS 2 für Vorräte, IAS 16 für langfristige Vermögenswerte (Anlagevermögen) und IAS 38 für immaterielle Vermögenswerte (ebenfalls Anlagevermögen). Alle drei Normen[34] beinhalten im Wesentlichen die gleichen Definitionen für Anschaffungs- und Herstellungskosten. Danach müssen neben den Materialkosten und den direkt zurechenbaren Lohnkosten auch angemes-

[34] Vgl. IAS 2.10 ff., IAS 16.15 ff., IAS 38.51 ff.

sene Teile der Gemeinkosten eingerechnet werden. Ansatzverbote existieren für Verwaltungs- und Vertriebskosten. Die Anschaffungs- und Herstellungskosten nach IFRS entsprechen somit weitestgehend den Vorschriften nach dem Einkommenssteuergesetz. Die Bewertung erfolgt zu den Vollkosten; Abweichungen sind hier in den einzubeziehenden Gemeinkosten zu finden. Sofern es sich bei den zu bewertenden Vermögenswerten um Vorräte handelt, ist im Rahmen des Abschlusses auch immer ein Niederstwerttest auf Einzelabschlussebene hinsichtlich des erzielbaren Veräußerungswertes bzw. hinsichtlich des Kostenansatzes durchzuführen.

Im Einzelabschluss des empfangenden Unternehmens ist hinsichtlich des Ansatzes zu unterscheiden. Bei langfristigen Vermögenswerten (in der Regel des Anlagevermögens) sind neben den bezogenen Waren auch die Anschaffungsnebenkosten, Preisnachlässe sowie künftige Rückbauverpflichtungen des empfangenden Unternehmens aktivierungspflichtig.

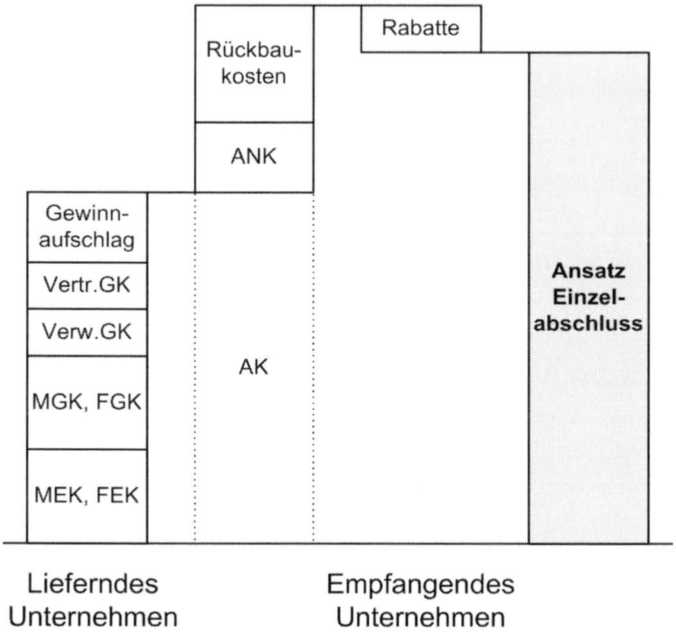

Abb. 21: Schematische Darstellung bei aktivierten Vermögenswerten

Bei kurzfristigen Vermögenswerten (in der Regel der Vorräte) ist neben den Bezugskosten der Waren auch die bis zum Bilanzstichtag vorgenommene Weiterverarbeitung/Veredelung aktivierungspflichtig. Hier sind sowohl Einzel- als auch Gemeinkosten zu berücksichtigen.

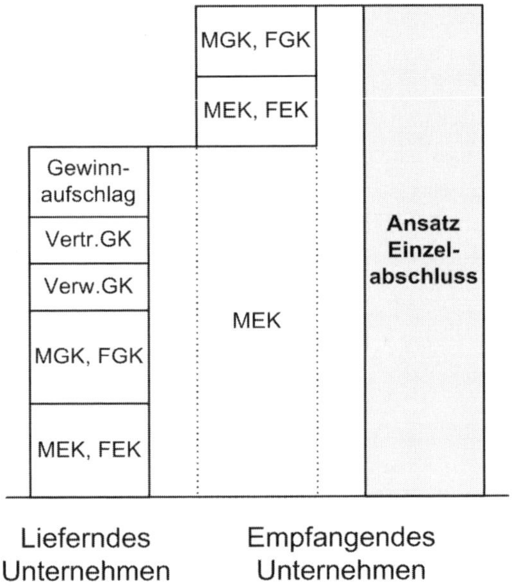

Abb. 22: Schematische Darstellung bei Vorräten

Gewinn- und Verlustermittlung

Wendet das empfangende Unternehmen abweichende Bewertungs- und Bilanzierungsrichtlinien an, ist zunächst eine Anpassung an die konzerneinheitlichen Bewertungs- und Bilanzierungsrichtlinien auf der HB-II-Ebene vorzunehmen. Erst danach erfolgt die eigentliche Zwischengewinneliminierung. Im Rahmen der Konsolidierung sind die Kostenbestandteile der aktivierten Vermögenswerte des Einzelabschlusses und der HB-II-Korrekturen zu analysieren, zu bewerten und dann zu korrigieren. Hierbei ist zu beachten, dass sich eine Kostenstrukturverschiebung einstellt, weil die Gemeinkosten des liefernden Unternehmens die Einzelkosten im Einzelabschluss des empfangenden Unternehmens sind, auf Konzernebene aber wieder als Gemeinkosten ausgewiesen werden müssen. In der Regel führen diese Strukturverschiebungen dazu, dass die Einzelkosten abnehmen und die Gemeinkosten zunehmen.

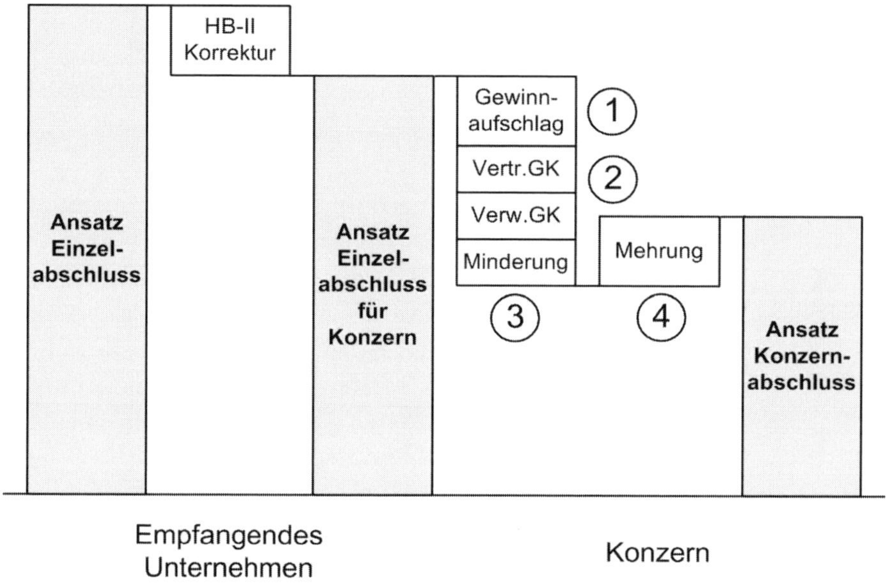

Abb. 23: Ermittlung der Konzernansätze

Bei der Zwischengewinneliminierung ist auf eine strikte Aufgabenteilung zwischen der HB-II-Ebene und dem Konzernabschluss zu achten. Die HB-II-Ebene nimmt ausschließlich die Anpassungen auf die konzerneinheitlichen Bewertungs- und Bilanzierungsrichtlinien auf. Hier darf keine Zwischengewinneliminierung durchgeführt werden. Außerdem ist eine Erfassung von Herstellkostenminderungen und -mehrungen auf der HB-II-Ebene zu unterlassen.
Aus den unterschiedlichen Ansatz- und Bewertungsvorschriften des Einzel- und des Konzernabschlusses ergeben sich aus Konzernsicht für die Ermittlung des Vermögenswertes regelmäßig mehrere eliminierungspflichtige Bereiche: Gewinnaufschläge der liefernden Unternehmen, nicht ansatzfähige Kosten sowie Herstellkostenmehrungen und -minderungen.

1. Gewinnaufschlag

   Der Gewinnaufschlag des liefernden Unternehmens ist vollständig zu eliminieren.

2. Vertriebskosten, Verwaltungskosten

   Die Vertriebs- und die Verwaltungskosten unterliegen z. B. nach IAS 2.16 einem Ansatzverbot. Sie sind – wie der Gewinnaufschlag des liefernden Unternehmens – vollständig zu eliminieren.

3. Herstellungskostenminderungen

   Unter Herstellungsminderungen werden solche Kosten verstanden, die im Einzelabschluss zwingend zu aktivieren sind, im Konzernabschluss aber einem Aktivierungsverbot unterliegen.

4. Herstellungskostenmehrungen

   Analog zu den Herstellungskostenminderungen gehören zu den Herstellungskostenmehrungen solche Kosten, die im Rahmen des Konzernabschlusses aktivierungspflichtig sind, im Einzelabschluss aber einem Aktivierungsverbot unterliegen. Als ein Beispiel sind Frachtkosten als Vertriebsnebenkosten zu nennen. Aus Konzernsicht gehören diese Kosten zu den internen Logistikkosten, die in die Bewertung (z. B. nach IAS 2.10 i. V. m. IAS 2.15) mit einzubeziehen sind.

Mehrstufige Prozesse

Komplexer wird die Zwischengewinneliminierung bei mehrstufigen Lieferungen innerhalb des Konzernverbundes. Hier ist auf jeder Stufe der Lieferung eine entsprechende Eliminierung durchzuführen. Neben der reinen Ermittlung der Bilanzansätze aus der Kostenrechnung ist der errechnete (konsolidierte) Konzernbilanzansatz eines Vermögenswertes einer weiteren Prüfung zu unterziehen, bevor der finale Bilanzansatz ermittelt werden kann. Bei kurzfristigen Vermögenswerten (Vorräten) ist – wie beim Einzelabschluss nach IAS 2.9 – ein Niederstwerttest auf den Konzernansatz durchzuführen und gegebenenfalls eine weitere Korrektur vorzunehmen. Neben dieser speziellen Regelung ist für sämtliche Vermögenswerte zusätzlich ein Werthaltigkeitstest nach IAS 36 zu beachten. Basierend auf den zuvor gemachten Ausführungen ergibt sich der endgültige Zwischengewinn bzw. -verlust aus den vorgenommenen Konsolidierungen und den finalen Bilanzansätzen. Liegt der Bilanzansatz des Einzelabschlusses oberhalb des Bilanzansatzes des Konzernabschlusses, liegt regelmäßig ein eliminierungspflichtiger Zwischengewinn vor, andernfalls ein eliminierungspflichtiger Zwischenverlust. Beide beeinflussen das Konzernergebnis. Neben der Ergebnisauswirkung führen die unterschiedlichen Bilanzansätze zu einer ergebniswirksamen Erfassung passiver latenter Steuern.

Einmal mehr: Minderheiten

Eine eher kontroverse Diskussion wird hinsichtlich der Behandlung des anteiligen Zwischengewinns bei Minderheiten geführt.[35] Soll ein Ausweis von Zwischengewinnen für Minderheiten durchgeführt werden, ist eine zusätzliche Konsolidierungsbuchung für den anteiligen Zwischengewinn der Minderheit vorzunehmen. Im Hinblick auf eine strenge Auslegung des IAS 1.83 a) wäre das zwingend geboten.

Die Zwischengewinneliminierung kann für ausgewählte Vermögenswerte zusätzlich auch Folgeeffekte auslösen. Bei langfristigen Vermögenswerten, die einer planmäßigen Abschreibung unterliegen, ist regelmäßig der Abschreibungsbetrag aufgrund der unterschiedlichen Bilanzansätze in den Folgejahren zu korrigieren. Bei kurzfristigen Vermögenswerten (insbesondere bei Vorräten) kann bei gleich bleibenden Bilanzposten eine Korrektur aufgrund von Marktpreisänderungen oder aufgrund eines Werthaltigkeitstest erforderlich sein.

Technik im Gesamtkostenverfahren

Bei der Anwendung des Gesamtkostenverfahrens erfolgt die Eliminierung des Zwischengewinns von Innenumsätzen Hand in Hand mit der Aufwands- und Ertragskonsolidierung. Der Zwischengewinn ist im Jahr seiner Entstehung ergebniswirksam zu eliminieren. In den Folgejahren erfolgt die Eliminierung ergebnisneutral in der Höhe des Vorjahreswertes, andernfalls ist ein ergebniswirksamer Ausweis vorzunehmen. Dabei nimmt der Zwischengewinn alle Bestandteile der Veränderungen der Bilanzposten auf:

---

[35] Vgl. Senger/Brune in Beck'sches IFRS-Handbuch, § 33 Rz. 228 ff. vs. Lüdenbach in: Haufe IFRS-Kommentar, § 32, Rz. 144 ff.

- Zwischengewinne aus Liefer- und Leistungsbeziehungen,
- Zwischengewinne aus Neubewertungen auf der HB-II-Ebene,
- Zwischengewinne aus Neubewertungen eines Vermögenswertes auf der Konzernebene,
- Zwischengewinne aus weiteren Vorschriften der IFRS im Rahmen des Konzernabschlusses.

Buchungstechnisch ist eine Unterscheidung für kurz- und langfristige Vermögenswerte vorzunehmen. Bei kurzfristigen Vermögenswerten erfolgt eine Buchung über Bestandsveränderungen, bei langfristigen Vermögenswerten über aktivierte Eigenleistungen.[36]

Technik im Umsatzkostenverfahren

Die Eliminierung des Zwischengewinns bei der Anwendung des Umsatzkostenverfahrens ist identisch mit der Eliminierung von Zwischengewinnen nach dem Gesamtkostenverfahren. Die beiden Verfahren unterscheiden sich nur hinsichtlich der Buchungstechnik.[37]

Praktische Probleme bei der Zwischengewinneliminierung

Die Zwischengewinneliminierung ist eines der Kernprobleme im Rahmen der Konsolidierung, weil eine Vielzahl von Detailinformationen benötigt wird. Gerade in sehr großen Konzernen mit sehr vielen konzerninternen Transaktionen kann die Flut an Detailinformationen eine wirkungsvolle Konsolidierung verhindern oder gar unmöglich machen. Hier seien beispielhaft einige Problemkreise genannt:

- Unterscheidung von Lieferungen in das Anlagevermögen und in die Bestände.

---

[36] Hinsichtlich der möglichen Konsolidierungsfälle wird auf das Kapital „Systematische Übersicht der Konsolidierungen im GKV" auf S. 147 verwiesen.

[37] Hinsichtlich der möglichen Konsolidierungsfälle wird auf das Kapitel „Systematische Übersicht der Konsolidierungen im UKV" auf S. 151 verwiesen.

- Erfassung, Gruppierung und Bestandsermittlung von Innenumsätzen von Lieferungen und Leistungen.
- Bewertung von Beständen (Mengen, Preisen, Margen) ähnlicher Produkte anhand von Durchschnittsverfahren und Verbrauchsfolgefiktionen.
- Gruppierung, Kalkulation, Standardkostenrechnung und Kostenstrukturen von ähnlichen und verwandten Produkten.
- Gestaltung von Preisen und Verrechnungspreisen von Produkten, Dienstleistungen, Lizenzgebühren u. Ä. verbunden mit steuerlichen Aspekten der Gewinnaufteilung.
- Struktur, Inhalt und Detaillierungsgrad des Berichtswesens für bezogene und gelieferte Produkte und Dienstleistungen.
- Grad der Genauigkeit der Zwischengewinneliminierung.

Für diese Problemkreise sind weiterführende Konzepte notwendig, die allerdings unternehmensspezifisch auszugestalten und anzupassen sind.

Tipp:

Die Zwischengewinneliminierung ist eine Routinetätigkeit im Rahmen der Erstellung des Konzernabschlusses. Sie lässt sich für die Bestandsbewertung der konzerninternen Vorräte wesentlich erleichtern, wenn konzerninterne Lieferungen und Leistungen im Vorfeld des Abschlussstichtages gezielt gesteuert werden. Je nach Bilanzierungs- und Bewertungspolitik des Konzerns sollten Bestände vermieden, minimiert oder auf Vorjahresniveau gehalten werden.

6.2.4 Aufwands- und Ertragskonsolidierung

Grundlagen

Die Darstellung des Konzernabschlusses als ein „einzelnes Unternehmen“ beschränkt sich ausschließlich auf die Außenbeziehung des Konzerns. Insofern dürfen sämtliche konzerninternen Transaktionen und Geschäftsvorfälle zwischen Unternehmen, die dem Konsolidierungskreis angehören, nicht im Konzernabschluss enthalten sein. Rechtsgrundlage hierfür ist IAS 27.20, der vorschreibt, dass diese Transaktionen vollständig zu eliminieren sind. Diese Vorschrift ergibt sich aus der Systematik der Konsolidierung. Durch die Erstellung der Summenbilanz, die auf den HB-II-Werten der Einzelgesellschaften basiert, sind sowohl interne als auch externe Umsätze und Kosten in der Gewinn- und Verlustrechnung doppelt verbucht und müssen folglich korrigiert werden. Die Eliminierung, also die Korrektur der unzutreffend ausgewiesenen Umsätze und Kosten, kann dabei entweder durch Aus- und Umbuchungen oder durch Umgliederungen erreicht werden.

Die Aufwands- und Ertragskonsolidierung erstreckt sich auf alle Arten von Transaktionen, die in der Gewinn- und Verlustrechnung erfasst werden. Hierzu gehören im Besonderen sämtliche Liefer- und Leistungsbeziehungen, Darlehensgewährungen sowie Gewinneinnahmen, z. B. in Form von Gewinnausschüttungen. Durch das Wahlrecht, die Gewinn- und Verlustrechnung sowohl nach dem Gesamt- als auch nach dem Umsatzkostenverfahren aufbauen zu dürfen, können für den gleichen Geschäftsvorfall unterschiedliche Eliminierungsbuchungen erforderlich werden.

Grundfälle merken!

Alle Arten von Lieferungen und Leistungen innerhalb eines Konzerns lassen sich sehr allgemein in die folgenden vier Fälle einteilen:

1. Zur sofortigen Veräußerung
2. Zur späteren Veräußerung
3. Zur eigenen Verwendung
4. Zum eigenen Verbrauch

Zur leichteren Besprechung der einzelnen Konsolidierungstechniken sollten diese Fälle sowohl für das Gesamt- als auch für das Umsatzkostenverfahren angewendet werden. Grundlage aller Fälle ist die Behandlung der Transaktionen in den Einzelabschlüssen der jeweils betroffenen Gesellschaften. In der Regel wird ein Unternehmen seine Waren und Dienstleistungen mit einem Gewinnausschlag veräußern. Insofern ist zusätzlich eine Zwischengewinneliminierung erforderlich, die im vorherigen Kapitel besprochen wurde.

Anwendung des Gesamtkostenverfahrens

Bei der Eliminierung von Aufwands- und Ertragspositionen sind beim Gesamtkostenverfahren immer sämtliche Aufwandsarten zu berücksichtigen.

1. Zur sofortigen Veräußerung

   Bei Lieferungen und Leistungen zur sofortigen Veräußerung bezieht ein Konzernunternehmen Waren und Dienstleistungen von einem anderen Konzernunternehmen und veräußert diese noch im aktuellen Geschäftsjahr. Für die Konsolidierung ist es unerheblich, ob die bezogenen Waren und Dienstleistungen vom liefernden Unternehmen selbst erstellt wurden. Ebenso kann die Weiterverarbeitung oder Veredelung beim beziehenden Unternehmen ignoriert werden.

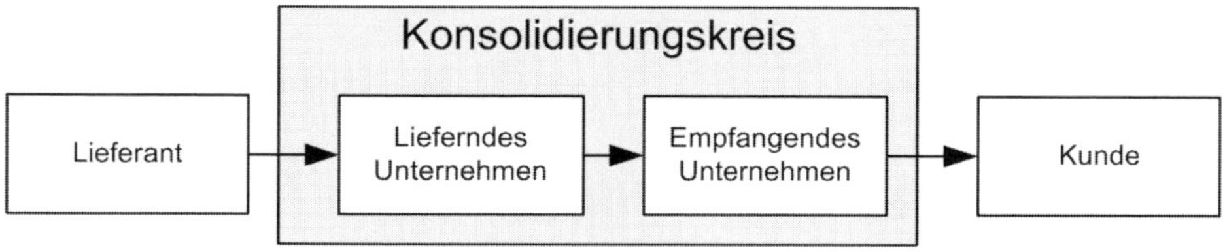

Abb. 24: Grundfall der Lieferung bei Fremdbezug

Im Fall von Warenlieferungen ist es unerheblich, ob die Waren beim liefernden Unternehmen erst im laufenden Geschäftsjahr bezogen wurden oder als Bestand zum Geschäftsjahresanfang bereits vorhanden waren.

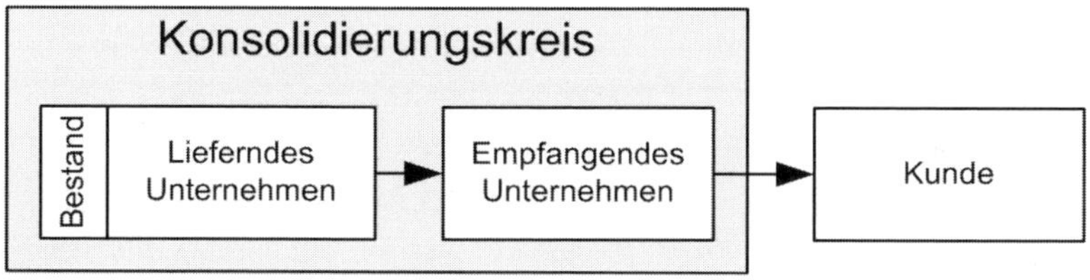

Abb. 25: Grundfall der Lieferung bei Bestand

Bei der Veräußerung aus dem Bestand wird – neben dem Umsatzausweis beim liefernden Unternehmen – eine Buchung der

Bestandsveränderungen ausgelöst, die auch im Konzernabschluss auf der Grundlage der Bestände am Anfang des Geschäftsjahres durchzuführen ist. Eine Anpassung der Bestandsveränderungen ist nur dann erforderlich, wenn das liefernde Unternehmen seinerseits wieder von einem anderen Konzernunternehmen Waren bezogen hat (siehe Folgeabschnitt).

Konsolidiert wird im Aufwand auf der Seite des empfangenden Unternehmens.

Siehe CD-ROM

Beispiel:

Die Mellenich AG hat im Geschäftsjahr konzernintern Waren im Wert von 5.604 TEUR geliefert, die von den Vertriebsgesellschaften noch im gleichen Geschäftsjahr veräußert wurden. Alle Waren wurden im Laufe des Geschäftsjahres selbst hergestellt.

Konsolidierungsbuchungen:

Bezeichnung	Einzelabschlüsse				Summenbilanz	Konsolidierung		Referenz	Konzernabschluss
	Mellenich AG	LT Leitsysteme	MPG	Mellenich Belgium		Soll	Haben		Saldo
Erträge									
Umsatzerlöse, verbundene Unternehmen	-5.604				-5.604	1.950		a)	0
						154		b)	
						3.500		c)	
Aufwendungen									
Materialaufwand, verbundene Unternehmen		2.454	3.705	43.799	49.958		1.950	a)	44.354
							154	b)	
							3.500	c)	
Summe						5.604	5.604		

Buchungserläuterungen:

Referenz	Bezeichnung	Betrag
a)	Eliminierung Erlöse aus Verkäufen an LT Leitsysteme	1.950
b)	Eliminierung Erlöse aus Verkäufe an MPG	154
c)	Eliminierung Erlöse aus Verkäufe an Melenich Belgium	3.500

Bei Warenlieferungen zwischen den beteiligten Unternehmen kann es oftmals zu Folgekonsolidierungen beim empfangenden Unternehmen kommen, und zwar dann, wenn Anschaffungsnebenkosten erfasst werden. Ein typisches Beispiel sind Frachtkosten, die im Rahmen der Lieferungen entstehen können. Durch die Eliminierung der Lieferung beim empfangenden Unternehmen sind die zugehörigen Nebenkosten vom Materialaufwand in die sonstigen betrieblichen Aufwendungen umzugliedern.

2. Zur späteren Veräußerung

   Bei Lieferungen zur späteren Verwendung bezieht ein Konzernunternehmen Waren von einem anderen Konzernunternehmen. Die Waren können dabei entweder direkt „auf Lager" genommen werden oder zunächst weiterverarbeitet und dann „auf Lager" genommen werden. Veräußert werden die Waren erst im folgenden Geschäftsjahr und befinden sich so zum Bilanzstichtag noch im Bestand des Konzerns. In der Bilanz werden diese Waren unter den kurzfristigen Vorräten ausgewiesen.

   Ein derartiger Vorgang wirkt sich immer auf zwei Geschäftsjahre aus, in denen Konsolidierungsvorgänge ausgelöst werden: im Jahr des Erwerbs und im Jahr der Veräußerung. Der Ursprung der Waren beim liefernden Unternehmen ist dabei unerheblich.

   Im Jahr der Lieferung ist die konzerninterne Lieferung vollständig zu eliminieren und gegebenenfalls eine Bestandsveränderung zu erfassen. Diese Konsolidierung löst dabei immer auch eine Zwischengewinneliminierung aus. Alle Vorgänge können in einem Konsolidierungsschritt durchgeführt werden.

   Im Fall des Fremdbezugs wird beim Konsolidierungsvorgang der Umsatz in Höhe der Aufwendungen nach Bestandsveränderungen umgegliedert. Konsolidiert wird auf der Seite des leistenden Unternehmens.

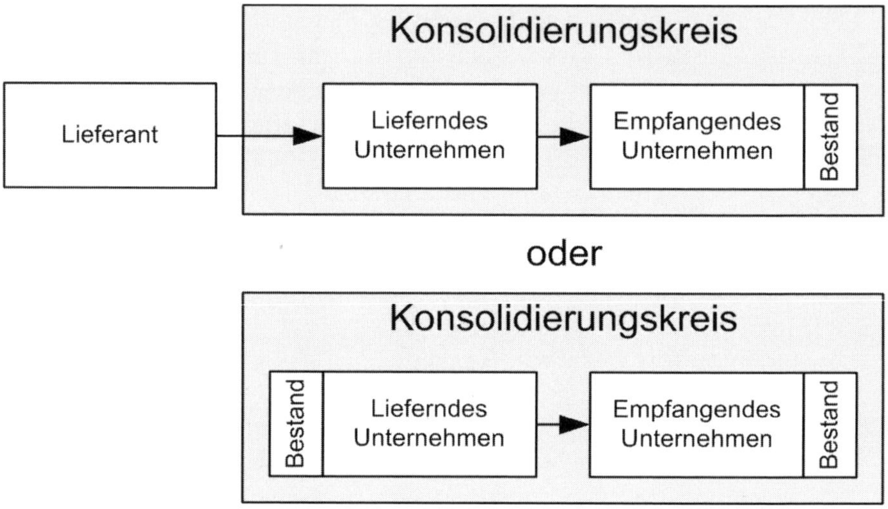

Abb. 26: Grundfall der Bestandslieferung im Erwerbszeitpunkt

Entnimmt das liefernde Unternehmen die Waren aus den eigenen Beständen, wird hinsichtlich der Konsolidierung identisch verfahren. Der Unterschied liegt einzig in der buchhalterischen Behandlung beim liefernden Unternehmen. Statt Aufwendungen werden in der Gewinn- und Verlustrechnung Bestandsminderungen gebucht.

Siehe CD-ROM

Beispiel:

Die Ehrlicher GmbH & Co. KG hat zum Ende des Geschäftsjahres 2008 Waren im Wert von 504 TEUR an die LT Leitsysteme GmbH geliefert. Dazu gehören Waren im Wert von 400 TEUR, die für Aufträge des folgenden Geschäftsjahres bestimmt sind. Zum Ende des Geschäftsjahres befinden sich diese Waren noch im Bestand der LT Leitsysteme, die restlichen gelieferten Waren wurden inzwischen veräußert. Im Rahmen der Konsolidierung sind die Aufwendungen und Erträge sowie die Bestände zu korrigieren.

Konzerninterne Lieferungen der Produktionsstätten an die Vertriebsgesellschaften erfolgen generell zu einem Preis, der eine Marge in Höhe von 10 % auf die Herstellkosten beinhaltet.

Konsolidierungsbuchungen:

Bezeichnung	Einzelabschlüsse		Summenbilanz	Konsolidierung		Referenz	Konzernabschluss
	Ehrlicher GmbH & Co. KG	LT Leitsysteme		Soll	Haben		Saldo
Aktiva							
Vorräte		4.449	4.449		40	b)	4.409
Latente Steuern				14		c)	
Erträge							
Umsätzerlöse, verbundene Unternehmen	-58.840	-3.122	-61.962	504		a)	-61.458
Bestandsveränderungen		-450	-450	40		b)	-410
Aufwand							
Materialkosten, verbundene Unternehmen		2.454	2.454		504	a)	1.950
Steueraufwand		1.565	1.565		14	c)	1.551
Summe				558	558		

Buchungserläuterungen:

Referenz	Bezeichnung	Betrag
a)	Eliminierung Erlöse aus Verkäufen an LT Leitsysteme	504
b)	Zwischengewinneliminierung in den Vorräten	40
c)	Latente Steuern auf Zwischengewinne	14

Neben der Ertrags-/Aufwandskonsolidierung sind die Bestandsveränderungen um den darin enthaltenen Zwischengewinn in Höhe von 40 TEUR (10 % von 400 TEUR) zu korrigieren. Insofern ist der Ansatz der Bestände in Höhe von 360 TEUR vorzunehmen (400 TEUR – 40 TEUR). Weitere Kostenkorrekturen sind aufgrund der Herstellkosten als Basis nicht notwendig. Als Folgeeffekte werden latente Steuern in Höhe von 14 TEUR (35,3 % von 40 TEUR) auf die unterschiedlichen Wertansätze ausgelöst.

Im Jahr der Veräußerung ist die Bestandsveränderung beim empfangenden Unternehmen zu korrigieren. Die im Einzelabschluss erfasste Bestandsminderung ist zu eliminieren und durch die Bestandsminderung auf Konzernebene zu ersetzen.

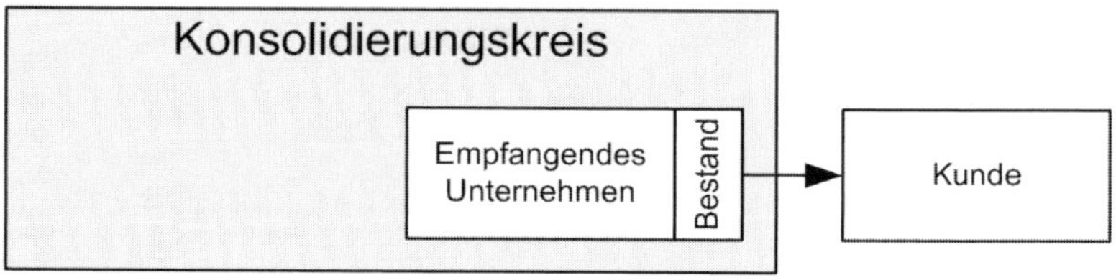

Abb. 27: Grundfall der Bestandslieferung im Veräußerungszeitpunkt

Siehe CD-ROM

Beispiel:

Die Lieferung der Waren wird von der LT Leitsysteme im Januar 2009 an Kunden veräußert. Aus Konzernsicht sind die Buchungen im Rahmen der Konsolidierung des Vorjahres zu korrigieren, weil unterschiedliche Bilanzansätze vorhanden sind. Ebenso sind die latenten Steuern anzupassen.

Die unterschiedlichen Bilanzansätze für die Vorräte im Einzel- und Konzernabschluss gleichen sich über die Summenbilanz mit dem Abgang nicht automatisch aus, eine Korrektur ist deshalb erforderlich.

		Bilanzposten
Im Einzelabschluss:	Saldo per 31.12.2008	4.449
	./. Ausbuchung Bestandsveränderung	400
	Neuer Saldo (zugleich Summenbilanz)	4.049
Im Konzernabschluss:	Saldo per 31.12.2008	4.409
	./. Ausbuchung Bestandsveränderung (über Summenbilanz)	400
	Neuer Saldo	4.009
	Differenz neue Salden	40

Die Bestandsänderung führt im Ergebnis zu einem zu hohen Ertrag in Höhe von 40 TEUR. Statt 360 TEUR wird ein Betrag in Höhe von 400 TEUR erfasst. Insofern ist auch hier die Bestandsveränderung bei der LT Leitsysteme zu korrigieren.

	GuV
Aufwand Bestandsänderungen aus Einzelabschluss (über Summenbilanz)	400
Zulässiger Betrag (Ausbuchung aus Konzernebene)	360
Differenz	40

Konsolidierungsbuchungen:

Bezeichnung	Einzelabschlüsse		Summenbilanz	Konsolidierung		Referenz	Konzernabschluss
	Ehrlicher GmbH & Co. KG	LT Leitsysteme		Soll	Haben		Saldo
Aktiva							
Vorräte		4.449	4.449	40		a)	4.409
Latente Steuern					14	b)	
Erträge							
Bestandsveränderungen		400	400		40	a)	360
Aufwand							
Steueraufwand				14		b)	
Summe				54	54		

Buchungserläuterungen:

Referenz	Bezeichnung	Betrag
a)	Zwischengewinneliminierung in den Vorräten	40
b)	Latente Steuern auf Zwischengewinne	14

Die Korrektur der Bestandsveränderungen aus dem Vorjahr um den darin enthaltenen Zwischengewinn löst eine Korrektur der latenten Steuern aus.

3. Zur eigenen Verwendung

   Beim Bezug von Lieferungen zur eigenen Verwendung beabsichtigt das empfangene Unternehmen die erworbenen Waren (Maschinen, Anlagen, Büro- oder Geschäftsausstattung oder Ähnliches) dauerhaft für das eigene Unternehmen zu verwenden. Sie werden regelmäßig aktiviert und über die planmäßige Nutzungsdauer abgeschrieben. Aus diesem Geschäftsvorfall entstehen eine Reihe von Aktivitäten im Rahmen der Konsolidierung: die Eliminierung des Umsatzausweises beim liefernden Unternehmen, die Umgliederung von Aufwands- bzw. Ertragspositionen und der Ausweis als aktivierte Eigenleistungen, die Korrektur von Abschreibungen sowie gegebenenfalls die Durchführung der Zwischengewinneliminierung. Dabei lassen sich die Eliminierung, die Umgliederung und die Zwischengewinneliminierung in einem Schritt durchführen.

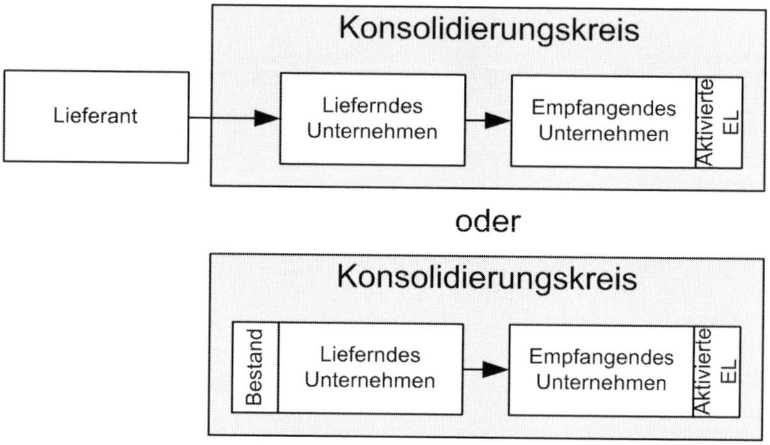

Abb. 28: Grundfall der Lieferung bei Aktivierung

Die Korrektur der beim empfangenden Unternehmen gebuchten Abschreibungen hat zwei Merkmale zu berücksichtigen. Zum einen wird das empfangende Unternehmen Abschreibungen auf der Basis seiner Anschaffungskosten durchführen. Tatsächlich müssen aber aus Konzernsicht auch die Verhältnisse beim liefernden Unternehmen einbezogen werden, also entweder der Fremdbezug oder die Aufwendungen der eigenen Herstellung. Zum anderen sind für den Konzernabschluss die Bilanzierungs- und Bewertungsvorschriften des Konzerns anzuwenden, aus der sich gegebenenfalls abweichende Abschreibungen ergeben. Insofern ist eine Neuberechnung der Abschreibungen aus Konzernsicht vorzunehmen, bevor die Abschreibungen im Rahmen der Konsolidierung angepasst werden können.

Siehe CD-ROM

Beispiel:

Ende Juni 2008 hat die LT Leitsysteme eine Wartungsanlage für ihre Produkte im Wert von 672 TEUR an die Mellenich Belgium geliefert. Solche Wartungsanlagen werden von der LT Leitsysteme selbst hergestellt. Die gewöhnliche Nutzungsdauer beträgt 8 Jahre bei linearer

Abschreibung. Die Wartungsanlage wird von der Mellenich Belgium entsprechend aktiviert und ab Anfang Juli verwendet.

Die Herstellkosten (inkl. der anteiligen Gemeinkosten) der Wartungsanlage betrugen 528 TEUR, die direkt zurechenbaren Vertriebs- und Verwaltungskosten sind mit 32 TEUR veranschlagt.

Aus Konzernsicht sind lediglich die Herstellkosten der LT Leitsysteme ansatzfähig. Deshalb sind neben dem Gewinn auch die anteiligen Vertriebs- und Verwaltungsgemeinkosten zu eliminieren; insgesamt ein Betrag in Höhe von 144 TEUR. Außerdem sind Umgliederungen für den korrekten Ausweis vorzunehmen. Auf der Konzernebene sind die Herstellkosten in Höhe von 528 TEUR als aktivierte Eigenleistungen auszuweisen.

Konsolidierungsbuchungen zum Erwerbszeitpunkt:

Bezeichnung	Einzelabschlüsse		Summenbilanz	Konsolidierung		Referenz	Konzernabschluss
	LT Leitsysteme	Mellenich Belgium		Soll	Haben		Saldo
Aktiva							
Sachanlagen		672	672		112	b)	528
					32	c)	
Latente Steuern				51		d)	51
Erträge							
Umsatzerlöse	–672		–672	672		a)	0
Aktivierte Eigenleistung				112	672	b) a)	–528
				32		c)	
Aufwand							
Herstellkosten	528		528				528
Vertriebs- und Verwaltungskosten	32		32				
Steueraufwand					51	d)	51
Summe				867	867		

Buchungserläuterungen:

Referenz	**Bezeichnung**	**Betrag**
a)	Umgliederung von Umsatzerlösen nach aktivierte Eigenleistungen	672
b)	Eliminierung Zwischengewinn (672 TEUR – 528 TEUR – 32 TEUR)	112
c)	Eliminierung Vertriebs- und Verwaltungskosten	32
d)	Latente Steuern auf Zwischengewinne und Kosten (35,3 % von 144 TEUR)	51

Alternativ zu diesen Buchungen kann im Rahmen der Konsolidierung auch der Bilanzansatz des Einzelabschlusses komplett eliminiert und durch den Bilanzansatz des Konzernabschlusses ersetzt werden. Das führt zu denselben Ergebnissen. Unabhängig von der Wahl der Buchungen lösen die unterschiedlichen Bilanzansätze zusätzlich latente Steuern in Höhe von 51 TEUR (35,3 % von 144 TEUR) aus.

Die unterschiedlichen Bilanzansätze führen bei einheitlicher Nutzungsdauer zu unterschiedlichen Abschreibungen. Insofern sind die Abschreibungsbeträge des Geschäftsjahres ebenfalls zu korrigieren. Differenz im Bilanzansatz: 144 TEUR, monatliche Abschreibung 1,5 TEUR (144 TEUR : 8 Jahre : 12 Monate). Somit beträgt der Korrekturbetrag für das Geschäftsjahr 9 TEUR (1,5 TEUR x 6 Monate). Außerdem verändern sich die latenten Steuern um 3 TEUR (35,3 % von 9 TEUR).

Zusätzliche Konsolidierungsbuchungen des Geschäftsjahres:

Bezeichnung	Einzelabschlüsse		Summenbilanz	Konsolidierung		Referenz	Konzernabschluss
	Ehrlicher GmbH & Co. KG	LT Leitsysteme		Soll	Haben		Saldo
Aktiva							
Sachanlagen				9		a)	
Latente Steuern					3	b)	
Aufwand							
Abschreibungen		42	42		9	a)	33
Steueraufwand				3		b)	
Summe				12	12		

Buchungserläuterungen:

Referenz	Bezeichnung	Betrag
a)	Korrektur Abschreibungsbetrag	9
b)	Latente Steuern auf Abschreibungsbetrag	3

Sofern keine Zwischenabschlüsse erstellt werden, sind alle Transaktionen, die des Erwerbsstichtages und die des laufenden Geschäftsjahres, zum Jahresende zu erfassen.

Effekte des Folgejahres

Bedingt durch die Aktivierung und die folgenden Abschreibungen ergeben sich in den Folgejahren weitere Konsolidierungspflichten. Für jedes Jahr der Nutzung sind die Abschreibungen im Rahmen der Folgekonsolidierung zu korrigieren.

Tipp:

Liegt ein Fall des Erwerbs mit anschließender Aktivierung vor, sollte zunächst eine vollständige Berechnung der Aktivierung auf Konzernebene und danach eine Abschreibungsberechnung durchgeführt werden. Basierend auf diesen Berechnungen sind dann sämtliche Konsolidierungen im Jahr der Anschaffung und in den Folgejahren durchzuführen. Diese Dokumentation sollte im Hinblick auf die gegebenenfalls langen Nutzungsdauern gut verwahrt werden.

4. Zum eigenen Verbrauch

   Beim Bezug von Lieferungen und Leistungen zum eigenen Verbrauch verbleiben die bezogenen Waren und Dienstleistungen im Aufwand des empfangenen Unternehmens. Neben der Eliminierung der Umsätze des liefernden Unternehmens sind Aufwandsumgliederungen auf der Seite des empfangenden Unternehmens zum korrekten Ausweis vorzunehmen.

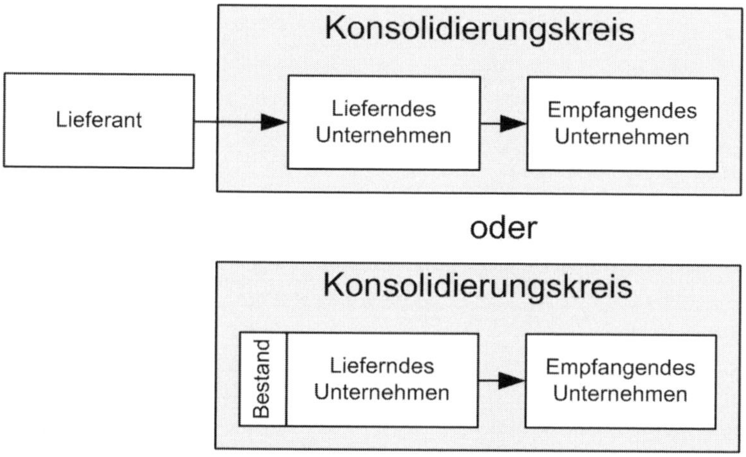

Abb. 29: Grundfall der Lieferung zum Verbrauch

Für die Konsolidierung ist es unerheblich, ob die bezogenen Waren und Dienstleistungen vom liefernden Unternehmen selbst erstellt oder bezogen wurden.

Siehe CD-ROM

Beispiel:

Im Rahmen einer Marketingkampagne hat die Mellenich Belgium Sprl. Waren im Wert von 50 TEUR auf der Basis der Konzernregeln von der Solenta bezogen. Diese Waren sollen ausschließlich im Rahmen der Marketingkampagne verwendet werden und sind danach (aufgrund der Modifizierungen für Marketingzwecke) wertlos.

Im Rahmen der Konsolidierung ist neben einer Eliminierung der Zwischengewinne in Höhe von 5 TEUR (10 % von 50 TEUR) eine Umgliederung der Aufwendungen nach dem sonstigen betrieblichen Aufwand vorzunehmen.

Konsolidierungsbuchungen:

Bezeichnung	Einzelabschlüsse		Summenbilanz	Konsolidierung		Referenz	Konzernabschluss
	Solenta	Mellenich Belgium		Soll	Haben		Saldo
Erträge							
Umsatzerlöse	-50		-50	50		a)	0
Aufwand							
Sonstige betriebliche. Aufwendungen		50	50		50	a)	0
Summe				50	50		

Buchungserläuterungen:

Referenz	Bezeichnung	Betrag
a)	Eliminierung der Warenlieferung der Solenta. Hier werden Eliminierung und Umgliederung in einem Schritt vorgenommen.	50

Bei einer Anwendung des Umsatzkostenverfahrens wäre zusätzlich eine Umgliederung der Umsatzkosten zu den Vertriebs- und Marketingaufwendungen notwendig.

Systematische Übersicht der Konsolidierungen im GKV

Lieferung/ Erbringung von	Lieferart[38]	Lieferung			
		Zur sofortigen Veräußerung	**Zur späteren Veräußerung**	**Zur eigenen Verwendung**	**Zum eigenen Verbrauch**
Waren	Fremdbezug durch IU	Umsätze IU mit Materialaufwand eU	Umsätze IU mit Bestandsveränderungen eU und Zwischengewinn	Umsatzerlöse IU mit Materialaufwand IU und Zwischengewinn	1) Umsätze IU mit Materialaufwand eU 2) Umgliederung Materialaufwand IU und sonstige betriebliche Aufwendungen eU
	Fremdbezug durch IU mit Veredelung im lfd. Jahr durch eU	Umsätze IU mit Materialaufwand eU	Umsätze IU mit Materialaufwand eU sowie Bestandsveränderungen mit Zwischengewinn	Umsatzerlöse IU mit Materialaufwand IU und Zwischengewinn	1) Umsätze IU mit Materialaufwand eU 2) Umgliederung Materialaufwand IU und sonstige betriebliche Aufwendungen eU
	Fremdbezug durch IU mit Veredelung im Folgejahr durch eU	n/a	1) Bestandsveränderungen mit Materialaufwand eU sowie mit Zwischengewinn 2) im Folgejahr: Materialaufwand eU mit Zwischengewinn	n/a	n/a
	Eigenfertigung durch IU	Umsätze IU mit Materialaufwand eU	Umsätze IU mit Bestandsveränderungen eU und Zwischengewinn	1) Umsatzerlöse IU mit aktivierte Eigenleistungen eU und Zwischengewinn 2) Abschreibungskorrektur eU mit Zwischengewinn	1) Umsätze IU mit Materialaufwand eU 2) Umgliederung Material-, Personal- und sonstiger Aufwand IU und sonstige betriebliche Aufwendungen eU

[38] IU = lieferndes Unternehmen, eU = empfangendes Unternehmen.

Lieferung/ Erbringung von	Lieferart	Lieferung			
		Zur sofortigen Veräußerung	Zur späteren Veräußerung	Zur eigenen Verwendung	Zum eigenen Verbrauch
	Eigenfertigung durch IU mit Veredlung durch eU im lfd. Jahr	Umsätze IU mit Materialaufwand eU	Umsätze IU mit Materialaufwand eU sowie Bestandsveränderungen mit Zwischengewinn	1) Umsatzerlöse IU mit aktivierte Eigenleistungen eU und Zwischengewinn 2) Abschreibungskorrektur eU mit Zwischengewinn	1) Umsätze IU mit Materialaufwand eU 2) Umgliederung Material-, Personal- und sonstiger Aufwand IU und sonstige betriebliche Aufwendungen eU
	Eigenfertigung durch IU mit Veredlung durch eU im Folgejahr	n/a	1) Bestandsveränderungen mit Materialaufwand eU sowie mit Zwischengewinn 2) im Folgejahr: Materialaufwand eU mit Zwischengewinn	n/a	n/a
	Aus Bestand des IU	Umsätze IU mit Materialaufwand eU	Umsätze IU mit Bestandsveränderungen eU und Zwischengewinn	1) Umsatzerlöse IU mit aktivierte Eigenleistungen eU und Zwischengewinn 2) Abschreibungskorrektur eU mit Zwischengewinn	1) Umsätze IU mit Materialaufwand eU 2) Umgliederung Material-, Personal- und sonstiger Aufwand IU und sonstige betriebliche Aufwendungen eU
	Aus Bestand des IU mit Veredelung durch eU im lfd. Jahr	Umsätze IU mit Materialaufwand eU	Umsätze IU mit Materialaufwand eU sowie Bestandsveränderungen mit Zwischengewinn	1) Umsatzerlöse IU mit aktivierte Eigenleistungen eU und Zwischengewinn 2) Abschreibungskorrektur eU mit Zwischengewinn	1) Umsätze IU mit Materialaufwand eU 2) Umgliederung Material-, Personal- und sonstiger Aufwand IU und sonstige betriebliche Aufwendungen eU

Lieferung/ Erbringung von	Lieferart	Lieferung			
		Zur sofortigen Veräußerung	Zur späteren Veräußerung	Zur eigenen Verwendung	Zum eigenen Verbrauch
	Aus Bestand des IU mit Veredelung durch eU im Folgejahr	n/a	1) Bestandsveränderungen mit Materialaufwand eU sowie mit Zwischengewinn 2) im Folgejahr: Materialaufwand eU mit Zwischengewinn	n/a	n/a
Leistungen	Fremdbezug durch IU	Umsätze IU mit bezogene Leistungen eU	n/a	Umsatzerlöse IU mit aktivierte Eigenleistungen eU und Zwischengewinn	1) Umsätze IU mit bezogene Leistungen eU 2) Umgliederung bezogene Leistungen eU und sonstige betriebliche Aufwendungen eU
	Eigenleistung durch IU	Umsätze IU mit bezogene Leistungen eU	n/a	Umsatzerlöse IU mit aktivierte Eigenleistungen eU und Zwischengewinn	1) Umsätze IU mit bezogene Leistungen eU 2) Umgliederung bezogene Leistungen eU und sonstige betriebliche Aufwendungen eU
Umlagen	Durch IU	Ertragsposten IU mit Aufwandsposten eU	n/a	n/a	Ertragsposten IU mit Aufwandsposten eU
Sonstiges	Durch IU	Ertragsposten IU mit Aufwandsposten eU	n/a	n/a	Ertragsposten IU mit Aufwandsposten eU

Tab. 10: Konsolidierungen im GKV

Anwendung des Umsatzkostenverfahrens

Durch die Gliederung der Gewinn- und Verlustrechnung nach Funktionsbereichen ist bei der Eliminierung von Aufwands- und Ertragspositionen eine leicht veränderte Vorgehensweise zu wählen. Zwischen einem Fremdbezug und der Eigenfertigung braucht nicht mehr unterschieden zu werden. Ferner entfallen sämtliche Konsolidierungsvorgänge von Bestandsveränderungen und aktivierten Eigenleistungen. Die eigentlichen Konsolidierungsvorgänge unterscheiden sich aber nicht von der Vorgehensweise des Gesamtkostenverfahrens. Insofern wird hinsichtlich der detaillierten Behandlung auf die Methodik und die Beispiele des Gesamtkostenverfahrens verwiesen.

1. Zur sofortigen Veräußerung

   Lieferungen und Leistungen zur sofortigen Veräußerung werden hinsichtlich der Konsolidierung identisch wie beim Fremdbezug von Waren und Dienstleistungen im Rahmen des Gesamtkostenverfahrens behandelt.
2. Zur späteren Veräußerung

   Bei Lieferungen zur späteren Veräußerung verbleiben die bezogenen Waren zum Bilanzstichtag im Bestand des Konzerns. Im Jahr der Lieferung ist die konzerninterne Lieferung vollständig zu eliminieren, weitere Konsolidierungsmaßnahmen fallen aber nicht an. Diese Konsolidierung löst dabei immer auch eine Zwischengewinneliminierung aus. Sie erfolgt vollständig auf Seite des liefernden Unternehmens.
3. Zur eigenen Verwendung

   Lieferungen zur eigenen Verwendung unterscheiden sich nicht von Lieferungen zur späteren Veräußerung. Beide Transaktionen werden ergebnisneutral erfasst. Insofern sind die gleichen Konsolidierungsschritte vorzunehmen.

   Ähnlich wie beim Gesamtkostenverfahren sind auch hier gegebenenfalls Abschreibungen neu zu berechnen und beim empfangenden Unternehmen zu korrigieren.

   Hat das empfangende Unternehmen Leistungen bezogen, ist eine Aktivierung nach den übrigen Vorschriften der IFRS zu prüfen. Sollte eine Aktivierung nicht zulässig sein, sind die bezogenen Leistungen wie Bezüge für den eigenen Verbrauch zu handhaben. Das kann eine weitere Umgliederung in der Gewinn- und Verlustrechnung auslösen.

4. Zum eigenen Verbrauch

   Bei Lieferungen und Leistungen zum eigenen Verbrauch ist im Rahmen des Umsatzkostenverfahrens identisch wie bei der Lieferung zur sofortigen Veräußerung zu verfahren. Zu beachten ist jedoch, wie die bezogenen Lieferungen und Leistungen beim empfangenen Unternehmen erfasst wurden. Neben der reinen Eliminierung kann u. U. noch eine Umgliederung von Herstellungskosten nach Vertriebs-, Verwaltungs- oder sonstigem betrieblichem Aufwand beim empfangenen Unternehmen notwendig werden. Die Umgliederung orientiert sich an der Art des Verbrauchs. Eine Zwischengewinneliminierung ist nicht notwendig.

Tipp:

Das Umsatzkostenverfahren ist unter Konsolidierungsgesichtspunkten das einfachere und problemlosere Verfahren.

Systematische Übersicht der Konsolidierungen im UKV

Lieferung/ Erbringung von	Ursprung	Lieferung			
		Zur sofortigen Veräußerung	Zur späteren Veräußerung	Zur eigenen Verwendung	Zum eigenen Verbrauch
Waren	Fremdbezug durch IU	Umsätze IU mit Herstellungskosten eU	Umsätze IU mit Herstellungskosten IU und Zwischengewinn	Umsätze IU mit Herstellungskosten IU und Zwischengewinn	1) Umsätze IU mit Herstellungskosten eU 2) Umgliederung zwischen Aufwandsarten eU
	Fremdbezug durch IU mit Veredelung im lfd. Jahr durch eU	Umsätze IU mit Herstellungskosten eU	Umsätze IU mit Herstellungskosten IU und Zwischengewinn	Umsätze IU mit Herstellungskosten IU und Zwischengewinn	1) Umsätze IU mit Herstellungskosten eU 2) Umgliederung zwischen Aufwandsarten eU
	Fremdbezug durch IU mit Veredelung im Folgejahr durch eU	n/a	Im Folgejahr: Herstellungskosten eU mit Zwischengewinn	n/a	n/a

Liefe-rung/ Erbrin-gung von	**Ursprung**	**Lieferung**			
		Zur sofortigen Veräußerung	**Zur späteren Veräußerung**	**Zur eigenen Verwendung**	**Zum eigenen Verbrauch**
	Eigenfertigung durch IU	Umsätze IU mit Herstellungskos-ten eU	Umsätze IU mit Herstellungskos-ten IU und Zwischengewinn	1) Umsätze IU mit Herstel-lungskosten IU und Zwischen-gewinn 2) Abschrei-bungskorrektur eU mit Zwi-schengewinn	1) Umsätze IU mit Herstel-lungskosten eU 2) Umgliederung zwischen Auf-wandsarten eU
	Eigenfertigung durch IU mit Veredlung durch eU im lfd. Jahr	Umsätze IU mit Herstellungskos-ten eU	Umsätze IU mit Herstellungskos-ten IU und Zwischengewinn	1) Umsätze IU mit Herstel-lungskosten IU und Zwischen-gewinn 2) Abschrei-bungskorrektur eU mit Zwi-schengewinn	1) Umsätze IU mit Herstel-lungskosten eU 2) Umgliederung zwischen Auf-wandsarten eU
	Eigenfertigung durch IU mit Veredlung durch eU im Folgejahr	n/a	Im Folgejahr: Herstellungskos-ten eU mit Zwischengewinn	n/a	n/a
	Aus Bestand des IU	Umsätze IU mit Herstellungskos-ten eU	Umsätze IU mit Herstellungskos-ten IU und Zwischengewinn	1) Umsätze IU mit Herstel-lungskosten IU und Zwischen-gewinn 2) Abschrei-bungskorrektur eU mit Zwi-schengewinn	1) Umsätze IU mit Herstel-lungskosten eU 2) Umgliederung zwischen Auf-wandsarten eU
	Aus Bestand des IU mit Veredelung durch eU im lfd. Jahr	Umsätze IU mit Herstellungskos-ten eU	Umsätze IU mit Herstellungskos-ten IU und Zwischengewinn	1) Umsätze IU mit Herstel-lungskosten IU und Zwischen-gewinn 2) Abschrei-bungskorrektur eU mit Zwi-schengewinn	1) Umsätze IU mit Herstel-lungskosten eU 2) Umgliederung zwischen Auf-wandsarten eU

Liefe-rung/ Erbrin-gung von	Ursprung	Lieferung			
		Zur sofortigen Veräußerung	Zur späteren Veräußerung	Zur eigenen Verwendung	Zum eigenen Verbrauch
	Aus Bestand des IU mit Veredelung durch eU im Folgejahr	n/a		n/a	n/a
Leistungen	Fremdbezug durch IU	Umsätze IU mit Herstellungs- o. ä. Kosten eU	n/a	Umsätze IU mit Herstellungs- o. ä. Kosten IU und Zwischengewinn	1) Umsätze IU mit Herstellungs- u. ä. Kosten eU 2) Umgliederung zwischen Aufwandsarten eU
	Eigenleistung durch IU	Umsätze IU mit Herstellungskosten eU	n/a	Umsätze IU mit Herstellungskosten IU und Zwischengewinn	1) Umsätze IU mit Herstellungs- u. ä. Kosten eU 2) Umgliederung zwischen Aufwandsarten eU
Umlagen	Durch IU	Ertragsposten IU mit Aufwandsposten eU	n/a	n/a	Ertragsposten IU mit Aufwandsposten eU
Sonstiges	Durch IU	Ertragsposten IU mit Aufwandsposten eU	n/a	n/a	Ertragsposten IU mit Aufwandsposten eU

Tab. 11: Konsolidierungen im UKV

Organisatorisches

Unabhängig davon, wie der Ausweis in der Gewinn- und Verlustrechnung erfolgt und welche Transaktionen wie zu konsolidieren sind, werden für den eigentlichen Konsolidierungsvorgang immer Detailinformationen von den Tochtergesellschaften benötigt. Sie sind im Rahmen des Berichtswesens in einer standardisierten Form regelmäßig abzufragen.

6.3 Minderheitenanteile

Eine der letzten Tätigkeiten im Rahmen der Folgekonsolidierung ist der Ausweis des anteiligen Erfolgs der Tochtergesellschaft bei der

Minderheit. Hierzu gehören neben dem operativen Ergebnis auch die Ergebniseffekte auf der HB-II-Ebene und Eigenkapitalveränderungen. Letztendlich erfolgt hier eine Fortschreibung der Bilanzansätze der Minderheitenanteile aus der Erstkonsolidierung. Dabei gilt für das Kapitalkonto der Minderheit:

- Gewinne mehren das Kapitalkonto.
- Verluste mindern das Kapitalkonto.
- Abschreibungen auf Bewertungen mit dem beizulegenden Zeitwert auf der HB-II-Ebene mindern das Kapitalkonto.
- Die Auflösung latenter Steuern mehren das Kapitalkonto.
- Gewinnausschüttungen mindern das Kapitalkonto.
- Kapitalherabsetzungen und -mehrungen verändern das Kapitalkonto.

Negatives Kapitalkonto

Generiert das Tochterunternehmen anhaltende Verluste, kann das Kapitalkonto der Minderheit nach IAS 27.28 einen negativen Wert annehmen. Andauernde Verluste sind allerdings auch ein Indikator für die Notwendigkeit eines Werthaltigkeitstests, sodass neben den aufgelaufenen Verlusten das Kapitalkonto der Minderheit gegebenenfalls zusätzlich mit einer Wertberichtigung des Geschäfts- oder Firmenwertes belastet werden kann.

Achtung:
Die Rechnungslegung für Verluste hat sich mit der aktuellen Version des IAS 27 geändert! Die alte Regelung der Nichterfassung von Verlusten bei einem negativen Kapitalkonto verbunden mit einer Fortführung der Entwicklung des Kontos in einer Nebenrechnung ist nicht mehr erforderlich.

Mit der Einräumung des Wahlrechtes zum Ausweis des Geschäfts- oder Firmenwertes nach der Purchased-Goodwill- und der Full-Goodwill-Methode im Rahmen der Erstkonsolidierung, sind bei der Folgekonsolidierung unterschiedliche Tätigkeiten in Abhängigkeit der Ausübung des Wahlrechtes erforderlich. Der Endsaldo des Minderheitenkontos nach der Konsolidierung kann generell mit dem folgenden Rechenschema geprüft werden:

	Gewinn der Tochtergesellschaft
–	Abschreibungen auf stille Reserven
+	Aufdeckung stiller Lasten
–	Wertberichtigungen auf den Geschäfts- oder Firmenwert
+/–	Latente Steuern
=	Gesamtergebnis
	davon prozentualer Anteil der Minderheit
+	Anfangssaldo des Minderheiten-Kapitalkontos (inkl. Geschäfts- oder Firmenwert)
–	Anteilige Ausschüttungen
+	Anteilige Kapitalerhöhungen
–	Anteilige Kapitalminderungen
=	Endsaldo des Minderheiten-Kapitalkontos

Soweit eine Optierung zur Anwendung der Purchased-Goodwill-Methode erfolgte, entfällt gegebenenfalls die Wertberichtigung auf den Geschäfts- oder Firmenwert.
Konsolidierungstechnisch erfolgt lediglich eine Umbuchung der anteiligen Erträge sowie der anteiligen Veränderungen auf HB-II-Ebene. Erfolgen keine Veränderungen der Kapitalkonten aus gesellschaftsrechtlichen oder ähnlichen Gründen, ist eine Kapitalkonsolidierung nicht erforderlich.

6.4 Sonderfälle

6.4.1 Beteiligungserträge

Mit der Abführung von erwirtschafteten Gewinnen der Tochtergesellschaften liegt ein Konsolidierungsfall vor, der – neben den Regeln der IFRS – sehr eng mit dem deutschen Gesellschafts- und Handelsrecht verknüpft ist. Hier sind die Vorschriften über die Ausschüttung von Gewinnen maßgeblich, die wiederum von der Rechtsform der Gesellschaft abhängig sind. Hinsichtlich des Ausschüttungsbeschlusses sind die formalen Anforderungen je nach Rechtsform zu beachten:

- Bei Personengesellschaften reicht ein formloser Gewinnverwendungsbeschluss nach §§ 119–121, 167–169 HGB.
- Bei der GmbH bedarf es der Feststellung des Jahresabschlusses sowie der Gewinnverwendung nach § 29 GmbHG durch die Gesellschafterversammlung.
- Bei der Aktiengesellschaft bedarf es der Feststellung des Jahresabschlusses durch den Aufsichtsrat und der Hauptversammlung sowie des Beschlusses der Gewinnverwendung nach §§ 172–174 AktG.

Nach IAS 18.30 c) (Gewinnvereinnahmung) und IAS 10.12 (Dividendenpassivierung) dürfen Gewinne erst dann in Abschlüssen erfasst werden, wenn das Recht des Dividendenbezugs begründet ist, also ein Ausschüttungsbeschluss vorliegt. Das bedeutet aber auch, dass eine phasengleiche Gewinnvereinnahmung[39] nach IFRS unzulässig ist, weil ein Ausschüttungsbeschluss zeitlich erst deutlich nach dem Bilanzstichtag vorliegt.

		Gewinnvereinnahmung	
		zeitgleich	zeitverschoben
Gewinnabführung	mit Vertrag	**Un**zulässig nach IFRS, zulässig nach HGB	n/a
	ohne Vertrag	**Un**zulässig nach IFRS, zulässig nach HGB	Zulässig nach IFRS und HGB

Abb. 30: Gewinnabführung

[39] Anders die Behandlung nach deutschem Handels- und Steuerrecht: Hier besteht in einigen Fällen die Pflicht zur phasengleichen Gewinnausschüttung. Vgl. Tomberger-Entscheidung des EuGH vom 27.6.1996 und BGH-Entschluss vom 21.07.1994.

Aufgrund des rechtlichen Umfelds kommt nach den IFRS nur die zeitversetzte Gewinnausschüttung infrage. Hinsichtlich der Konsolidierung bedeutet dies, dass im Jahr der Gewinnentstehung – abgesehen von einem möglichen Minderheitenausweis – keine Konsolidierungsmaßnahmen erforderlich sind. Im Folgejahr sind dann die vereinnahmten Beteiligungserträge gegen Gewinnrücklagen zu eliminieren. Wurden die Beteiligungserträge noch nicht ausgeschüttet, ist zusätzlich eine Schuldenkonsolidierung erforderlich.

Mehrstöckige Konzerne

Die Erfassungs- und Konsolidierungspraxis von Beteiligungserträgen bereitet bei mehrstöckigen Konzernen einen zusätzlichen Konsolidierungsaufwand. Der ursprüngliche Beteiligungsertrag wird jährlich eine Ebene in der Beteiligungshierarchie „nach oben" getragen, sodass es gerade bei komplexen Konzernstrukturen Jahre dauern kann, bis das Beteiligungsergebnis beim obersten Unternehmen ankommt. Auf jeder Stufe der Konzernhierarchie ist ein entsprechender Konsolidierungsschritt erforderlich.

Tipp:

Bauen Sie sich eine gute Dokumentation bezüglich der Beteiligungsausschüttungen der einzelnen Gesellschaften auf, damit Sie nachvollziehen können, wann sich wo welcher Beteiligungsertrag in der Konzernhierarchie befindet. Erst so kann eine Konsolidierung einfach und sicher erfolgen.

6.4.2 Konzerninterner Verkauf von Anlagevermögen

Der konzerninterne Verkauf von Anlagevermögen ist ein Geschäftsvorfall, der im Rahmen der Konsolidierung einer besonderen Betrachtung bedarf. Zum einen sind gleich mehrere Arbeitsschritte erforderlich, zum anderen entfalten derartige Transaktionen lang anhaltende Folgeeffekte. Insofern ist eine differenzierte Betrachtung der einzelnen Effekte erforderlich. Es wird unterstellt, dass der veräußerte Vermögenswert durch keinerlei Zwischengewinne berührt ist.

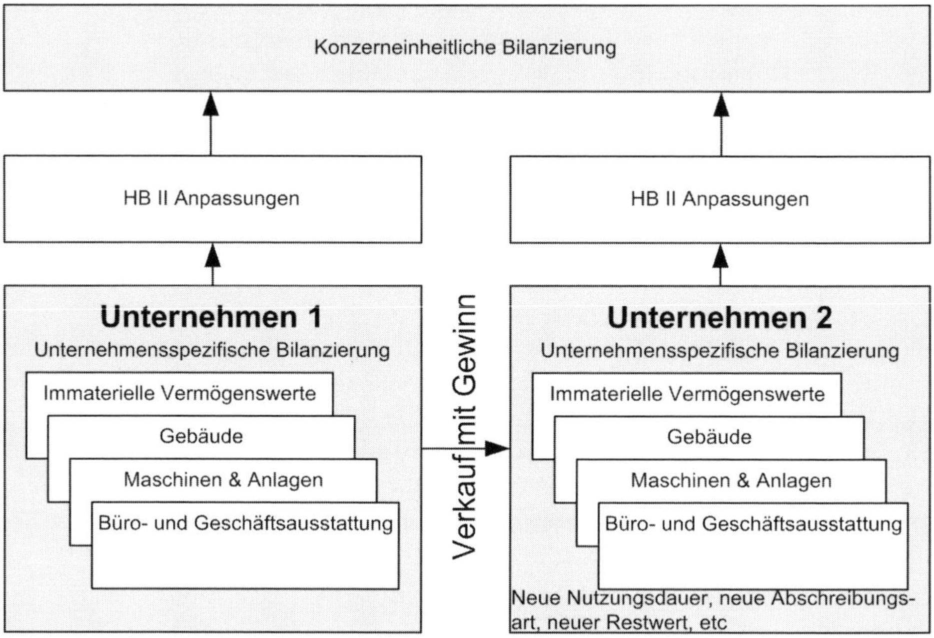

Abb. 31: Übersicht konzerninterner Verkauf

Abbildung auf der HB-II-Ebene

Der Ausgangspunkt der Betrachtung ist die bilanzielle Behandlung der Vermögenswerte beim veräußernden Unternehmen. Wird eine von den konzerneinheitlichen Bilanzierungs- und Bewertungsrichtlinien abweichende Bilanzierung vorgenommen, ist zum Veräußerungsstichtag ein entsprechender HB-II-Posten vorhanden, der die Bilanzierungsunterschiede zwischen den Bilanzansätzen des Vermögenswertes im Einzel- und Konzernabschluss aufnimmt. Erfolgt die Veräußerung unterjährig, ist dieser Posten – ebenso wie der Bilanzposten im Einzelabschluss – auf den Veräußerungsstichtag weiterzuentwickeln.

Das veräußernde Unternehmen wird in der Regel versuchen, mit der Veräußerung einen entsprechenden Gewinn zu erzielen. Mit dem daraus bedingten Abgang des Vermögenswertes ist der korrespondierende HB-II-Posten ebenfalls ergebniswirksam auszubuchen.

Damit wurden alle Maßnahmen aufseiten des veräußernden Unternehmens ergriffen.

Das empfangende Unternehmen wird in seinem Einzelabschluss den Vermögenswert mit den Anschaffungskosten aktivieren. Die Anschaffungskosten weichen aber sowohl vom Restbuchwert des veräußernden Unternehmens als auch vom Restbuchwert in der Konzernbilanz ab. Da aber die Veräußerung des Vermögenswertes an ein anderes Konzernunternehmen in der Konzernbilanz zu keinerlei Änderungen des Bilanzansatzes führen darf, ist ein entsprechender Korrekturposten für den Vermögenswert auf der HB-II-Ebene des empfangenden Unternehmens einzustellen. Dieser Posten errechnet sich aus den auf Einzelabschluss- und HB-II-Ebene realisierten Erträgen des veräußernden Unternehmens. Somit „springt" aus Konzernsicht der im veräußernden Unternehmen realisierte Gewinn bzw. Verlust auf das empfangende Unternehmen über.

Mit der Nutzung des Vermögenswertes durch das empfangende Unternehmen wird das Unternehmen sowohl die Nutzungsdauer als auch die Abschreibungsart und den Restwert nach IAS 16 individuell festlegen, sofern es nicht den Konzernvorgaben folgt. Im Rahmen der Konsolidierung sind auf HB-II-Ebene die Unterschiede aus dem Abschreibungsaufwand zwischen Einzel- und Konzernabschluss zu korrigieren und in den HB-II-Posten des korrespondierenden Vermögenswertes einzustellen und weiterzuentwickeln. Diese Konsolidierung ist für jedes Folgejahr durchzuführen, in dem der Vermögenswert im Konzern verbleibt.

Dokumentationspflichten beachten!

Die unterschiedlichen Konsolidierungsschritte erfordern eine gute Dokumentation der Entwicklung des betroffenen Vermögenswertes auf der Einzel- und auf der Konzernebene. Was für einzelne Vermögensgegenstände noch möglich ist, wird für eine Vielzahl von Vermögenswerten nur schwer realisierbar sein. Deshalb ist – wenn möglich – die Übernahme der konzerneinheitlichen Bilanzierungs- und Bewertungsrichtlinien zu bevorzugen. Einhergehend mit der Anwendung dieser Richtlinien sollte eine konzerninterne Veräußerung von Vermögenswerten stets zu Buchwerten erfolgen. Hierdurch wird eine einfache und unkomplizierte Konsolidierung erreicht.

Hier eine Warnung hinsichtlich der Anpassung der Bewertungs- und Bilanzierungsrichtlinien an Konzernvorgaben: Neben der reinen Betrachtung nach IFRS-Gesichtspunkten ist eine Betrachtung unter handels- und steuerrechtlichen Aspekten zwingend geboten. Da Konzerne keine Ländergrenzen kennen, ist für jedes Land zu evaluieren, ob die konzerneinheitlichen Bewertungs- und Bilanzierungsrichtlinien auf der Ebene des Einzelabschlusses der Tochtergesellschaft übernommen werden können und ob eine konzerninterne Veräußerung zu Buchwerten zulässig ist. In der Regel erwarten die Fiskalbehörden die Sicherstellung der Besteuerung, sodass der Ort der Versteuerung nicht zu ignorieren ist.

Siehe CD-ROM

Beispiel:

Per 02.01.2008 veräußert die Solenta Kabelsysteme eine Umformpresse an die Ehrlicher GmbH & Co. KG zu einem Preis von 50.000,– EUR. Der Buchwert beträgt 40.187,76 EUR. Das Unternehmen hat die Maschine am 02.01.2003 zu einem Preis von 100.000,– EUR angeschafft und schreibt sie degressiv mit einem Satz von 17 % über einen Zeitraum von 12 Jahren ohne Restwert ab. Unter Anwendung der konzerneinheitlichen Bewertungs- und Bilanzierungsrichtlinien hätte die Presse aber nur linear über einen Zeitraum von 10 Jahren unter Beachtung eines Restwertes von 5 % der Anschaffungskosten abgeschrieben werden dürfen. Die Ehrlicher GmbH & Co. KG schreibt die Presse über einen Zeitraum von 10 Jahren degressiv[40] mit einem Satz von 20 % ohne Restwert ab.

Für die Anpassung an die konzerneinheitlichen Bewertungs- und Bilanzierungsrichtlinien hat sich der HB-II-Korrekturposten bei der Solenta wie folgt entwickelt:

Jahr	Einzelabschluss		HB-II-Ebene		Konzernabschluss	
	Abschreibung	RBW	Korrektur	Korrektur RBW	Abschreibung	RBW
02.01.03		100.000,00				100.000,00
2003	16.666,67	83.333,33	7.166,67	7.166,67	9.500,00	90.500,00
2004	13.888,89	69.444,44	4.388,89	11.555,56	9.500,00	81.000,00
2005	11.574,07	57.870,37	2.074,07	13.629,63	9.500,00	71.500,00
2006	9.645,06	48.225,31	145,06	13.774,69	9.500,00	62.000,00
2007	8.037,55	40.187,76	-1.462,45	12.312,24	9.500,00	52.500,00
2008		0,00		0,00		

[40] Das Verbot der steuerlich-degressiven Abschreibung für Erwerbe ab dem 01.01.2008 ist hier nicht von Bedeutung.

Die Veräußerung der Presse per 02.01.2008 hat bei der Solenta die folgenden Ergebnisauswirkungen:

		GuV
im Einzelabschluss:	Veräußerungserlöse	50.000,00
	RBW Presse (Abgang AV)	- 40.187,76
	Gewinn	9.812,24
auf HB-II-Ebene:	Ausbuchung Bilanzposten	-12.312,24
im Konzernabschluss:	Umbuchungsbetrag	-2.500,00

Bei der Ehrlicher GmbH & Co. KG werden der Erwerb der Umformpresse und die Abschreibungen im Geschäftsjahr wie folgt erfasst:

Jahr	Einzelabschluss		HB-II-Ebene		Konzernabschluss	
	Abschreibung	RBW	Korrektur	Korrektur RBW	Abschreibung	RBW
02.01.08		50.000,00		2.500,00		52.500,00
2008	10.000,00	40.000,00	500,00	3.000,00	9.500,00	43.000,00

Unter der Annahme, dass auf der Ebene des Einzelabschlusses sämtliche Buchungen ordnungsgemäß durchgeführt wurden, ergeben sich aus dem Verkauf der Umformpresse an die Ehrlicher GmbH & Co. KG die folgenden Konsolidierungsbuchungen:

Lfd. Nr.	Bezeichnung	Unternehmen	Soll	Haben
1	Jahresüberschuss	Solenta	9.812,24	
	Maschinen & Anlagen HB II	MPG	2.500,00	
	Maschinen & Anlagen HB II	Solenta		12.312,24
2	Maschinen & Anlagen HB II	MPG	500,00	
	Abschreibungsaufwand HB II	MPG		500,00

Die erste Konsolidierungsbuchung resultiert aus dem Verkauf der Presse und ist eine einmalige Buchung. Die zweite Konsolidierungsbuchung ergibt sich aus den unterschiedlichen Abschreibungsbeträgen. Diese Buchung ist zum Schluss eines jeden Geschäftsjahres durchzuführen, solange die Maschine im Konzernverbund verbleibt.

6.4.3 Mehrstöckige Konzerne

Größere Konzerne weisen meistens komplexe Konzernstrukturen mit mehreren Hierarchiestufen auf, die für die Konsolidierung als mehrstöckige Konzerne behandelt werden. Die Konsolidierung erfolgt entweder als „Simultankonsolidierung" oder als „Kettenkonsolidierung", indem zuerst die Teilkonzerne und dann der Gesamtkonzern konsolidiert werden.

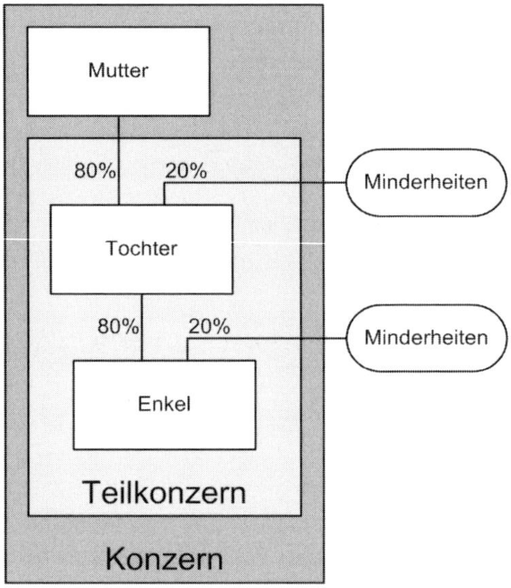

Abb. 32: Problemkreis mehrstöckiger Konzerne

Liegen bei den Teilkonzernen keine Minderheitenanteile vor, ist die Konsolidierung unproblematisch. Das Vorhandensein von Minderheitenanteilen, die Aufdeckung von stillen Reserven und das Vorhandensein von Geschäfts- oder Firmenwerten führen im Rahmen der Konsolidierung regelmäßig zu einem umfangreicheren Konsolidierungsaufwand, weil zu klären ist, wie mit diesen Posten zu verfahren ist. Hier ist zu betonen, dass in den IFRS keine Regelungen zur Konsolidierung mehrstöckiger Konzerne vorhanden sind. Diese Regelungslücke wird in der Literatur über die Entstehungsgeschichte der Konzerne gelöst.
Neben dieser Betrachtungsweise sind einige weitere Regeln für die Konsolidierung mehrstöckiger Konzerne zu beachten:

- Anders als bei der Bestimmung des Konsolidierungskreises, bei der IAS 27.13 die additive Methode vorschreibt, ist für die Berechnung des effektiven Eigenanteils die multiplikative Methode anzuwenden.

- Minderheitenanteile einer unteren Ebene dürfen nicht quotal mittels Beteiligungsquote in das Eigenkapital einbezogen werden. Diese Anteile sind unverändert auf die oberste Konzernebene zu übernehmen. Hierfür sind gegebenenfalls Ausgleichposten zur Eigenkapitalkorrektur erforderlich.
- Die aus den einzelnen Konsolidierungsschritten entstehenden Minderheitenanteile sind entsprechend zu berücksichtigen.
- Die Ermittlung des anzusetzenden Geschäfts- oder Firmenwerts ist immer aus Sicht des aufstellenden Unternehmens vorzunehmen.

6.4.4 Umgang mit Konsolidierungsdifferenzen

Die Komplexität der Konsolidierung von Unternehmen innerhalb eines Konsolidierungskreises und die Erfordernis von Detailkenntnissen von den zugrunde liegenden Geschäftsvorfällen und Transaktionen eröffnen eine nicht zu unterschätzende Fehleranfälligkeit, die sich dann in Konsolidierungsdifferenzen niederschlagen. Gerade bei großen Konzernen mit umfangreichen konzerninternen Liefer- und Leistungsbeziehungen stellen sich bei der Konsolidierung vielfach Differenzen ein. Derartige Differenzen haben ihren Ursprung typischerweise in fehlender Saldenabstimmung, Buchung der Geschäftsvorfälle in unterschiedlichen Perioden, unzureichender Informationsversorgung der Konsolidierungsstelle, unsauberer Abbildung bzw. Buchung von Fremdwährungseffekten und Infrastrukturproblemen von Konzernen.
Ungeachtet der Herkunft der Fehler können die auftretenden Differenzen nicht immer vollständig und zeitgerecht beseitigt werden. Hier ist unter Wesentlichkeitsgesichtspunkten zu entscheiden, ob die Differenzen hingenommen und akzeptiert werden können. Insofern greifen in diesem Fall die allgemeinen Grundsätze der IFRS zur Wesentlichkeit.

Im Rahmen der Konsolidierung ist eine mehrfache Wesentlichkeitsprüfung vorzunehmen

- hinsichtlich der einzubeziehenden Konten, Geschäftsvorfälle und Transaktionen pro Unternehmen (sowohl einzeln als auch kumulativ) auf der Ebene des Einzelabschlusses bzw. auf der HB-II-Ebene,
- hinsichtlich der akzeptierbaren Konsolidierungsdifferenzen pro Unternehmen,
- hinsichtlich der akzeptierbaren kumulativen Differenzen über alle Konzerngesellschaften.

Auf der Basis der Konsolidierungsdifferenzen sind geeignete Schwellenwerte zu definieren, ab denen eine Differenz nicht mehr akzeptabel ist. Es ist empfehlenswert, diese Schwellenwerte mit dem Abschlussprüfer abzustimmen.

Tipp:

Definieren Sie sinnvolle Schwellenwerte für Differenzen aus der Konsolidierung. Sie sollten hoch genug sein, um kleine, nicht wesentliche Differenzen „abzufangen", aber niedrig genug, um materielle Auswirkungen auf den Konzernabschluss zu identifizieren.

Siehe CD-ROM

Beispiel:

Im Rahmen der Abstimmung der konzerninternen Liefer- und Leistungsbeziehungen haben sich bei der Ehrlicher GmbH & Co. KG Konsolidierungsdifferenzen bei den Forderungen in Höhe von kumuliert 25 TEUR ergeben. Da seitens der Abteilung „Group Reporting" der Mellenich AG eine Schwelle in Höhe von 10 TEUR für Fehler pro Konto und kumuliert 20 TEUR festgelegt wurde, sind die vorhandenen Differenzen nicht akzeptabel und müssen korrigiert werden.

Eine Analyse der Differenzen hat Folgendes ergeben:

- Die Ehrlicher GmbH & Co. KG hat auf Veranlassung des Abschlussprüfers eine Einzelwertberichtigung in Höhe von 69 TEUR im Einzelabschluss auf eine Forderung gegenüber der Mellenich Belgium gebildet, die für den Konzernabschluss nicht korrigiert wurde.
- Aus Lieferungen an die Wilmington resultiert aufgrund der starken Kursschwankungen des britischen Pfund Sterling eine Währungsumrechnungsdifferenz in Höhe von 94 TEUR.

Für den Konzernabschluss sind die Einzelwertberichtigung und die Währungsumrechnung zwingend zu korrigieren. Beide Korrekturen sind auf der HB-I-Ebene des IFRS-Einzelabschlusses durchzuführen, nicht aber im HGB-Einzelabschluss.

Korrekturbuchungen:

Bezeichnung	IFRS Einzelabschluss	HB-I-Korrekturen		Referenz	Korrigierter Abschluss
LT Leitsysteme GmbH		Soll	Haben		Saldo
Aktiva					
Forderungen	12.250	69		a)	12.319
Aufwand					
Einstellung in Wertberichtigungen:			69	a)	
Aufwendungen aus Währungsumrechnungsdifferenzen					
Summe		69	69		

Bezeichnung	IFRS Einzelabschluss	HB-I-Korrekturen		Referenz	Korrigierter Abschluss
Wilmington Ltd.		Soll	Haben		Saldo
Passiva					
Verbindlichkeiten	13.566		94	b)	13.660
Aufwand					
Einstellung in Wertberichtigungen:					
Aufwendungen aus Währungsumrechnungsdifferenzen		94		b)	
Summe		94	94		

Buchungserläuterungen:

Referenz	Bezeichnung	Betrag
a)	Korrektur Einzelwertberichtigungen	69
b)	Währungsumrechnungsdifferenzen	94

6.5 Anhangsangaben

Da die Folgekonsolidierung zunächst eine rein technische Aktivität ist, die keine Auswirkung auf die Bewertung von Bilanzposten hat, schreiben die Standards keine spezifischen Berichtspflichten vor. Insofern sind regelmäßig auch keine Angaben in den Notes zu finden. Aus einzelnen Konsolidierungsschritten der Folgekonsolidierung können sich aber anhangspflichtige Angaben ergeben, und zwar dann, wenn sich wesentliche Sachverhalte ändern.

Berichtspflichtige Sachverhalte im Rahmen der Kapitalkonsolidierung können nur dann vorliegen, wenn Anteilsänderungen eintreten. Da Anteilsänderungen nur im Rahmen von Erwerbs- oder Veräußerungsvorgängen entstehen können, durch die Auf- oder Abstockungen von Anteilen entstehen, wird bezüglich der verlangten Anhangspflichten auf Kapitel 9 „Überleitungskonsolidierung" verwiesen.

Berichtspflichtige Sachverhalte im Rahmen der Schuldenkonsolidierung können sich nur aus den zugrunde liegenden Geschäftsvorfällen ergeben. Diese Sachverhalte wären dann unter den entsprechenden Bilanzposten aufzunehmen. Derartige Sachverhalte betreffen aber das operative Geschäft eines Konzerns und sind keine Angelegenheit der Konsolidierung. Als Beispiel wären hier Eventualverbindlichkeiten zu nennen. Zu den berichtspflichtigen Sachverhalten aus Konsolidierungen gehören aber regelmäßig etwaige Durchgriffshaftungen fremder Dritter, die im Rahmen von Gewährleistungsverpflichtungen aufzuführen sind.

7 Konsolidierung assoziierter Unternehmen

7.1 Grundlagen

7.1.1 Allgemeines

Unter assoziierten Unternehmen werden solche Unternehmen zusammengefasst, bei denen zwar ein maßgeblicher Einfluss eines Investors gegeben ist, aber bei denen keine Beherrschung und keine gemeinschaftliche Führung vorliegt. Grundlage ist der IAS 28. Danach wird ein maßgeblicher Einfluss unterstellt, sobald die Beteiligungsquote mehr als 20 % beträgt, wobei auch hier die widerlegbare Vermutung greifen kann.[41] In die Berechnung der Beteiligungsquote sind nach IAS 28.8 auch potenzielle Stimmrechte wie z. B. Optionen, Wandelanleihen und sonstige Eigenkapitalinstrumente einzubeziehen.
Mit der Definition eines assoziierten Unternehmens scheiden Tochtergesellschaften, Joint Ventures und Finanzbeteiligungen als assoziierte Unternehmen aus. Ferner wird nicht auf die Rechtsform abgestellt, die Anwendung erfolgt rechtsformunabhängig.

7.1.2 Anwenderkreis

Die Bilanzierung von assoziierten Unternehmen ist generell für alle IFRS-Anwender verpflichtend. Ausnahmen bestehen nur für Wagniskapitalgesellschaften, Treuhänder, Fonds und fonds-gebundene Versicherungen. Diesem Investorenkreis wird ein Wahlrecht nach IAS 28.1 eingeräumt, ihre Beteiligungen im Rahmen des Erstansatzes entweder als assoziiertes Unternehmen nach IAS 28 oder als Finanzbeteiligung nach IAS 39 anzusetzen. Beim Ansatz als Finanz-

---

[41] Siehe auch „Widerlegbare Vermutung" in Kapitel 3.2 auf S. 27.

beteiligung ist dann entweder eine ergebniswirksame Bewertung mit dem beizulegenden Zeitwert oder eine Bewertung als „Held for Trading" durchzuführen.

7.1.3 Bilanzielle Abbildung

Assoziierte Unternehmen werden nicht wie Tochtergesellschaften in den Konsolidierungskreis einbezogen und damit vollständig konsolidiert. Stattdessen erfolgt der Ausweis über den Beteiligungsansatz in der Bilanz, in der sämtliche Bestandteile kumulativ erfasst werden. Dieses Vorgehen ist auch unter der Bezeichnung „One line consolidation" bekannt. Bei dem Bilanzansatz ist dabei zwischen dem Einzel- und Konzernabschluss zu unterscheiden.

Einzelabschluss

Im Einzelabschluss besteht für den Beteiligungsansatz des assoziierten Unternehmens ein Wahlrecht nach IAS 28.35 i. V. m. IAS 27.38. Danach kann die Beteiligung entweder mit den Anschaffungskosten oder den beizulegenden Zeitwert nach IAS 39 angesetzt werden. Hinsichtlich der Folgebewertung ist bezüglich der Intention der Beteiligung zu unterscheiden. Wird die Beteiligung zum Zweck der Veräußerung gehalten, ist der Bilanzansatz ergebniswirksam anzupassen. Bei einer Qualifizierung der Beteiligung als „Available for Sale" erfolgt die Anpassung des Bilanzansatzes ergebnisneutral.

> **Achtung:**
> Die Anschaffungskosten nach IFRS sind nicht mit den steuerrechtlichen Anschaffungskosten gleichzusetzen!

Konzernabschluss

Im Konzernabschluss ist ein Beteiligungsansatz für das assoziierte Unternehmen weder zu Anschaffungskosten noch zum beizulegenden Zeitwert zulässig. IFRS 28.13 verlangt hier zwingend eine Konsolidierung nach der Equity-Methode. Bei dieser Methode erhöhen Erträge und mindern Gewinnausschüttungen aus der Beteiligung den Bilanzansatz.

Neben der Anwendung der Equity-Methode sind noch weitere Vorschriften zu beachten:[42]

[42] Siehe im Detail „vorgelagerte Maßnahmen" auf S. 110.

- IAS 28.26 verlangt die Bilanzierung des assoziierten Unternehmens nach den konzerneinheitlichen Bewertungs- und Bilanzierungsrichtlinien.
- Hat das assoziierte Unternehmen einen abweichenden Abschlussstichtag, ist nach IAS 28.25 entweder der letzte verfügbare Abschluss oder bei einer Abweichung der Bilanzstichtage von mehr als drei Monaten ein Zwischenbericht als Konsolidierungsgrundlage zu verwenden. Diese Regel ist identisch der Vorschriften der Vollkonsolidierung.

7.2 Konsolidierungstechnik

7.2.1 Erstansatz

Grundlagen

Da im Rahmen des Erwerbes von Anteilen an Unternehmen regelmäßig der Kaufpreis vom erworbenen Eigenkapital abweicht, ist auch für assoziierte Unternehmen eine Kaufpreisallokation durchzuführen. Der Kaufpreis bzw. die Anschaffungskosten der Unternehmensanteile sowie die darin enthaltenen Kaufpreiselemente können analog IFRS 3 aufgrund des Verweises von IAS 28.20 auf die Behandlung des Erwerbs von Tochtergesellschaften behandelt werden.[43]

Wie bei der Kaufpreisallokation nach IFRS 3 sind bei der Kaufpreisallokation nach IAS 28 sämtliche anteilig erworbenen Vermögenswerte zu berücksichtigen. IAS 28.23 verlangt eine Kaufpreisallokation auf der Basis der Nettovermögenswerte.

[43] Siehe Kapitel „Anschaffungskosten" auf S. 70.

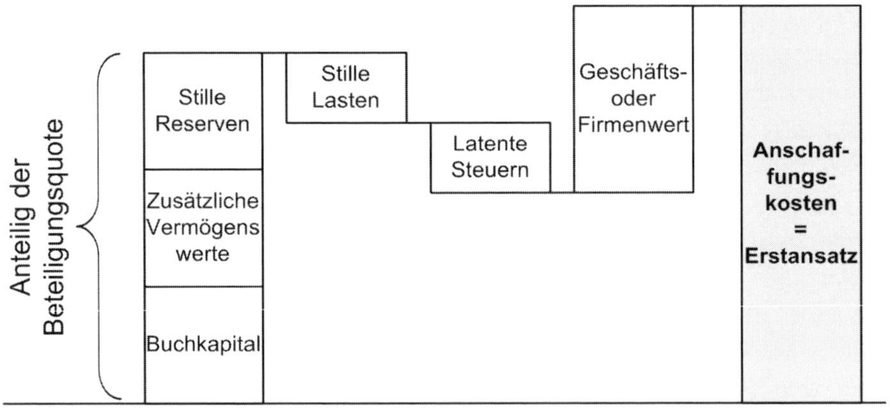

Abb. 33: Komponenten des Erstansatzes bei der Equity-Methode

Im Rahmen des Anteilserwerbs sind analog der Kaufpreisallokation nach IFRS 3 immer die folgenden Schritte durchzuführen:

Schritt	Maßnahme
1	Anteilige Aufdeckung stiller Reserven und Lasten
2	Anteiliger Ansatz identifizierter Vermögenswerte
3	Berechnung latenter Steuern auf die aufgedeckten und identifizierten Vermögenswerte
4	Berechnung des Unterschiedsbetrages aus Anschaffungskosten und Vermögenswerten

Tab. 12: Vorgehensweise für den Anteilserwerb bei assoziierten Unternehmen

Stellt sich ein positiver Unterschiedsbetrag ein, ist dieser als Geschäfts- oder Firmenwert zu berücksichtigen. Da die Bilanzierung von assoziierten Unternehmen als „One Line Consolidation" erfolgt, erfolgt sowohl für sämtliche Vermögenswerte, für die darauf entfallenen latenten Steuern und für den Geschäfts- oder Firmenwert kein gesonderter Ausweis. Sämtliche Elemente sind in einer Nebenrechnung zu erfassen und fortzuschreiben, wobei eine Abschreibung auf den Geschäfts- oder Firmenwert nicht zulässig ist. Wird ein negativer Unterschiedsbetrag ermittelt, ist er nach IAS 28.23 b) sofort ertragswirksam zu vereinnahmen.

IAS 28.26 stellt ausdrücklich klar, dass sämtliche Vermögenswerte des assoziierten Unternehmens auf der Basis der konzerneinheitlichen Bewertungs- und Bilanzierungsvorschriften auszuweisen sind. Erfolgt eine abweichende Bilanzierung, sind entsprechende Korrekturen der Bilanzposten zur Angleichung erforderlich, die ebenfalls im Rahmen der Kaufpreisallokation zu erfassen sind.

Beteiligungserwerb in einem Schritt

Erfolgt der Anteilserwerb in einem Schritt, ist der Erstansatz unproblematisch und die zuvor beschriebene Vorgehensweise anzuwenden. In der Nebenrechnung ist der Erstansatz mit seinen Bestandteilen zu dokumentieren.

Beteiligungserwerb in mehreren Schritten

Erfolgt der Anteilserwerb in mehreren Schritten, ist eine schrittweise Bewertung vorzunehmen. Solange eine Beteiligungsquote unterhalb der 20-%-Schwelle vorliegt, sind die Anteile an dem Unternehmen nach IAS 39 zu bilanzieren. Unterstellt man, dass die Anteile langfristig gehalten werden sollen, erfolgen sämtliche Wertänderungen gegen die Neubewertungsrücklage.

20-%-Schwelle

Erst mit dem Anteilserwerb, ab dem die 20-%-Schwelle überschritten wird, ist eine Umwidmung der Beteiligung nach IAS 28 vorzunehmen. Sämtliche ergebnisneutrale Wertänderungen sind dabei rückgängig zu machen. Strittig ist, wie mit weiteren Korrekturen des Bilanzansatzes nach IAS 39 zu verfahren ist, weil es im IAS 28 eine Regelungslücke hierzu gibt. Eine Meinung in der Literatur präferiert hier die prospektive Anwendung, d. h., dass keine weiteren Korrekturen vorzunehmen sind. Eine andere Meinung vertritt die Auffassung der retrospektiven Anpassung des bisherigen Bilanzpostens. In diesem Fall wären anteilige Gewinnanteile seit Begründung der Beteiligung im Bilanzposten zu erfassen. Als Gegenposition wäre dann ein ergebnisneutraler Ausweis in den Gewinnrücklagen vorzunehmen. Im Hinblick auf die konsistente Anwendung der IFRS – insbesondere unter Beachtung der analogen Vorschriften im IFRS 1 – wäre einer retrospektiven Anwendung den Vorzug zu geben.

Die gesamten Anschaffungskosten setzen sich bei einem Beteiligungserwerb in mehreren Schritten aus den einzelnen Anschaffungskosten eines jeden Erwerbs zusammen. In der Nebenrechnung ist analog des Beteiligungserwerbs in einem Erwerb zu verfahren.

Buchungstechnik

Buchungstechnisch ist an den Erstansatz aufgrund der One-Line-Consolidation keinerlei Anspruch zu stellen. Anschaffungskosten werden über Verbindlichkeiten gebucht. Ist der Beteiligungserwerb in mehreren Schritten erfolgt, sind die zwischenzeitlich erfolgten Wertkorrekturen über das Eigenkapital rückgängig zu machen.

Siehe CD-ROM

Beispiel:

Mit dem Erwerb weiterer Anteile in Höhe von 15 % durch die Mellenich Vertriebsholding an der Mellenich Austria liegt ein schrittweiser Unternehmenserwerb in zwei Schritten durch zwei verschiedene Gesellschaften vor. Mit der zweiten Akquisition wird die 20-%-Schwelle überschritten, sodass die Beteiligung als assoziiertes Unternehmen zu erfassen ist.

Die von der Mellenich AG gehaltenen Anteile an der Mellenich Austria haben einen Wert von 280 TEUR. Die ursprünglichen Anschaffungskosten betrugen 240 TEUR und wurden im Geschäftsjahr 2003 erworben. Die Wertzuschreibungen der Folgejahre in Höhe von 40 TEUR wurden stets gegen die Neubewertungsrücklage gebucht, weil die Finanzbeteiligung als „Available for Sale" eingestuft wurde.

Aus Praktikabilitätsgründen wendet die Mellenich AG die prospektive Methode der Anteilsbewertung an. Zum Zeitpunkt des zweiten Anteilserwerbs betrugen die Anschaffungskosten der zweiten Tranche in Höhe von 15 % 450 TEUR, sodass sich die gesamten Anschaffungskosten gemäß der nachfolgenden Aufstellung auf 730 TEUR summieren. Die in der Neubewertungsrücklage geparkten Wertänderungen sind somit ergebniswirksam umzugliedern. Außerdem ist eine Umgliederung im Ausweis der Anteile vorzunehmen.[44]

[44] Bitte beachten: Das ist nur im Konzernabschluss durchzuführen, nicht aber in den Einzelabschlüssen, weil die Anteile von unterschiedlichen Unternehmen gehalten werden und dort jeweils als Finanzbeteiligungen zu führen sind.

	Anteil	Anschaffungskosten
Erwerb Mellenich AG	10 %	280
Erwerb Mellenich Vertriebsholding	15 %	450
Summe		730

Buchungssätze der Altanteile (im Konzernabschluss):

Lfd. Nr.	Bezeichnung	Unternehmen	Soll	Haben
1	Beteiligungen		280	
	Wertpapiere			280
2	Neubewertungsrücklage		40	
	Sonstige Erträge			40

Im Rahmen der Kaufpreisallokation wurde die Bilanz der Mellenich Austria auf den 30.06.08 weiterentwickelt, die zugleich als Basis für den Kauf der zweiten Tranche dient. Stille Reserven und Lasten konnten nicht identifiziert werden. An nicht bilanzierten Vermögenswerten ist ein Kundenstamm mit einem Wert in Höhe von 150 TEUR und einer Nutzungsdauer von 10 Jahren vorhanden, der durch einen unabhängigen Gutachter zutreffend ermittelt wurde.

Der resultierende Geschäfts- oder Firmenwert errechnet sich wie folgt:

Bilanzposten	Bilanzierte Vermögenswerte Saldo	Nicht bilanzierte Vermögenswerte Saldo	Gesamt Saldo
Immaterielle Vermögenswerte	81	150	231
Sachanlagen	297		297
Vorräte	481		481
Forderungen aus L&L	3.056		3.056
Sonstige Vermögenswerte	775		775
Kassenbestand, Bankguthaben	1.297		1.297
Rückstellungen	-175		-175
Finanzverbindlichkeiten	-920		-920
Passive latente Steuern		-45	-45
Verbindlichkeiten aus L&L	-2.960		-2.960
Sonstige Verbindlichkeiten	-283		-283
Nettovermögen	1.649	105	1.754

		Betrag
Anschaffungskosten		730
Nettovermögen	1.754	
Zurechenbares Nettovermögen (25 %)		./. 439
Geschäfts- oder Firmenwert		291

Diese Nebenrechnung ist für die Folgejahre auf der Konzernebene weiterzuentwickeln.

	Vermögenswerte Unternehmen	Anteiliger Betrag (25 %)
Buchwert Beteiligung	1.649	412
Stille Reserven & Lasten	0	0
Nicht bilanzierte Vermögenswerte	150	38
Latente Steuern	-45	-11
Geschäfts- oder Firmenwert		291
Equity-Wert		730

7.2.2 Folgeansatz

Grundlagen

Durch die Anwendung der Equity-Methode erfolgt eine erfolgswirksame Fortschreibung des Bilanzansatzes der Beteiligung am assoziierten Unternehmen. Mit der Erfassung der anteiligen Erträge und den darauf basierenden Gewinnausschüttungen fallen die Transaktionen in unterschiedliche Geschäftsjahre, wobei das nicht zwingend in zwei aufeinander folgenden Geschäftsjahren sein muss. Neben diesen beiden Basistransaktionen können noch weitere Transaktionen zu berücksichtigen sein, die Bilanzpostenänderungen hervorrufen. Das prinzipielle Schema ist in Abb. 34 dargestellt.

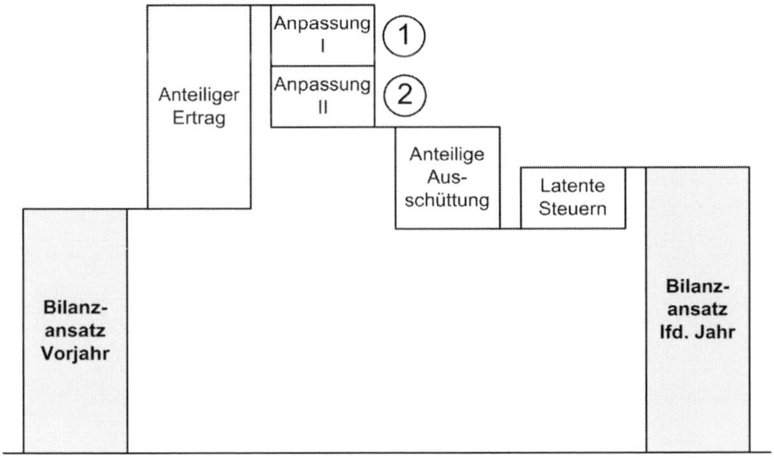

Abb. 34: Folgeansatz bei der Equity-Methode

Die periodengerechte Erfassung sämtlicher Veränderungen des Beteiligungsansatzes kann in drei große Bereiche untergliedert werden:

1. Ergebniseffekte durch das assoziierte Unternehmen

   Ergebniseffekte sind die Erfassung der anteiligen Erträge sowie der Ausschüttungen durch das assoziierte Unternehmen.
2. Ergebniswirksame Änderungen auf der Ebene der Muttergesellschaft (Anpassungen I)

   Ergebniswirksame Änderungen werden hervorgerufen durch:
   - Abschreibungen auf die aufgedeckten stillen Reserven und identifizierte Vermögenswerte des Erstansatzes,
   - die Anpassung stiller Lasten des Erstansatzes,
   - darauf entfallende latente Steuern; hier gelten die Vorschriften des IAS 12 und
   - Ergebniseffekte der Folgekonsolidierung inklusive der darauf anfallenden latenten Steuern.
3. Ergebnisneutrale Änderungen auf der Ebene der Muttergesellschaft (Anpassungen II)

   Ergebnisneutrale Änderungen nach IAS 28.11 ergeben sich durch:

- Währungsumrechnungsdifferenzen von der funktionalen in die Berichtswährung, die nach IAS 21.39 c) stets ergebnisneutral sind,
- ergebnisneutrale Neubewertungen und Anpassungen, die das assoziierte Unternehmen durchgeführt hat, sind auf der Ebene der Muttergesellschaft ebenfalls durchzuführen, um das Kapitalkonto entsprechend anzupassen,
- Änderungen der Beteiligungsquote, die sich aus unter- bzw. überproportionalen Kapitalerhöhungen und -herabsetzungen ergeben und
- die durch die ergebnisneutralen Änderungen hervorgerufenen Steuereffekte.

Aufgrund der Vielzahl der möglichen Effekte, die den Beteiligungsansatz verändern können, ist das Nachhalten dieser Effekte in einer Nebenrechnung zwingend geboten.
Der Folgeansatz kann neben den Effekten aus dem laufenden operativen Geschäft auch durch (proportionale) Kapitaländerungen bzw. Anteilsänderungen hervorgerufen werden, ohne dass sich dabei der Status des assoziierten Unternehmens ändert. Insofern ist die Equity-Methode unverändert anzuwenden. Die damit verbundenen Anschaffungskosten ändern den Beteiligungsansatz entsprechend. Für die zusätzlich erworbenen Anteile ist eine neue Erstkonsolidierung durchzuführen.

Konsolidierungen

Unterhält das assoziierte Unternehmen geschäftliche Beziehungen zu Unternehmen aus dem Konsolidierungskreis, sind weitere Konsolidierungen durchzuführen, um doppelte Erfassungen und Zwischengewinne zu eliminieren. Da bei assoziierten Unternehmen nur der Gewinn sowie der Beteiligungsansatz erfasst werden, beschränken sich die Konsolidierungen nur auf Schulden sowie Zwischengewinne. Hier sind die normalen Vorschriften zur Konsolidierung nach IAS 27 anzuwenden. Eine Aufwands- und Ertragskonsolidierung ist aber nicht erforderlich.

Im Rahmen der Zwischengewinneliminierung sollen Gewinne aus Transaktionen mit dem assoziierten Unternehmen bei den Konzernunternehmen nach IAS 28.22 eliminiert werden. Das gilt nicht nur für die Muttergesellschaft, sondern für sämtliche Gesellschaften im Konsolidierungskreis. Die Eliminierung erfolgt stets in der Höhe der Beteiligungsquote. IAS 28 unterscheidet hier in der Art der zugrunde liegenden Transaktionen.

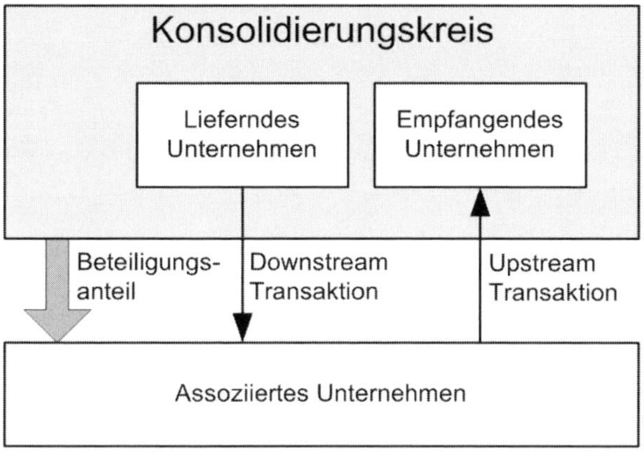

Abb. 35: Arten konsolidierungspflichtiger Transaktionen

Downstream-Transaktionen sind Lieferungen von Unternehmen aus dem Konsolidierungskreis an das assoziierte Unternehmen. Die Zwischengewinneliminierung ist relativ einfach durchzuführen. Unklar ist allerdings die Verfahrensweise, wenn der Equity-Wert des Beteiligungskontos einen geringeren Saldo als der Eliminierungsbetrag aufweist. Diese Regelungslücke wird in der Literatur mit zwei Lösungsmöglichkeiten begegnet: Downstream

- Unterlassen der Eliminierung[45]
- Erstellung eines passiven Ausgleichsposten[46]

Upstream-Transaktionen sind Lieferungen vom assoziierten Unternehmen an Unternehmen des Konsolidierungskreises. Hier ist die Zwischengewinneliminierung u. U. schwierig durchzuführen, wenn Upstream

[45] Vgl. Lüdenbach in: Haufe IFRS-Kommentar, § 33, Rz. 64.

[46] Vgl. Hayn in: Beck'sches IFRS-Handbuch, § 34, Rz. 114.

das assoziierte Unternehmen nicht genügend Informationen für die Konsolidierung zur Verfügung stellt.

Tipp:

Versuchen Sie schon im Vorfeld (z. B. durch Regelungen im Gesellschaftervertrag oder durch Gesellschafterbeschlüsse) sicherzustellen, dass das assoziierte Unternehmen eine entsprechende Berichtspflicht zu erfüllen hat.

Anders als die Zwischengewinneliminierung ist die Schuldenkonsolidierung nicht explizit in IAS 28 geregelt. Allerdings enthält die Norm in IAS 28.20 einen Generalverweis auf IAS 27, wonach bei der Anwendung der Equity-Methode weiterführende Konsolidierungen möglich sind. Eine Schuldenkonsolidierung kann erforderlich werden, wenn die Bilanzansätze zwischen dem assoziierten Unternehmen und den Unternehmen des Konsolidierungskreises differieren. Beispiele hierfür sind Einzelwertberichtigungen oder Eventualverbindlichkeiten. Hier ist auf den Einzelfall abzustellen. Wie bei der Zwischengewinneliminierung erfolgt die Schuldenkonsolidierung analog der Beteiligungsquote.

Sämtliche Konsolidierungen lösen ebenfalls latente Steuern aus, die im Rahmen der Steuerberechnung zu berücksichtigen sind.

Buchungstechnik

Buchungstechnisch ist zwischen der Kapitalkonsolidierung und den übrigen Konsolidierungen zu unterscheiden. Bei der Kapitalkonsolidierung sind neben dem Beteiligungskonto entweder die Konten Erträge aus Beteiligungen an assoziierten Unternehmen im ergebniswirksamen bzw. die Konten Neubewertungsrücklage oder Währungsumrechnungsdifferenzen im erfolgsneutralen Fall anzusprechen. Bei der Zwischengewinneliminierung ist zu unterscheiden, welche Lieferart vorliegt. Im Fall von Downstream-Transaktionen befinden sich Warenlieferungen im Anlagevermögen oder in den Vorräten des assoziierten Unternehmens. Es genügt deshalb, den Ertrag des assoziierten Unternehmens zu korrigieren. Als Buchungssatz bieten sich Erträge aus Beteiligungen an assoziierten Unternehmen an Beteiligungen an. Im Fall von Upstream-Transaktionen befinden sich die bezogenen Vermögenswerte in der Konzernbilanz. Deshalb ist es buchungstechnisch geboten, den entsprechenden Vermögenswert zu korrigieren. Der entsprechende Buchungssatz wäre hier: „Erträge aus Beteiligungen an assoziierten Unternehmen an bezogenen Vermögenswert (Anlagevermögen bzw. Vorräte)". Diese Buchung ist dann in den weiteren Folgekonsolidierungen wieder rückgängig zu machen.

Achtung:

Der Ausweis von Bilanzposten ist nach IAS 28 nicht geregelt. In der Literatur wird bei Upstream-Transaktionen auch die Meinung vertreten, dass Vermögenswerte nicht erfolgswirksam, sondern buchungstechnisch gegen den Beteiligungsansatz anzupassen sind.[47]

Beispiel:

Siehe CD-ROM

Die Folgekonsolidierung der Mellenich Austria berücksichtigt den Zeitraum des zweiten Anteilerwerbs bis zum Geschäftsjahresende, also 6 Monate. In diesem Zeitraum hat die Mellenich Austria einen Gewinn nach Steuern in Höhe von 643 TEUR erwirtschaftet. Sämtliche von den Konzernunternehmen bezogenen Waren wurden im Geschäftsjahr vollständig veräußert, sodass eine Zwischengewinnelimierung nicht notwendig ist. Da die Mellenich Austria ihre Dividenden schon im März ausgeschüttet hat, sind sie für die Gewinnermittlung nicht zu berücksichtigen.

Aus der initialen Nebenrechnung ist der Kundenstamm weiterzuentwickeln. Der Kundenstamm ist in Höhe von 2 TEUR (150 TEUR: 10 Jahre x 6 : 12 x 25 %) anteilig für das Geschäftsjahr abzuschreiben. Die auf den Kundenstamm entfallenden latenten Steuern sind ebenfalls in Höhe von 0,5 TEUR anteilig zu korrigieren.

Weiterentwicklung der Nebenrechnung:

[47] Vgl. Hayn in: Beck'sches IFRS-Handbuch, § 34, Rz.48.

Bezeichnung	Geschäfts- oder Firmenwert	Stille Reserven & Lasten	Nicht bilanzierte Vermögenswerte	Latente Steuern	Buchwert Beteiligung	Equity-Wert
Saldo Ersterfassung	291	0	38	-11	412	730
Veränderung finanzielles Engagement						
Erfolgsneutrale Effekte						
Sonderabschreibungen						
Abschreibungen			2	-0,5		1,5
Gewinne					161	161
Saldo Folgejahre	291	0	36	-10,5	573	889,5

Für den Konzernabschluss sind sämtliche Veränderungen des Beteiligungsansatzes zu buchen:

Bezeichnung	Einzelabschlüsse		Summenbilanz	Konsolidierung		Referenz	Konzernabschluss
	Mellenich AG	Mellenich Vertriebsholding		Soll	Haben		Saldo
Aktiva							
Beteiligung Mellenich Austria	280	450	730	161 0,5	2	a) b) c)	889,5
Aufwand							
Abschreibungen				2		b)	2
Finanzergebnis							
Beteiligungserträge					161	a)	-161
Steueraufwand					0,5	c)	-0,5
Summe				163,5	163,5		

Buchungserläuterungen:

Referenz	**Bezeichnung**	**Betrag**
a)	Anteiliges Ergebnis Mellenich Austria	161
b)	Abschreibungen auf den Kundenstamm	2
c)	Latente Steuern auf Abschreibungen	0,5

7.2.3 Beendigung/Veräußerung

Die Beendigung der Lebensdauer als assoziiertes Unternehmen erfolgt in dem Augenblick, in dem die Voraussetzungen des IAS 28 wegfallen. Prinzipiell lassen sich drei Fälle unterscheiden, in denen eine Beendigung infrage kommt:

- Zukauf von Anteilen, sodass sich der Beteiligungsstatus ändert und dann ein Methodenwechsel vorzunehmen ist,
- Veräußerung von Anteilen an dem assoziierten Unternehmen,
- Vollständige Veräußerung der Beteiligung.

Durch den Zukauf von Anteilen, verbunden mit einem Statuswechsel, kann das assoziierte Unternehmen entweder zu einem Gemeinschaftsunternehmen oder zu einer Tochtergesellschaft werden. Für eine detaillierte Vorgehensweise siehe Kapitel 9.2.5 „Von Equity nach Vollkonsolidierung".

20-%-Schwelle

Bei einer Teilveräußerung, in deren Folge die Beteiligungsquote unter 20 % sinkt, qualifiziert sich die Beteiligung nur noch als eine reine Finanzanlage nach IAS 39. Nach der aktuellen Fassung des IAS 28.19 sind die verbleibenden Anteile mit ihrem beizulegenden Zeitwert anzusetzen. Sämtliche Anpassungen sind erfolgswirksam vorzunehmen.

Bei einer vollständigen Veräußerung der Beteiligung ist der Abgang der Beteiligung sowohl im Einzel- als auch im Konzernabschluss zu erfassen. Die Art der Entkonsolidierung ist nach IFRS nicht geregelt, insofern ist die Erfolgsermittlung nach beiden Methoden zulässig.

Entkonsolidierung aus Konzernsicht

Die Veräußerung sämtlicher Anteile an dem assoziierten Unternehmen löst neben dem reinen Ausbuchen des Bilanzansatzes der Beteiligung eine Reihe weiterer Buchungen im Rahmen der Entkonsolidierung aus. Insbesondere sind Bilanzansätze ausgewählter Posten, die im Rahmen der Konsolidierung geändert wurden, zu korrigieren oder umzugliedern. Die betrifft neben Vermögenswerten auch Verbindlichkeiten und Posten des Eigenkapitals. Bevor die eigentliche Entkonsolidierung durchgeführt werden kann, sind als vorbereitende Maßnahmen der Bilanzansatz und die Nebenrechnung der Beteiligung auf den Veräußerungszeitpunkt weiterzuentwickeln. Das kann im Rahmen einer normalen Folgekonsolidierung erfolgen.

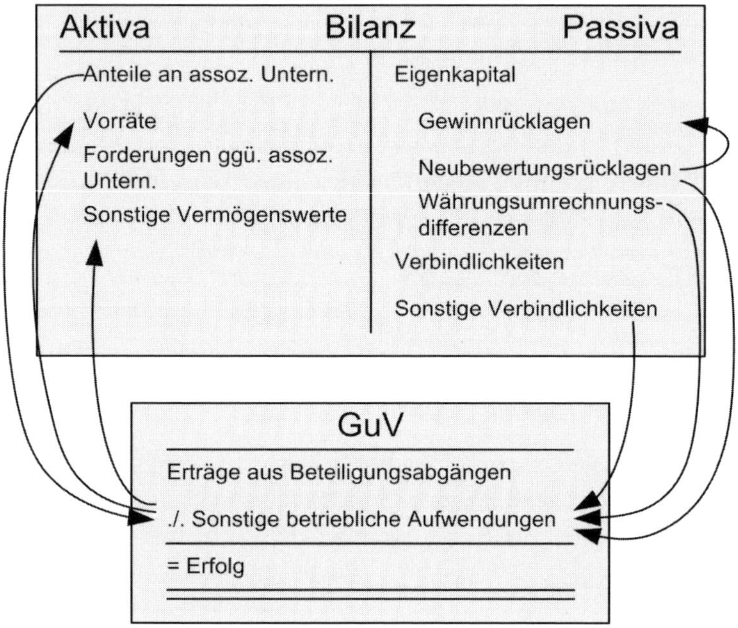

Abb. 36: Entkonsolidierungspflichtige Transaktionen assoziierter Unternehmen

Die eigentliche Entkonsolidierung hat die folgenden erfolgswirksamen Schritte zu berücksichtigen:

- Erfassen der Veräußerungserlöse und Ausbuchen des Beteiligungsansatzes.
- „Recycling“ bislang erfolgsneutral erfasster Gewinne und Verluste. Hierzu gehören Differenzen aus Fremdwährungsumrechnungen sowie Gewinne und Verluste aus Fair-Value-Bewertungen (wie z. B. Finanzinstrumente).
- Wiederaufleben eliminierter Zwischengewinne. Da die Zwischengewinne bereits im Beteiligungsansatz enthalten sind, ist eine Korrektur nicht erforderlich.

- Wiederaufleben von Aufrechnungsdifferenzen aus der Schuldenkonsolidierung. Die Behandlung der Aufrechnungsdifferenzen erfolgt identisch der Zwischengewinne.
- Befinden sich zum Veräußerungsstichtag vom assoziierten Unternehmen bezogene Vermögenswerte aus Upstream-Transaktionen noch im Bestand, sind sie um den anteiligen Zwischengewinn zuzuschreiben.
- Wurden Abwertungen von Vermögenswerten aufgrund von Verlusten des assoziierten Unternehmens vorgenommen, sind diese Vermögenswerte in Höhe des Beteiligungserfolges zuzuschreiben. Bei einer Passivierung von Verbindlichkeiten ist identisch zu verfahren.
- Strittig ist, wie beteiligungsquotale Änderungen von Kapitalmaßnahmen behandelt werden sollen. Ein Teil der Literatur vertritt die Meinung einer erfolgswirksamen Erfassung zum Entkonsolidierungszeitpunkt.
- Ausbuchen sämtlicher latenter Steuern, soweit keine anteilige erfolgsneutrale Umgliederung erfolgen muss.
- Gehörte das assoziierte Unternehmen zu einer CGU, sind zusätzliche Geschäfts- oder Firmenwerte anteilig auszubuchen.

Für die Erfolgsermittlung lässt sich das nachfolgende Schema verwenden:

	Veräußerungserlöse
–	Equity-Wert
+/–	Erfolgsneutral erfasste Gewinne und Verluste aus der Neubewertungsrücklage
+/–	Differenzen aus Fremdwährungsumrechnungen
+	Zuschreibung von Vermögenswerten aus Upstream-Transaktionen
+	Zuschreibungen aufgrund von Abwertungen aus Verlustsituationen
+	Eliminierung von Verbindlichkeiten aus Haftungszusagen bei Verlustsituationen
+/–	Effekte der beteiligungsquotalen Kapitalanpassungen
+/–	Latente Steuern
–	Geschäfts- oder Firmenwerte aus CGUs
=	Gesamterfolg

Neben den erfolgswirksamen Ausbuchungen von Bilanzposten sind ebenfalls erfolgsneutrale Umgliederungen von Kapitalpositionen vorzunehmen. Die Umgliederung betrifft im Wesentlichen die Fortschreibung von aufgedeckten stillen Reserven und Lasten sowie immateriellen Vermögenswerten. Neben der Umgliederung dieser Posten sind auch anteilige latente Steuern umzugliedern.

Siehe CD-ROM

Beispiel:

Mit Wirkung zum 31.03.2008 hat die Mellenich Vertriebsholding GmbH ihre 24,9%igen Anteile an der Kijba BV für einen Betrag in Höhe von 1.500 TEUR vollständig veräußert. Der Equity-Wert der Beteiligung beträgt zum 31.12.2007 1.033 TEUR.

Für die Entkonsolidierung ist zunächst die Bilanz der Kijba zum 31.12.2007 nebst der Nebenrechnung auf den Veräußerungsstichtag weiterzuentwickeln und der anteilige Gewinn zu ermitteln:

- Im ersten Quartal hat das Unternehmen eine Dividende in Höhe von 800 TEUR gezahlt.
- Die Kijba hat nur Waren von den Unternehmen des Konzerns bezogen, für die Kundenaufträge vorhanden waren. Zum Veräußerungsstichtag befinden sich noch Waren im Wert von 320 TEUR im Bestand, die vollständig von der Ehrlicher GmbH & Co. KG und der Solenta geliefert wurden.
- Als nicht bilanzierter Vermögenswert wurde für das in den Niederlanden sehr bekannte Unternehmen ein Markenwert in Höhe von 1.080 EUR zum ursprünglichen Erwerbsstichtag (1.1.2003) ermittelt, der voll werthaltig ist und zutreffend als Vermögenswert mit unbestimmter Lebensdauer klassifiziert wurde.
- Als weiterer Vermögenswert wurde ein Kundenstamm identifiziert und mit einem Wert in Höhe von 640 TEUR angesetzt. Die Nutzungsdauer betrug zum Unternehmenserwerb 10 Jahre.
- Der im Equity-Wert enthaltene und der Mellenich Vertriebsholding zurechenbare Geschäfts- oder Firmenwert beträgt zum 31.12.2007 306 TEUR und ist voll werthaltig.
- Die Steuerquote beträgt 25,9 %.

Bilanz der Kijba zum Veräußerungsstichtag:

Aktiva			Passiva
Immaterielle Vermögenswerte	29	Stammkapital	25
Sachanlagen	148	Gewinnrücklagen	2.236
		(davon Jahresüberschuss 394)	
Vorräte	320	Langfr. Rückstellungen	60
Forderungen aus L&L	1.350	Kurzfr. Rückstellungen	23
Kurzfr. Vermögensgegenstände	431	Verbindlichkeiten aus L&L	803
Kassenbestand, Bankguthaben	1.048	Sonstige Verbindlichkeiten	179
Bilanzsumme	3.326	Bilanzsumme	3.326

Weiterentwicklung der Nebenrechnung:

Bezeichnung	Geschäfts- oder Firmenwert	Marke	Kundenstamm	Latente Steuern	Buchwert Beteiligung	Equity-Wert
Saldo per 31.12.2007	306	270	80	-90	467	1.033
Veränderung finanzielles Engagement						
Erfolgsneutrale Effekte						
Dividenden, erhaltene					200	200
Abschreibungen			4	−1		3
Gewinne					98	98
Zwischengewinne					−4	−4
Latente Steuern auf Zwischengewinne					1	1
Saldo per 31.03.2008	306	270	76	-89	362	925

- Geschäfts- und Firmenwert bleiben unverändert.
- Der Kundenstamm ist in Höhe von 4 TEUR (640 TEUR : 10 Jahre x 3 : 12 x 25 %) regulär abzuschreiben.
- Der Gewinn der Kijba im ersten Quartal beträgt 94 TEUR nach Steuern. Auf die Mellenich Vertriebsholding entfällt somit ein Betrag in Höhe von 98 TEUR.
- Die anteilige Dividende reduziert den Equity-Wert um 200 TEUR.
- Die Abschreibung des Kundenstamms löst ebenfalls eine Veränderung der latenten Steuern in Höhe von 1 TEUR aus.
- Die Vorräte beinhalten Zwischengewinne in Höhe von 4 TEUR (320 TEUR x 5 % x 25 %), die bei der Ehrlicher GmbH & Co. KG und bei der Solenta realisiert wurden. Hierauf sind nochmals latente Steuern in Höhe von 1 TEUR zu berücksichtigen.

Der Equity-Wert zum 31.12.2008 beträgt somit 925 TEUR. Kapitalanpassungen sind während der Konzernzugehörigkeit nicht erfolgt, allerdings sind bei der Mellenich Vertriebsholding Differenzen aus Fremdwährungsumrechnungen aus Vor-Euro-Zeiten in Höhe von 25 TEUR in der Gewinnrücklage vorhanden. Mit der Veräußerung der Beteiligung sind diese Fremdwährungsdifferenzen zu „recyceln" und ergebniswirksam zu erfassen.

Ermittlung des Veräußerungsgewinns:

		Betrag
	Veräußerungserlöse	1.500
-	Equity-Wert	925
-	Differenzen aus Fremdwährungsumrechnungen	25
	Veräußerungsgewinn	550

Zu buchen sind für den Einzel- und Konzernabschluss sämtliche Veränderungen des Beteiligungsansatzes:

Bezeichnung	Bilanzansatz Mellenich Vertriebsholding	Buchungen Soll	Haben	Referenz	Saldo
Aktiva					
Beteiligung Kijba	1.033	98	4	a) b)	0
		1	200	c) d)	
		1	4	g) f)	
			925	h)	
Bankguthaben, Kassenbestände		200		d)	1.700
		1.500		e)	
Passiva					
Gewinnrücklagen (Währungsumrechnungsdifferenzen)	-25	25		i)	0
Erträge					
Umsatzerlöse, verbundene Unternehmen		4		f)	
Abgang von Finanzanlagen			1.500	e)	-1.500
Aufwand					
Abschreibungen		4		b)	4
Sonstiger Aufwand			25	i)	22
Abgang von Finanzanlagen		925		h)	925
Finanzergebnis					
Beteiligungserträge			98	a)	-95
Steueraufwand			1	c)	
			1	g)	-2
Summe		2.758	2.758		

Buchungserläuterungen:

Referenz	Bezeichnung	Betrag
a)	Gewinnanteil Mellenich Vertriebsholding	98
b)	Abschreibungen auf dem Kundenstamm	4
c)	Veränderung latente Steuern Kundenstamm	1
d)	Erhaltene Dividenden	200
e)	Veräußerungserlös	1.500
f)	Zwischengewinn Vorräte	4
g)	Veränderung latente Steuern auf Zwischengewinn	1
h)	Equity-Wert der Kijba	925
i)	Währungsumrechnungsdifferenzen	25

Entkonsolidierung aus Sicht des Einzelabschlusses

Wird die Entkonsolidierung aus dem Einzelabschluss vorgenommen, sind andere Ergebniskorrekturen als beim Konzernabschluss vorzunehmen. Erfolgt eine unterjährige Veräußerung, ist – wie beim Konzernabschluss – der anteilig erwirtschaftete Gewinn bzw. Verlust zu berücksichtigen. Zunächst ist der (zu Anschaffungskosten) fortgeführte Beteiligungsansatz um Bewertungen des beizulegenden Zeitwertes nach IAS 39 zu korrigieren. Weichen die Bilanzierungs- und Bewertungsvorschriften des assoziierten Unternehmens von den konzerneinheitlichen Bilanzierungs- und Bewertungsvorschriften ab, sind die Anpassungen ebenfalls im Rahmen des Veräußerungserlöses zu berücksichtigen. Haben sich aufgrund von Werthaltigkeitstests nach IAS 36 Wertberichtigungen ergeben, sind diese rückgängig zu machen. Ferner sind im Konzernabschluss vorgenommene Abschreibungen auf stille Reserven und identifizierte immaterielle Vermögenswerte und die Auflösung stiller Lasten zu berücksichtigen. Neben diesen Anpassungen sind auch Equity-verändernde Zwischengewinne und Aufrechnungsdifferenzen bei dem Veräußerungserlös zu berücksichtigen. Werden in Verlustsituationen Vermögenswerte abgewertet und Verbindlichkeiten aufgebaut, sind sie ebenfalls einzubeziehen. In den Gesamterfolg werden des Weiteren latente Steuern sowie Geschäfts- oder Firmenwerte von CGUs mit einbezogen.

Rechenschema

Für die Erfolgsermittlung lässt sich das nachfolgende Schema verwenden:

	Veräußerungserlöse
-	Buchwert im Einzelabschluss
+/-	Anteilige Erträge/Verluste des laufenden Geschäftsjahres
+/-	Anpassungen des beizulegenden Zeitwertes
+/-	Unterschiedsbeträge aus Bilanzierungs- und Bewertungsvorschriften
+/-	Aufholung von Wertberichtigungen und (außerplanmäßigen) Abschreibungen
+	Abschreibungen auf stille Reserven und identifizierte Vermögenswerte
-	Auflösung stiller Lasten
+	Equity-Veränderungen aus Zwischengewinnen
+	Zuschreibungen aufgrund von Abwertungen aus Verlustsituationen
+	Eliminierung von Verbindlichkeiten aus Haftungszusagen bei Verlustsituationen
+/-	Latente Steuern
-	Geschäfts- oder Firmenwerte aus CGUs
=	Gesamterfolg

IFRS 5

Mit der Absicht zur Veräußerung sämtlicher Anteile an einem assoziierten Unternehmen gehört das Unternehmen zu den aufgegebenen Geschäftsbereichen, sodass eine Veräußerung den Regeln des IFRS 5 unterliegen kann, wenn dessen Voraussetzungen erfüllt sind. Die Beteiligung ist als ein „non-current Asset“ einzustufen. Nach IFRS 5.8 ist der Beschluss zum Verkauf des assoziierten Unternehmens verbunden mit einem formalen Plan zur Veräußerung. Die Entkonsolidierung vollzieht sich dann in zwei Schritten.

Der erste Schritt wird zum Zeitpunkt des Beschlusses des Managements vollzogen. Mit Erfüllung sämtlicher formalen Voraussetzungen ist auf die Bewertungsregeln des IFRS 5.15 umzustellen. Die Anteile an dem assoziierten Unternehmen sind mit dem beizulegenden Zeitwert zu bewerten. Ist dieser Wert niedriger als der bisherige Ansatz, ist eine Abwertung vorzunehmen, andernfalls bleibt der bisherige Ansatz bestehen. In jedem Fall sind die erwarteten Veräußerungskosten in Abzug zu bringen. Die Umklassifizierung sowie die Bewertung nach den Regeln des IFRS 5 können Folgeeffekte mit sich bringen. Hier sind insbesondere die erfolgswirksamen Abwertungen zu nennen, die weitere latente Steuern nach sich ziehen.

Der zweite Schritt erfolgt zum Zeitpunkt der eigentlichen Veräußerung. Verlässt das assoziierte Unternehmen endgültig den Konzern, erfolgt die eigentliche Entkonsolidierung.

7.2.4 Latente Steuern

Latente Steuern bei der Bilanzierung assoziierter Unternehmen im Konzernabschluss fallen auf drei unterschiedlichen Ebenen an:

- Auf der Ebene des assoziierten Unternehmens aufgrund der Abweichung des IFRS-Abschlusses von den steuerlich anzusetzenden Werten. Hier liegt der gleiche Problemkreis wie bei Upstream-Transaktionen von, die Sicherstellung des Informationsflusses vom assoziierten Unternehmen zur Muttergesellschaft.
- Auf der Ebene des Konzerns aufgrund der anteiligen Aufdeckung identifizierter Vermögenswerte sowie stiller Reserven und Lasten.
- Auf der Ebene des Konzerns aufgrund der abweichenden Bilanzierung des Beteiligungsansatzes nach dem Steuerrecht vom IFRS-Bilanzansatz.

7.3 Behandlung von Verlusten

Generiert das assoziierte Unternehmen Verluste, ist bezüglich der Konsolidierung eine Reihe von Besonderheiten zu beachten. Generell gilt, dass zunächst dieselben Vorgehensweisen für Folgekonsolidierungen wie im Ertragsfall greifen. Statt eines Ertrages mindert dann der Verlust den Saldo des Beteiligungskontos. In der Nebenrechnung ist die Änderung des Equity-Wertes festzuhalten.
Im Verlustfall sollte wegen der zusätzlichen Anforderungen die folgende Reihenfolge bezüglich der Verbuchung von Verlusten beachtet werden:

Reihenfolge beachten!

Schritt	Maßnahme
1	Im ersten Schritt ist, wie zuvor beschrieben, das Beteiligungskonto solange zu reduzieren, bis der Equity-Wert den Saldo Null annimmt.
2	Wird der Equity-Wert aufgrund anhaltender Verluste negativ und hat die Muttergesellschaft ein weiteres finanzielles Engagement, z. B. in Form der Gewährung von Darlehen, sind diese Vermögenswerte abzuwerten.
3	Hat die Muttergesellschaft Haftungszusagen oder ähnliche rechtliche Verpflichtungen, die Nachschusspflichten beinhalten, übernommen oder Zahlungen im Namen des assoziierten Unternehmens vorgenommen, kann eine dem Verlust entsprechende Verbindlichkeit passiviert werden. Die Höhe der Verbindlichkeit beschränkt sich dabei auf die zugesagte Nachschusspflicht. Ansonsten herrscht ein Ansatzverbot von Verbindlichkeiten und Rückstellungen für Verluste aus Beteiligungen an assoziierten Unternehmen.
4	Bei allen darüber hinausgehenden Verlusten erfolgt ein Aussetzen der Equity-Methode. In der Nebenrechnung ist die Verlustentwicklung zu dokumentieren.

Tab. 13: Reihenfolge der Maßnahmen zur Verhandlung von Verlusten bei assoziierten Unternehmen

Erholt sich die Verlustsituation und generiert das assoziierte Unternehmen wieder Gewinne, ist aufgrund der Regelungslücke im IAS 28 die Anwendung in der umgekehrten Reihenfolge wie bei der Abwertung bzw. Verlusterfassung empfehlenswert. Zunächst erfolgt eine Zuschreibung der Verluste in der Nebenrechnung, erst danach werden Verbindlichkeiten reduziert, finanzielle Vermögenswerte zugeschrieben und zum Schluss wird das Beteiligungskonto angesprochen.

Neben der buchhalterischen Behandlung in Verlustsituationen schreibt IAS 28.33 einen zusätzlichen Werthaltigkeitstest nach IAS 36 vor. Der Werthaltigkeitstest ist aber nicht nur für im Beteiligungsansatz vorhandenen Geschäfts- oder Firmenwert vorzunehmen. Er bezieht sich vielmehr auf den gesamten Bilanzansatz.

Unabhängig vom Werthaltigkeitstest in Verlustfällen ist eine Überprüfung des Beteiligungsansatzes nach IAS 39 vorzunehmen, wenn entsprechende Indikatoren für eine mögliche Wertminderung vorliegen.

Tipp:

Behandeln Sie das assoziierte Unternehmen hinsichtlich des Impairment-Tests wie ein Tochterunternehmen und führen Sie den Test zum selben Zeitpunkt durch.

7.4 Anhangsangaben

Anhangsangaben zu assoziierten Unternehmen sind an unterschiedlichen Stellen in den Notes zu finden. Im Rahmen der allgemeinen Angaben sind sie in die Liste der Beteiligungen nach § 313 HGB aufzunehmen. Werden assoziierte Unternehmen während der Berichtsperiode erworben, sind ebenfalls Angaben zu den erworbenen Anteilen, den (zusammengefassten) Vermögenswerten und Schulden sowie dem Abschlussstichtag zu machen. Wird eine Beteiligung mit einem Anteil unter 20 % als assoziiertes Unternehmen oder wird ein assoziiertes Unternehmen als Beteiligung bilanziert, sind hierfür Gründe anzugeben.
Im Rahmen der Erläuterungen zu den Bilanzposten sind assoziierte Unternehmen stets als langfristige Vermögenswerte auszuweisen. Hier sind Abgaben zum Nettovermögen – aufgeteilt nach Vermögenswerten und Schulden, zu den Umsätzen und den Gewinnanteilen am Ergebnis des assoziierten Unternehmens – zu machen. Diese Angaben sind um weiterführende Informationen zu ergänzen, und zwar um

- den beizulegenden Zeitwert des assoziierten Unternehmens, wenn es börsennotiert ist,
- Angaben zum Anteil an einzustellenden Geschäftsbereichen,
- Angaben zu nicht berücksichtigten Verlusten.

Neben den Offenlegungspflichten, die sich aus IAS 28 ergeben, sind weitere Offenlegungspflichten aus anderen Standards zu berücksichtigen. Diese Angaben sind meistens im dritten Teil unter den sonstigen Pflichtangaben zu finden. Für assoziierte Unternehmen ist hier insbesondere der *IAS 24 – Related Party Disclosures* von Bedeutung, weil auch assoziierte Unternehmen aufgrund der fehlenden Beherrschung wie nahestehende Personen behandelt werden. Da viele der nach IAS 24.12 ff. geforderten Pflichtangaben auch nach IAS 28 gefordert werden, ist eine Beschränkung auf Transaktionen mit nahestehenden Personen nach IAS 24.17 und 18 hinreichend. Hier sind sowohl für die Muttergesellschaft als auch für das assoziierte Unternehmen die folgenden Angaben zu machen:

- die Art und den Umfang der Geschäftsbeziehungen,
- getätigte Umsätze,
- offene Posten,
- Wertberichtigungen auf die offenen Posten inklusive des Berichtigungsaufwandes.

8 Konsolidierung von Joint Ventures

8.1 Grundlagen

IAS 31.3 definiert ein Joint Venture als ein vertragliches Arrangement, bei dem zwei oder mehrere Parteien eine wirtschaftliche Aktivität unternehmen und diese gemeinschaftlich führen. Damit ist der Kreis möglicher Konstellationen nach den IFRS weiter gefasst als nach dem HGB. Berücksichtigt § 310 HGB nur gemeinschaftlich geführte Unternehmen als Subjekt der Quotenkonsolidierung, kennen die IFRS nach IAS 31.7 drei Arten von Joint Ventures:

- Gemeinsame Tätigkeiten (IAS 31.13 ff.)

  Bei Joint Ventures, die sich auf gemeinsame Tätigkeiten beschränken, bleiben Vermögenswerte in der Regel bei dem jeweiligen Partnerunternehmen und werden von diesen entsprechend bilanziert. Erträge und Aufwendungen werden anteilig erfasst. Eine typische Ausprägung dieser Art von Joint Ventures sind die ARGEs im Hoch- und Tiefbau.
- Gemeinschaftliche Führung von Vermögenswerten (IAS 31.18 ff.)

  Bei gemeinschaftlich geführten Vermögenswerten teilen sich die Partnerunternehmen die Verfügungsmacht über diese Vermögenswerte. Sie sind anteilig nach Art des Vermögenswertes zu bilanzieren. Das Partnerunternehmen hat auch alle mit dem Vermögenswert zusammenhängenden Vermögenswerte, Erträge und Aufwendungen zu erfassen – und das je nach Art entweder in voller Höhe oder anteilig. Neben den in IAS 31 aufgelisteten klassischen Beispielen sind hier insbesondere Immobilien und immaterielle Vermögenswerte wie z. B. Lizenzen und Patente zu nennen, die sich für die gemeinschaftliche Führung von Vermögenswerten qualifizieren.

- Gemeinschaftlich geführte Unternehmen (IAS 31.24 ff.)

  Gemeinschaftlich geführte Unternehmen (oder Gemeinschaftsunternehmen) sind gekennzeichnet durch eine eigenständige Rechtsform als Kapital- oder Personengesellschaft, die von den Partnerunternehmen gemeinsam geführt werden. Gemeinsame Vermögenswerte und Schulden werden von diesem Unternehmen gehalten. Um sich als ein Gemeinschaftsunternehmen zu qualifizieren, muss sichergestellt sein, dass das Unternehmen weder von einem Partner noch von einer Kombination mehrerer Partner kontrolliert werden kann.

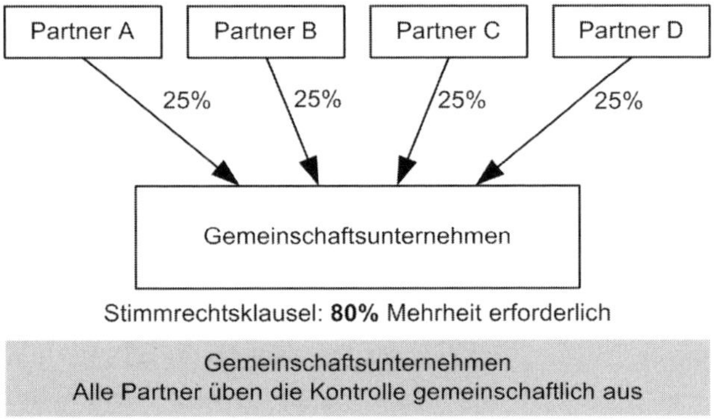

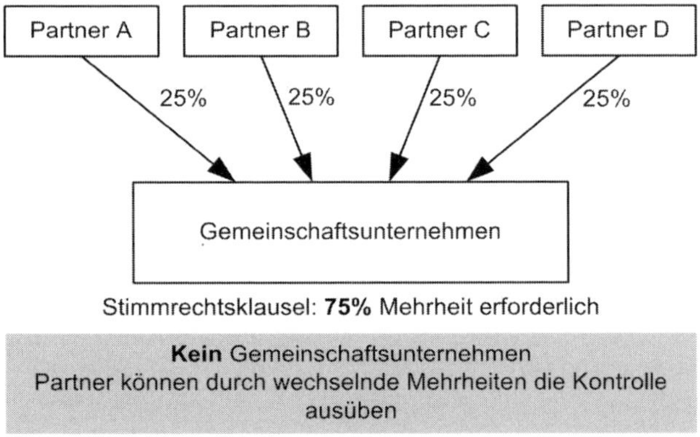

Abb. 37: Beispiel von Gemeinschaftsunternehmen anhand der Kombinationen von Stimmrechten

Tipp:

Stellen Sie mittels vertraglicher Regelungen sicher, dass kein Partner durch sich ändernde Stimmrechte das Gemeinschaftsunternehmen kontrollieren kann.

Sowohl die gemeinschaftlichen Tätigkeiten als auch die gemeinschaftliche Führung von Vermögenswerten bereiten konsolidierungstechnisch weniger Probleme als Gemeinschaftsunternehmen. Deshalb wird in diesem Kapitel der Schwerpunkt auf die Konsolidierung von Gemeinschaftsunternehmen gelegt.

Alle Arten von Joint Ventures haben zwei wesentliche Bedingungen zu erfüllen: ein vertragliches Arrangement und eine gemeinsame Führung.

Das vertragliche Arrangement ist nach IAS 31.9 eine zwingende Voraussetzung für ein Joint Venture. Dabei muss dieses Arrangement nicht unbedingt in Form eines Vertrages zwischen den Partnern erfolgen. Auch andere Gestaltungsformen (z. B. durch Satzungsbestandteile oder Protokolle) sind vorstellbar. Ein wesentlicher Bestandteil solch eines Arrangements ist aber die Regelung zur gemeinschaftlichen Führung.

Die gemeinsame Führung soll sicherstellen, dass kein einzelner Partner oder mehrere Partner zusammen das Gemeinschaftsunternehmen kontrollieren können. Alle wesentlichen Entscheidungen sollen von den Partnern gemeinsam und einvernehmlich getroffen werden. Dabei sind auch Konstellationen vorstellbar, bei denen nicht alle Gesellschafter als Partner fungieren, das Unternehmen aber dennoch als Gemeinschaftsunternehmen eingestuft werden kann.

Achtung:

Erst beide Kriterien (Vertrag und gemeinschaftliche Führung) zusammen definieren das Gemeinschaftsunternehmen. Ausschließlich anhand eines Vertrages kann kein Gemeinschaftsunternehmen definiert werden. Auch andere Beteiligungsformen bedürfen vielfach der Schriftform. Insofern ist auch das Kriterium der gemeinschaftlichen Führung immer mit zu prüfen.

8.1.1 Anwenderkreis

Die Bilanzierung von Gemeinschaftsunternehmen ist generell für alle IFRS-Anwender verpflichtend. Ausnahmen bestehen nur für Wagniskapitalgesellschaften, Treuhänder, Fonds und fond-gebundene Versicherungen. Diesem Investorenkreis wird ein Wahlrecht nach IAS 31.1 eingeräumt, ihre Beteiligungen im Rahmen des Erstansatzes als Finanzbeteiligung nach IAS 39 anzusetzen. Bei dem Ansatz als Finanzbeteiligung ist dann entweder eine ergebniswirksame Bewertung mit dem beizulegenden Zeitwert oder eine Bewertung als „Held for Sale“ durchzuführen. Sämtliche Effekte sind ergebniswirksam zu erfassen.[48]

8.1.2 Bilanzielle Abbildung

Für den Ansatz von Anteilen an Gemeinschaftsunternehmen gelten die selben Vorschriften wie für andere Bilanzposten. Aufgrund der Stetigkeit ist der Bilanzansatz für Anteile an Gemeinschaftsunternehmen einheitlich auszuüben.
Im Einzelabschluss besteht nach IAS 31.46 i. V. m. IAS 27.38 ein Wahlrecht für die Anteile an einem Gemeinschaftsunternehmen. Danach können die Anteile entweder mit den historischen Anschaffungskosten oder mit dem beizulegenden Zeitwert angesetzt werden, wenn die Anteile langfristig gehalten werden. Werden die Anteile dagegen nur vorübergehend gehalten, greifen die Regeln des IFRS 5. Danach sind die Anteile als „Held for Sale“ gesondert mit dem niedrigeren Wert von Buchwert und beizulegenden Zeitwert auszuweisen.
Im Konzernabschluss sind die Anteile an einem Gemeinschaftsunternehmen nach den Regeln des IAS 31 anzusetzen und zu konsolidieren.

[48] Das IASB hat die Regelungen zum Anwenderkreis in IAS 31 und IAS 28 angeglichen. Beide Standards sind hinsichtlich des Anwenderkreises nun nahezu identisch.

8.2 Wahlrechte

IAS 31.30 räumt dem Anwender ein Wahlrecht in der Anwendung der Konsolidierungsmethode im Rahmen des Konzernabschlusses ein. Als bevorzugte Methode ist die Quotenkonsolidierung anzuwenden. Als alternative Methode steht die Equity-Methode zur Verfügung. Da beide Methoden bei demselben Geschäftsvorfall zu unterschiedlichen Ergebnissen führen, sollte man sich im Vorfeld klar sein, wie dieses Wahlrecht ausgeübt werden soll.

8.2.1 Quotenkonsolidierung

Grundlagen

Die Quotenkonsolidierung ist im Prinzip identisch mit der Vollkonsolidierung, weist allerdings eine Reihe von Besonderheiten auf. IAS 31.30 fordert, dass eine proportionale Konsolidierung zu erfolgen hat. Insofern darf das Gemeinschaftsunternehmen nur gemäß der Beteiligungsquote anteilig in den Konzernabschluss einbezogen werden. Die Beteiligungsquote hat somit eine besondere Bedeutung. Im Summenabschluss wird die Beteiligungsquote benötigt, um den Abschluss des Gemeinschaftsunternehmens anteilig umzurechnen. In den Konsolidierungen wird die Beteiligungsquote benötig, um die einzelnen Konsolidierungsvorgänge anteilig vorzunehmen. Durch den anteiligen Beteiligungsausweis ist somit – im Gegensatz zur Vollkonsolidierung – kein Ausweis eines Minderheitenanteils erforderlich. IAS 31 lässt allerdings offen, wie die Beteiligungsquote ermittelt wird. Bei abweichenden Kapital- und Gewinnallokationen aufgrund vertraglicher Vereinbarungen könnte das zu einem Problem führen. Die herrschende Meinung hierzu ist allerdings, dass es aufgrund der Regelungslücke akzeptabel ist, Kapitalanteile, Gewinnanteile und auch Mischformen für die Bestimmung der Beteiligungsquote bzw. für den anteiligen Beteiligungsausweis zu verwenden.

Eine Besonderheit der Quotenkonsolidierung nach IFRS besteht im Wahlrecht des Berichtsformates. IAS 31.34 lässt die Wahl zwischen zwei Formaten:

- „Line by line“

  Das „Line by line“-Format fasst gleichartige Bilanzposten vom Partner- und vom Gemeinschaftsunternehmen in der Konzernbilanz zusammen.
- „Separate line“

  Das „Separate line“-Fomat weist die Bilanzposten des Gemeinschaftsunternehmens offen und separat in der Konzernbilanz aus.

Tipp:

Aus konsolidierungstechnischer Sicht ist der Ausweis line by line effizienter und einfacher. Sprechen keine expliziten Gründe dagegen, sollte deshalb dieser Bilanzausweis gewählt werden.

Anforderungen der Quotenkonsolidierung

Wie bei der Equity- und der Vollkonsolidierung verlangt IAS 31 entweder direkt oder indirekt über IAS 27 bzw. IFRS 3 vorbereitende Maßnahmen zur Durchführung der Quotenkonsolidierung. Hierzu gehören die Anpassung an die konzerneinheitlichen Bewertungs- und Bilanzierungsvorschriften, eine Währungsumrechnung und gegebenenfalls die Erstellung von Zwischenabschlüssen bei abweichenden Bilanzstichtagen. Hier wird bezüglich der Details auf Kapitel 4.1 verwiesen.

Erfolgt der Erwerb von Anteilen an einem Gemeinschaftsunternehmen zu einem späteren Zeitpunkt als dem Gründungszeitpunkt, sind die normalen Regeln des Unternehmenserwerbs nach IFRS 3 zu beachten. Im Rahmen des Erstansatzes sind gegebenenfalls Neubewertungen durchzuführen und stille Reserven und Lasten aufzudecken sowie bislang nicht bilanzierte Posten mit ihrem beizulegenden Zeitwert anzusetzen. Anders als bei der Vollkonsolidierung ist der Ansatz wie bei anderen Vermögenswerten aber auf den anteiligen Beteiligungsansatz beschränkt. Die sich aus dem Ansatz dieser Bilanzpositionen ergebenden latenten Steuern sind nach den allgemeinen Regeln analog zu behandeln und ebenfalls entsprechend anzusetzen. In der Literatur wird zuweilen die Empfehlung gegeben, eine Einbuchung im Rahmen der Kapitalkonsolidierung vorzunehmen. Unter dem Gesichtspunkt der konsistenten Behandlung sämtlicher Konsolidierungsarten, der homogenen Behandlung aller Beteiligungen im Konsolidierungsprozess und der Berücksichtigung von Dokumentationserfordernissen ist es aber durchaus akzeptabel, alle stillen Reserven und Lasten sowie alle nicht bilanzierten Vermögenswerte bereits auf der HB-II-Ebene vollständig aufzudecken und dann zusammen mit den bilanzierten Vermögenswerten quotal in den Summenabschluss einfließen zu lassen. Dabei ist es egal, welche Vorgehensweise gewählt wird. Beide kommen letztendlich zum gleichen Ergebnis. Praktikabler ist allerdings die Verwendung der HB-II-Ebene.

Folgeansatz

Der Folgeansatz sämtlicher Bilanzposten unterliegt wiederum den normalen Regeln der Folgekonsolidierung. IAS 31.33 verweist explizit auf die Anwendung des IAS 27 für die Folgekonsolidierung. Somit sind die Konsolidierungstechniken der Vollkonsolidierung für das Gemeinschaftsunternehmen anzuwenden.[49]

Konsolidierungstechniken

Kapital

Die Kapitalkonsolidierung im Rahmen der Folgekonsolidierung ist identisch mit der Kapitalkonsolidierung der Vollkonsolidierung. Neben der eigentlichen Kapitalkonsolidierung sind HB-II-Bilanzposten fortzuschreiben, Werthaltigkeitstests und Umgliederungen durchzuführen sowie Folgeeffekte aus abweichenden Bilanzansätzen des Einzelabschlusses nachzuhalten. Aufgrund der quotalen Einbeziehung des Gemeinschaftsunternehmens in den Konzernabschluss entfällt die Aufdeckung von Minderheitenanteilen. Im Rahmen der Aufrechnung des Beteiligungsbuchwertes mit dem anteiligen Eigenkapital des Gemeinschaftsunternehmens verbleibende Differenzen sind als Geschäfts- oder Firmenwert auszuweisen.

[49] Bezüglich der detaillierten Anwendung siehe Kapitel 6.2 ab S. 114.

Schulden

Die Schuldenkonsolidierung berücksichtigt bei der Eliminierung konzerninterner Schulden mit dem Gemeinschaftsunternehmen sämtliche Geschäftsvorfälle. Anders als die Vollkonsolidierung dürfen die Konsolidierungsbuchungen nur entsprechend der Beteiligungsquote durchgeführt werden. Die verbleibenden Salden aus den Geschäftsvorfällen mit dem Gemeinschaftsunternehmen sind im Konzernabschluss als Forderungen bzw. Verbindlichkeiten gegenüber fremden Dritten auszuweisen. Entstehen bei der Schuldenkonsolidierung Aufrechnungsdifferenzen, sind sie quotal zu berücksichtigen. Mit der beteiligungsproportionalen Konsolidierung und dem anteiligen Ansatz in der Summenbilanz eliminieren sich Forderungen und Verbindlichkeiten auf der Seite des Gemeinschaftsunternehmens vollständig, während aufseiten des Konzerns Forderungen und Verbindlichkeiten in Höhe des Fremdanteils am Gemeinschaftsunternehmens stehen bleiben.

Aufwand und Ertrag

Die Regeln der Schuldenkonsolidierung sind gleichermaßen bei der Aufwands- und Ertragskonsolidierung anzuwenden. Durch die anteilige Aufwands- und Ertragskonsolidierung sind die verbleibenden Aufwendungen und Erträge als realisiert zu betrachten. Diese Methodik gilt für sämtliche Liefer- und Leistungsbeziehungen. Wenn allerdings Transaktionen aus Beteiligungserträgen betroffen sind, müssen diese Transaktionen vollständig eliminiert werden.

Konsolidierungen der Zwischengewinneliminierung sind differenzierter zu betrachten. IAS 31.48 ff. sieht für Up- und Downstream-Transaktionen spezielle Gewinnrealisierungen vor, wobei auch hier wiederum eine anteilige Eliminierung erfolgt.

- Upstream-Transaktionen

  Lieferungen vom Gemeinschaftsunternehmen werden wie bei der Vollkonsolidierung behandelt. Erfolgt die Lieferung in das Umlaufvermögen (Vorräte), ist die anteilige Gewinnrealisierung nach IAS 31.49 zu eliminieren. Bei der Weiterveräußerung leben die eliminierten Zwischengewinne wieder auf und werden realisiert. Verbleiben die Lieferungen im Anlagevermögen, gehen die Zwischengewinne dauerhaft unter.

Liegen Konstellationen vor, bei denen sich aus der Zwischengewinneliminierung ein Verlust einstellt, ist dieser sofort in voller Höhe und nicht anteilig zu realisieren.

- Downstream-Transaktionen

  Lieferungen an das Gemeinschaftsunternehmen im Rahmen der gewöhnlichen Geschäftsbeziehungen sind analog der Upstream-Transaktionen zu behandeln. Voraussetzung nach IAS 31.48 ist, dass die wesentlichen Chancen und Risiken mit transferiert werden. Fehlt diese Voraussetzung, darf keine Gewinn- bzw. Verlustrealisierung vorgenommen werden. Handelt es sich bei den Lieferungen um Sacheinlagen bzw. Sachgründungen, ist im Hinblick auf die Bewertung dieser Einlagen und den Gewinnausweis beim Partnerunternehmen zusätzlich SIC 13 zu beachten.

Ergeben sich aus Up- und Downstream-Transaktionen Verluste, die durch eine Wertminderung herrühren, ist zusätzlich ein Werthaltigkeitstest nach IAS 36 durchzuführen.

Beispiel:

Siehe CD-ROM

Die Mellenich AG ist vor vielen Jahren eine Kooperation mit der Haier Co. Ltd. eingegangen, um im asiatischen Raum mit Ihren Produkten bekannt zu werden. Diese Kooperation wird in Form eines Joint Ventures gelebt. Hierzu hat die Mellenich AG im Jahr 2002 die Hälfte der Anteile an der Yao Tung Ltd., einer damaligen 100%igen Tochtergesellschaft der Haier Co., erworben. Über eine entsprechende vertragliche Gestaltung ist ein Einfluss auf die Yao Tung Ltd. gesichert.

Zum Bilanzstichtag hat die Yao Tung Ltd. den folgenden Abschluss vorgelegt:[50]

[50] Auf Probleme der Währungsumrechnung wird hier nicht eingegangen. Die Yao Tung hat einen Abschluss auf Euro-Basis vorgelegt, der vom Abschlussprüfer als zutreffend bewertet wurde.

Aktiva			Passiva
Immaterielle Vermögenswerte	1.848	Gez. Kapital	250
Sachanlagen	9.442	Gewinnrücklagen	6.490
Vorräte	2.776	Langfr. Rückstellungen	500
Forderungen aus L&L	9.650	Langfr. Finanzverbindlichkeiten	5.200
Kurzfr. Vermögenswerte	4.690	Kurzfr. Finanzverbindlichkeiten	570
Kassenbestand, Bankguthaben	1.350	Kurzfr. Rückstellungen	4.178
		Verbindlichkeiten aus L&L	7.432
		Steuerverbindlichkeiten	40
		Sonstige kurzfr. Verbindlichkeiten	5.096
Bilanzsumme	29.756	Bilanzsumme	29.756

	Betrag
Umsatzerlöse	45.418
Bestandsveränderungen	300
Sonstige betriebliche Erträge	280
Gesamtleistung	45.498
Materialaufwand	20.438
Personalaufwand	9.086
Abschreibungen	968
Sonstige betriebliche Aufwendungen	10.122
Zinsaufwand	330
Ergebnis der gewöhnlichen Geschäftstätigkeit	5.054
Steuern	1.263
Jahresüberschuss	3.791

Im Rahmen des Anteilerwerbs wurde ein Kundenstamm in Höhe von 1.200 TEUR mit einer gewöhnlichen Nutzungsdauer von 10 Jahren identifiziert. Zum 01.01.2008 hat der Kundenstamm noch einen Restbuchwert in Höhe von 600 TEUR. Daneben wurde für Anpassungen des Sachanlagevermögens an die konzerneinheitlichen Bewertungs- und Bilanzierungsvorschriften ein Korrekturposten in Höhe von 480 TEUR mit einer Nutzungsdauer von 8 Jahren errechnet. Zum 01.01.2008 beträgt der Restbuchwert noch 180 TEUR.

Für den Konzernabschluss ist der Einzelabschluss der Yao Tung Ltd. weiterzuentwickeln. Hierzu gehört neben der Fortschreibung der HB-

II-Anpassungen auch eine quotale Umrechnung entsprechend des Beteiligungsanteils in Höhe von 50 %:

Bezeichnung	Bilanzansatz Yao Tung Ltd.	HB-II-Buchungen Soll	Haben	Referenz	Konzernabschluss Saldo	Quotaler Anteil Saldo
Aktiva						
Immaterielle Vermögenswerte	1.848	600	120	a) b)	2.328	1.164
Sachanlagen	9.442	180	60	a) c)	9.562	4.781
Vorräte	2.776				2.776	1.388
Forderungen aus L&L	9.650				9.650	4.825
Kurzfr. Vermögenswerte	4.690				4.690	2.345
Kassenbestand, Bankguthaben	1.350				1.350	675
Passiva						
Gez. Kapital	-250				-250	-125
Gewinnrücklagen	-2.699		585	a)	-3.284	-1.642
Rückstellungen	-4.678				-4.678	-2.339
Finanzverbindlichkeiten	-5.770				-5.770	-2885
Verbindlichkeiten aus L&L	-7.432				-7.432	-3.716
Steuerverbindlichkeiten	-40				-40	-20
Sonst. Verbindlichkeiten	-5.096				-5.096	-2.548
Latente Steuern		30	195	d) a)	-150	-75
		15		e)		
GuV						
Umsatzerlöse	-45.418				-45.418	-22.709
Bestandsveränderungen	-300				-300	-150
Sonstige Erträge	-280				-280	-140
Materialaufwand	20.438				20438	10.219
Personalaufwand	9.086				9086	4.543
Abschreibungen	968	120		b)	1.148	574
		60		c)		
Sonst. betrieblicher Aufwand	10.122				10.122	5.061
Zinsaufwand	330				330	165
Steueraufwand	1.263		30	d)	1.218	609
			15	e)		
Summe	0	1.005	1.005		0	0

Buchungserläuterungen:

Referenz	Bezeichnung	Betrag
a)	Saldenvortrag der HB-II-Posten	600
		180
b)	Abschreibungen auf den Kundenstamm	180
c)	Anpassung der Sachanlagen an die konzerneinheitlichen Bewertungs- und Bilanzierungsrichtlinien	60
d)	Latente Steuern auf den Kundenstamm[51]	30
e)	Latente Steuern auf Anpassungen	15

Die Konsolidierung der Yao Tung Ltd. gehorcht prinzipiell der Konsolidierung der Tochtergesellschaften. Da die Yao Tung Ltd. aber nur zu 50 % in den Konzernabschluss eingeht, sind auch die Konsolidierungsbuchungen mit ihren quotalen Anteilen vorzunehmen. Das führt zunächst zu Inkonsistenzen bei der Intercompany-Abstimmung:

- Im Rahmen der Schuldenkonsolidierung weist die Solenta eine Forderung in Höhe von 910 TEUR gegenüber der Yao Tung Ltd. aus. Eliminierungsfähig ist aber nur der hälftige Betrag in Höhe von 455 TEUR.
- Bei der Aufwands- und Ertragskonsolidierung weist die Solenta einen Umsatz in Höhe von 2.000 TEUR gegenüber der Yao Tung Ltd. aus. Eliminierungsfähig ist hier ebenfalls nur der hälftige Betrag in Höhe von 1.000 TEUR.
- Die Lieferung von der Solenta ist als Downstream-Transaktion zu bewerten. Für die nicht veräußerten Waren in Höhe von 300 TEUR ist eine anteilige Zwischengewinneliminierung in Höhe von 15 TEUR (10 % von 300 TEUR x 50 %) durchzuführen.

Die sich mit der teilweisen Eliminierung einstellenden Intercompany-Differenzen beziehen sich auf den „nicht zum Mellenich-Konzern" gehörigen Teil. Er kann entweder als Differenz stehen bleiben oder aber – sofern eine exakte Intercompany-Abstimmung ohne Differenzen gewünscht ist – in die regulären Umsatzerlöse umgegliedert werden.

[51] Körperschaftssteuersatz in China: 25 %.

Konsolidierungsbuchungen:

Bezeichnung	Einzelabschlüsse			Summenbilanz	Kapitalkons.	Konsolidierung		Referenz	Konzernabschluss
	Mellenich AG	Yao Tung	Solenta			Soll	Haben		Saldo
Aktiva									
Geschäfts- oder Firmenwert					272			a)	272
Immaterielle Vermögenswerte		1.164		1.164					1.164
Sachanlagen		4.781		4.781					4.781
Beteiligungen	1.300			1.300	-1.300			a)	0
Vorräte		1.388		1.388			15	d)	1.373
Forderungen, verbundene Unternehmen			9.962	9.962			455	b)	9.507
Passiva									
Gezeichnetes Kapital		-125		-125	125			a)	0
Gewinnrücklagen		-1.642		-1.642	903			a)	739
Verbindlichkeiten, verbundene Unternehmen		-455		-455		455		b)	0
Latente Steuern		-75		-75		4		e)	71
Erträge									
Umsätze, verbundene Unternehmen			-46.302	-46.302		1.000		c)	-45.302
Bestandsveränderungen		-300		-300		15		d)	-285
Aufwendungen									
Materialaufwand, verbundene Unternehmen		1.000		1.000			1.000	c)	0
Steueraufwand		609		609			4	e)	605
Summe					0	1.474	1.474		

Buchungserläuterungen:

Referenz	**Bezeichnung**	**Betrag**
a)	Kapitalbuchungen aus der Erstkonsolidierung	
b)	Eliminierung Forderungen/Verbindlichkeiten gegenüber Solenta	455
c)	Eliminierung Aufwand/Ertrag aus Lieferungen der Solenta	1.000
d)	Zwischengewinneliminierung	15
e)	Latente Steuern der Zwischengewinneliminierung	4

8.2.2 Equity-Konsolidierung

Die Anwendung der Equity-Methode zur Konsolidierung von Gemeinschaftsunternehmen ist identisch der Konsolidierung von assoziierten Unternehmen. Insofern wird bezüglich der Anwendung auf Kapitel 7 verwiesen.

8.3 Beendigung/Veräußerung

Die Quotenkonsolidierung ist nach IAS 31.36 dann aufzugeben, wenn keine gemeinschaftliche Führung mehr vorliegt. Prinzipiell kann eine Beendigung durch einen der folgenden Fälle geschehen:

- Vollständige Veräußerung der Anteile am Gemeinschaftsunternehmen.
- Teilveräußerung von Anteilen am Gemeinschaftsunternehmen. Die Beteiligung qualifiziert nur noch als einfache Finanzbeteiligung im Sinne des IAS 39.
- Teilveräußerung von Anteilen an dem Gemeinschaftsunternehmen. Die Beteiligung qualifiziert als ein assoziiertes Unternehmen im Sinne des IAS 28.
- Erwerb von Anteilen, sodass eine Beherrschung erlangt wird. Die Beteiligung wird zu einem Tochterunternehmen und ist nur noch nach IAS 27 zu konsolidieren.
- Veränderung in Stimmrechten, Optionen oder ähnlichen Vereinbarungen aufgrund vertraglicher Klauseln, Stillhaltermodelle oder ähnlicher Umstände, die ein Erlöschen der gemeinschaftlichen Führung auslösen, ohne dass sich die Beteiligungsansätze ändern. Hier ist auf den Einzelfall abzustellen, wie die Beteiligung dann einzustufen ist.

8.4 Anhangsangaben

Bei den Anhangsangaben für Joint Ventures ist aufgrund der Bilanzierungswahlrechte zu unterscheiden, welche Angaben notwendig sind. Erfolgt die Anwendung der Equity-Methode, werden Joint

Ventures als eigenständiger Eintrag (sog. „separate line item") in der Bilanz ausgewiesen. Bei der quotalen Konsolidierung eines Joint Ventures gehen die Bilanzposten des Joint Ventures in der Konzernbilanz auf. Deshalb sind Angaben zu den Vermögenswerten und Schulden, Erträgen und Aufwendungen nochmals separat in den Notes zu nennen.
Unabhängig von der Ausübung des Wahlrechtes sind weitere Pflichtangaben zu machen:

- Eventualschulden, die sich aus dem Joint Venture ergeben, sowohl des Partnerunternehmens, des Joint Ventures und die sich auf Haftungszusagen ergeben,
- Kapitalverpflichtungen, die sich aus dem Joint Venture ergeben,
- das ausgeübte Wahlrecht.

Unter den sonstigen Pflichtangaben in den Notes sind auch für Joint Ventures zusätzliche Angaben erforderlich. Wie assoziierten Unternehmen werden Joint Ventures als nahestehende Personen nach IAS 24.9 c) eingestuft. Insofern gelten hier die zu tätigen Pflichtangaben entsprechend.[52]

[52] Bezüglich der geforderten Angaben siehe Kapitel 7.4 ab S. 191.

9 Überleitungskonsolidierung

9.1 Übersicht

Überleitungskonsolidierungen werden erforderlich, wenn sich Stimmrechte und/oder Anteile an Beteiligungen ändern. Durch die Änderungen der Anteile an Beteiligungen können Schwellen über- oder unterschritten werden, sodass die Bilanzierung dieser Beteiligungen nach unterschiedlichen Normen zu erfolgen hat. Ferner können Beteiligungsänderungen unter Anwendung der gleichen Norm erfolgen. In diesen Fällen schreiben einzelne Normen spezifische Bilanzierungsschritte vor. Die nachfolgende Übersicht stellt die möglichen Varianten von Beteiligungsänderungen systematisch dar.

	Nach			
Von[53]	Finanzanlage	Equity	Joint Venture	Vollkonsolidierung
Finanzanlage	Status	Aufwärts	Aufwärts	Aufwärts
Equity	Abwärts	Status	Aufwärts oder Status	Aufwärts
Joint Venture	Abwärts	Abwärts oder Status	Status	Aufwärts
Vollkonsolidierung	Abwärts	Abwärts	Abwärts	Status

Tab. 14: Matrix der Überleitungskonsolidierungen

Zur Überleitungskonsolidierung gehören keine Fälle, die einen Status erstmals begründen, also Anteils- oder Unternehmenserwerbe in einem Schritt. Ferner werden Fälle, die zu einem vollständigen Abgang von Anteilen an Beteiligungen führen, ausgeklammert. Das sind Fälle der Entkonsolidierung.[54]

[53] Aufwärts = Aufwärtskonsolidierung; Status = kein Statuswechsel; Abwärts = Abwärtskonsolidierung.

[54] Siehe Kapitel 10 ab S. 231.

Systematisch erfolgen Überleitungskonsolidierungen wie Folgekonsolidierungen während der Konzernzugehörigkeit.

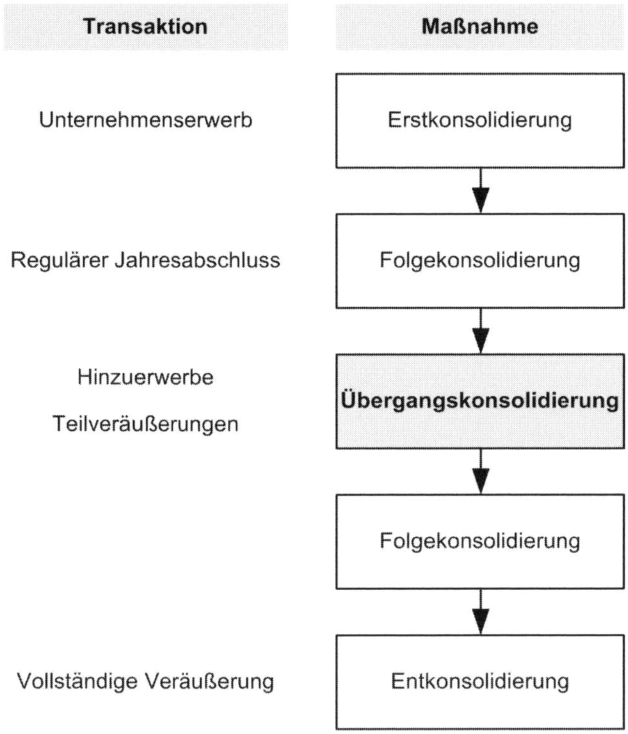

Abb. 38: Lebenszyklus eines Unternehmens im Konzernverbund

Sämtliche Änderungen von Anteilen an Beteiligungen und die damit einhergehenden Überleitungskonsolidierungen lassen sich in drei große Gruppen aufteilen:

- Aufwärtskonsolidierungen
- Abwärtskonsolidierungen
- Kein Statuswechsel

9.2 Aufwärtskonsolidierungen

Bei Aufwärtskonsolidierungen erfolgt ein weiterer Erwerb von Anteilen an bereits bestehenden Beteiligungen. Diese Anteilserwerbe lösen regelmäßig eine Überleitungskonsolidierung aus.

9.2.1 Von Finanzanlage nach Equity

Wird durch Zukäufe von Anteilen an einem Unternehmen erstmals der Status eines assoziierten Unternehmens begründet, wird von einem sukzessiven (oder einem stufenweisen) Anteilserwerb gesprochen. Das bedeutet einen Wechsel der Bilanzierung der bisherigen Anteile nach IAS 39 zu einer Bilanzierung nach IAS 28. Maßgeblich ist nach IAS 28.23 der Zeitpunkt, ab dem durch einen weiteren Anteilserwerb erstmals das Kriterium des assoziierten Unternehmens erfüllt ist.[55]

Für den Fall des sukzessiven Anteilserwerbs gibt es in der gegenwärtigen Fassung des IAS 28 keine eindeutigen Regeln. In der Literatur wird deshalb dem Erwerber für diesen Fall ein Wahlrecht für die Bilanzierung der Anteilserwerbe eingeräumt:

Rückwärts

- Retrospektive Anwendung

  Korrektur aller Fair-Value-Bewertungen der bereits vorhandenen Anteile. Hierbei sind im Besonderen sämtliche ergebnisneutralen Anpassungen rückgängig zu machen. Das hat für jeden einzelnen Anteilserwerb zu erfolgen, der einen Beteiligungsanteil nach IAS 39 begründet.

Vorwärts

- Prospektive Anwendung

  Alle bis zum maßgeblichen Zeitpunkt erworbenen Anteile sind zum maßgeblichen Zeitpunkt mit den dann geltenden Verhältnissen neu zu bewerten. Sämtliche aus der Neubewertung resultierenden Anpassungen sind ergebniswirksam vorzunehmen. Neubewertungsrücklagen aus Neubewertungen zu früheren Bilanzstichtagen sind entsprechend umzugliedern. Diese Vorge-

---

[55] Siehe Kapital 7 ab S. 167.

hensweise ist an die Erwerbsmethode nach IFRS 3.42 angelehnt, weil es sich aus Sicht des erwerbenden Unternehmens wie bei IFRS 3 um einen Erwerbsvorgang handelt.

Achtung:
Die Anwendung der IFRS als Lösung hat sich aufgrund der Änderung des IFRS 3 verschoben. Nach IFRS 3 a. F. hätte eine retrospektive Anwendung zu erfolgen. Nach IFRS 3 n. F. wäre nun eine prospektive Anwendung geboten.

Neben Neubewertung der einzelnen Anteile hat die normale Durchführung der Equity-Konsolidierung zu erfolgen. Welche Variante letztendlich angewendet werden soll, liegt im Ermessen des Erwerbers. Eine Präferenz soll hier nicht gegeben erfolgen.

Beispiel:

Siehe CD-ROM

Im Zuge der Umstrukturierung des Vertriebs und der damit verbundenen Veräußerung der Kijba BV hat die Mellenich AG zum 01.04.2008 die Anteile an der Chorunta Cables BV von 15 % auf 40 % zu einem Betrag in Höhe von 310 TEUR aufgestockt. Insofern liegt ein Unternehmenserwerb in zwei Schritten vor. Mit der zweiten Akquisition wird die 20-%-Schwelle überschritten, sodass die Chorunta Cables BV als assoziiertes Unternehmen zu erfassen ist.

Die von der Mellenich Vertriebsholding GmbH bislang gehaltenen Anteile an der Chorunta Cables BV haben einen Wert von 110 TEUR. Die ursprünglichen Anschaffungskosten haben 80 TEUR betragen und wurden im Geschäftsjahr 2004 erworben. Die Wertzuschreibungen der Folgejahre in Höhe von 30 TEUR wurden stets gegen die Neubewertungsrücklage gebucht, weil die Finanzbeteiligung als „Available for Sale" eingestuft wurde.

Die Mellenich Vertriebsholding GmbH wendet die konzerneinheitlichen Bewertungs- und Bilanzierungsvorschriften an, die die prospektive Methode der Anteilsbewertung vorschreiben. Zum Zeitpunkt der Anteilsaufstockung haben die Anschaffungskosten der zweiten Tranche in Höhe von 25 % 310 TEUR betragen, sodass sich die gesamten Anschaffungskosten gemäß der nachfolgenden Aufstellung auf 420 TEUR summieren. Die in der Neubewertungsrücklage geparkten Wertänderungen sind somit ergebniswirksam umzugliedern. Außerdem ist eine Umgliederung im Ausweis der Anteile vorzunehmen.

	Anteil	Anschaffungskosten
Ersterwerb	15 %	110
Folgeerwerb	25 %	310
Summe		420

Buchungssätze der Altanteile (im Konzernabschluss):

Lfd. Nr.	Bezeichnung	Unternehmen	Soll	Haben
1	Beteiligungen		110	
	Wertpapiere			110
2	Neubewertungsrücklage		30	
	Sonstige Erträge			30

Im Rahmen des Anteilserwerbs wurde an nicht bilanzierten Vermögenswerten ein Kundenstamm mit einem Wert in Höhe von 200 TEUR und einer Nutzungsdauer von 10 Jahren identifiziert, der durch einen unabhängigen Gutachter zutreffend ermittelt wurde.

Der resultierende Geschäfts- oder Firmenwert errechnet sich wie folgt:

Bilanzposten	Bilanzierte Vermögenswerte	Nicht bilanzierte Vermögenswerte	Gesamt
	Saldo	Saldo	Saldo
Immaterielle Vermögenswerte	50	200	250
Sachanlagen	220		220
Vorräte	215		215
Forderungen aus L&L	966		966
Sonstige Vermögenswerte	245		245
Kassenbestand, Bankguthaben	277		277
Rückstellungen	-75		-75
Finanzverbindlichkeiten	-300		-300
Passive latente Steuern		-50	-50
Verbindlichkeiten aus L&L	-666		-666
Sonstige Verbindlichkeiten	-132		-132
Nettovermögen	800	150	950

		Betrag
Anschaffungskosten		420
Nettovermögen	950	
Zurechenbares Nettovermögen (40 %)		./. 380
Geschäfts- oder Firmenwert		40

Die Kaufpreisallokation ist die Grundlage für die Weiterentwicklung der Bilanzposten in den Folgejahren. Die Folgekonsolidierung der Choruntа Cables berücksichtigt den Zeitraum der Anteilsaufstockung bis zum Geschäftsjahresende. In diesem Zeitraum hat die Choruntа Cables BV einen Gewinn nach Steuern in Höhe von 1.034 TEUR erwirtschaftet, der in Höhe von 414 TEUR ertragswirksam von der Mellenich Vertriebsholding erfasst wird. Aus der initialen Nebenrechnung ist der Kundenstamm weiterzuentwickeln. Er ist in Höhe von 6 TEUR (200 TEUR : 10 Jahre x 9 : 12 x 40 %) anteilig für das Geschäftsjahr abzuschreiben. Die auf den Kundenstamm entfallenden latenten Steuern sind ebenfalls in Höhe von 1,5 TEUR anteilig zu korrigieren.

Weiterentwicklung der Nebenrechnung:

Bezeichnung	Geschäfts- oder Firmenwert	Stille Reserven & Lasten	Nicht bilanzierte Vermögenswerte	Latente Steuern	Buchwert Beteiligung	Equity-Wert
Saldo Ersterfassung	40	0	80	–20	320	420
Veränderung finanzielles Engagement						
Erfolgsneutrale Effekte						
Sonderabschreibungen						
Abschreibungen			–6	2		–4
Gewinne					414	414
Saldo Folgejahre			74	–18	734	830

Für den Konzernabschluss sind sämtliche Veränderungen des Beteiligungsansatzes zu buchen:

Bezeichnung	Mellenich Vertriebs-holding	Konsolidierung Soll	Haben	Refe-renz	Konzern-abschluss Saldo
Aktiva					
Beteiligung Choruntा Cables	420	414	6	a) b)	830
		2		c)	
Aufwand					
Abschreibungen		6		b)	6
Finanzergebnis					
Beteiligungserträge			414	a)	–414
Steueraufwand			2	c)	–2
Summe		422	422		

Buchungserläuterungen:

Referenz	**Bezeichnung**	**Betrag**
a)	Anteiliges Ergebnis Choruntा Cables	414
b)	Abschreibungen auf den Kundenstamm	6
c)	Latente Steuern auf Abschreibungen	2

9.2.2 Von Finanzanlage nach Joint Venture

Ein Anteilserwerb, der die Anwendung der Quotenkonsolidierung nach IAS 31 zur Folge hat, zieht die gleichen Problemkreise wie die Equity-Konsolidierung nach sich, weil auch IAS 31 einen sukzessiven Anteilserwerb nicht abschließend regelt. Insofern wird für diesen Fall auf das vorherige Kapitel verwiesen.

9.2.3 Von Finanzanlage nach Vollkonsolidierung

Erfüllt die Beteiligung durch weitere Anteilserwerbe das Kriterium einer Tochtergesellschaft, ist dieser schrittweise Unternehmenserwerb nach IFRS 3 zu bewerten. Zeitpunkt der Erlangung der Beherrschung ist das Datum des letzten Anteilserwerbes.

Mit der Neufassung des IFRS 3 hat sich die Vorgehensweise der Bewertung der bisherigen Anteile grundlegend geändert, sodass nun ein zweistufiges Verfahren notwendig ist. Auf der ersten Stufe erfolgen die Bewertung der hinzuerworbenen Anteile sowie eine Neubewertung der bisherigen Anteile an einem Unternehmen. Auf der zweiten Stufe ist dann die Kaufpreisallokation auf der Basis der neuen Anschaffungskosten vorzunehmen.

Auf der ersten Stufe zwingt die Erwerbsfiktion nach IFRS 3.42 zu einer vollständigen Neubewertung der Altanteile mit den zum Erwerbsstichtag herrschenden Verhältnissen. Hier wird der vollständige, ergebniswirksame Abgang sämtlicher Altanteile zu den jeweiligen Buchwerten verbunden mit einem gleichzeitigen Erwerb dieser Anteile mit dem Wert des letzten Unternehmenserwerbes fingiert. Somit entsteht ein Konsolidierungsgewinn. Die Differenz aus den bisherigen Buchwerten und den neu bewerteten Anteilen bleibt ergebniswirksam in der Gewinn- und Verlustrechnung „hängen". Wurden in der Vergangenheit ergebnisneutrale Neubewertungen durchgeführt, sind die in der Neubewertungsrücklage befindlichen Werte ebenfalls ergebniswirksam umzugliedern. Zu beachten ist ferner, dass diese Erwerbsvorgänge regelmäßig auch latente Steuern auslösen, die entsprechend zu berücksichtigen sind. Der ergebniswirksame Beteiligungserfolg ermittelt sich dann wie folgt:

	Erlöse aus Zugang der alten Anteile zum neuen Wert
–	Aufwand aus Abgang der alten Anteile zum alten Wert
+/–	Ausbuchen der FV-Änderungen der Neubewertungsrücklage
+/–	Latente Steuern
=	Konsolidierungsgewinn (nach Steuern)

Dieses Vorgehen ist nicht nur für jeden einzelnen Beteiligungserwerb, der nach IAS 39 erfolgt, vorzunehmen, er ist prinzipiell auf alle Beteiligungserwerbe und Überleitungskonsolidierungen anzuwenden, die unter den Regeln des IFRS 3 fallen.
Die Konzeption der Bewertung der alten Anteile mit dem neuen Wert beinhaltet eine Regelungslücke, die derzeit noch nicht systematisch gelöst ist und in der Praxis unterschiedlich gehandhabt wird. Viele Unternehmen ermitteln den neuen Wert für die Altanteile durch einfaches Hochrechnen auf der Basis des Erwerbs der neuen Anteile. Im Prinzip ist für die Altanteile aber eine komplette Neubewertung durchzuführen. Der Erwerb der neuen Anteile und die damit verbundene Erlangung der Beherrschung beinhalten meis-

tens eine Kontrollprämie, die für eine Umrechnung der Beteiligungsansätze eigentlich zu eliminieren wäre. Problematisch ist die Ermittlung dieser Kontrollprämie allerdings, weil sie meistens nicht zu ermitteln ist. Als pragmatische Lösung sei hier empfohlen, bei der einfachen Hochrechnung zu bleiben, wenn sich die einzelnen Anteilserwerbe in zeitlicher Nähe befinden. Andernfalls ist eine komplette Neubewertung geboten, wobei sich Marktwerte (bei börsennotierten Gesellschaften) oder DCF-Verfahren (bei nicht börsennotierten Gesellschaften) anbieten.
Hinsichtlich des Vorgehens auf der zweiten Stufe wird auf Kapitel 5.3 ab Seite 65 verwiesen. Hier ist eine normale Kaufpreisallokation vorzunehmen.

9.2.4 Von Equity nach Joint Venture

Qualifiziert eine bislang nach der Equity-Methode bilanzierte Beteiligung durch Anteilszukäufe verbunden mit einer vertraglichen Gestaltung zur gemeinschaftlichen Führung der Beteiligung, liegt ein Joint Venture vor. Damit einhergehend ist ein Wahlrecht zwischen der Beibehaltung der Equity-Methode oder dem Übergang zu einer quotalen Konsolidierung vorhanden:

- Wird für die Beibehaltung der Equity-Methode optiert, gelten die Regeln für eine Anteilsaufstockung.
- Bei der Optierung zur Anwendung der quotalen Konsolidierung liegt ein Erwerbsvorgang vor, der wie bei der Vollkonsolidierung zu behandeln ist.[56] Es muss also eine erfolgswirksame Korrektur der Altanteile zum Erwerbszeitpunkt vorgenommen werden. Im Unterschied zur Vollkonsolidierung werden aber nur die anteiligen Bilanzposten angesetzt.

9.2.5 Von Equity nach Vollkonsolidierung

Werden die Anteile an einem Unternehmen, das bislang im Rahmen der Equity-Konsolidierung erfasst wurde, in der Weise aufgestockt, dass nun eine Beherrschung vorliegt und das Unternehmen als

---

[56] Siehe Kapitel 9.2.3 ab S. 214.

Tochtergesellschaft einzustufen ist, muss zwingend das Vorgehen nach IFRS 3 angewendet werden (also ein Abgang der Anteile verbunden mit einem Zugang der Anteile mit einem neuen Wert). Darüber hinaus sind bei der Equity-Methode noch ergebnisneutrale Anpassungen des Beteiligungsansatzes auf der Ebene der Muttergesellschaft vorzunehmen, die sich z. B. aus der Währungsumrechnung ergeben.

Verschiedene Anteilsformen, aber die gleiche Methode

Hinsichtlich der vollständigen Vorgehensweise wird hier auf Kapitel 9.2.3 verwiesen. Für die Ermittlung des Konsolidierungsgewinns lassen sich bei dem Übergang von der Equity auf die Vollkonsolidierung zwei Berechnungsvarianten anwenden:

Variante 1:

	Erlöse aus Zugang der alten Anteile zum neuen Wert
-	Aufwand aus Abgang der alten Anteile zum alten Wert
+/-	Ausbuchen der FV-Änderungen der Neubewertungsrücklage
+/-	Latente Steuern
=	Konsolidierungsgewinn (nach Steuern)

Variante 2:

	Differenzzugang der Bewertungsunterschiede der alten Anteile aus altem zu neuem Wert
-	Abgang der erfassten kumulierten Gewinne
+	Zugang der kumulierten Gewinnausschüttungen
+/-	Ausbuchen der FV-Änderungen der Neubewertungsrücklage
+/-	Latente Steuern
=	Konsolidierungsgewinn (nach Steuern)

Beide Varianten führen zum gleichen Ergebnis.

Achtung:
Bei der Anwendung des IFRS 3 a. F. wäre eine vollständig andere Vorgehensweise notwendig. Die bisherigen Anteile würden mit ihren jeweiligen Anschaffungskosten stehen bleiben. Ferner müssten sämtliche Gewinnerfassungen und Dividendenausschüttungen korrigiert werden. Ein Konsolidierungsgewinn aus dem Übergang zu einer anderen Konsolidierungsart würde nicht anfallen.

Siehe CD-ROM

Beispiel:

Zum 02.01.2008 hat die Mellenich Vertriebsholding GmbH ihre Anteile an der Mellenich Belgium Sprl. von 40 % auf 100 % aufgestockt. Für die zusätzlichen Anteile hat die Mellenich Vertriebsholding GmbH einen Kaufpreis in Höhe von 5.000 TEUR zzgl. 25 TEUR für Anwälte entrichtet. Damit ist die Mellenich Belgium Sprl. als Tochtergesellschaft vollständig in den Konsolidierungskreis einzubeziehen. Die Gesellschaft hat zum Akquisitionsstichtag die folgende Bilanz vorgelegt:

Aktiva			Passiva
Immaterielle Vermögenswerte	166	Gez. Kapital	50
Sachanlagen	425	Gewinnrücklagen	2.833
Vorräte	321	Langfr. Rückstellungen	150
Forderungen aus L&L	7.752	kurzfr. Rückstellungen	1.070
Kurzfr. Vermögenswerte	724	Verbindlichkeiten aus L&L	6.125
Kassenbestand, Bankguthaben	2.551	Steuerverbindlichkeiten	680
		Sonstige kurzfr. Verbindlichkeiten	1.031
Bilanzsumme	11.939	Bilanzsumme	11.939

Die bisherigen Anteile an der Mellenich Belgium Sprl. wurden von der Mellenich Vertriebsholding GmbH zutreffend nach der Equity-Methode mit einem Betrag in Höhe von 1.670 TEUR bilanziert. Aus der Nebenrechnung wird die Aufteilung dieses Betrages ersichtlich:

Bezeichnung	Geschäfts- oder Firmenwert	Stille Reserven & Lasten	Nicht bilanzierte Vermögenswerte	Latente Steuern	Buchwert Beteiligung	Equity-Wert
Saldo 31.12.2007	352	20	0	-7	1.305	1.670

Die bisherigen Anteile wurden von einem unabhängigen Gutachter zum 02.01.2008 auf der Basis eines DCF-Verfahrens neu bewertet. Der Gutachter hat hier einen zutreffenden Wert in Höhe von 1.850 TEUR ermittelt. Unter Anwendung der Erwerbsfiktion der IFRS beträgt der Konsolidierungsgewinn 1.280 TEUR:

		Betrag
	Zugang der alten Anteile zum neuen Wert	2.950
–	Abgang der alten Anteile zum neuen Wert	1.670
	Konsolidierungsgewinn	1.280

Die gesamten Anschaffungskosten betragen 8.000 TEUR. Die Nebenkosten für die Anwälte unterliegen einem Aktivierungsverbot und wurden deshalb ergebniswirksam erfasst.

		Betrag
	Zugang der alten Anteile zum neuen Wert	2.950
+	Kaufpreis der neuen Anteile	5.000
	Anschaffungskosten	7.950

Für die Anteilsaufstockung ist im nächsten Schritt eine vollständige Kaufpreisallokation durchzuführen. Hinsichtlich der vorhandenen Vermögenswerte und Schulden hat der externe Gutachter die folgenden Sachverhalte zutreffend identifiziert und bewertet:

- Der Kundenstamm der Mellenich Belgium umfasst namenhafte Unternehmen, insbesondere Unternehmen der Großindustrie sowie Händler und Distributoren, die seit vielen Jahren Geschäftsbeziehungen mit der Mellenich Belgium pflegen. Der Wert dieser langfristigen Geschäftsbeziehungen wurde mit 1.200 TEUR ermittelt, wobei eine gewöhnliche Nutzungsdauer von zwanzig Jahren für den Kundenstamm unterstellt wird.
- Der Auftragsbestand der LT Leitsysteme GmbH beinhaltet Aufträge, die vollständig im Geschäftsjahr 2008 zu erbringen sind. Langfristige Lieferverpflichtungen sind nicht vorhanden. Der Wert der Auftragsbestände wurde mit 6.000 TEUR ermittelt.
- Die bislang erfassten stillen Reserven sind aufgebraucht.

Alle Sachverhalte sind auf der HB-II-Ebene zu erfassen. Die folgenden Buchungen sind vorzunehmen:

Bilanzposten	Eröffnungsbilanz	HB-II-Anpassungen			Eröffnungsbilanz Konzern
	Saldo	Soll	Haben	Referenz	Saldo
Aktiva					
Immaterielle Vermögenswerte	166	1.200 6.000		a) b)	7.366
Sachanlagen	425				425
Vorräte	321				321
Forderungen aus L&L	7.752				7.752
Sonstige Vermögenswerte	2.724				724
Kassenbestand, Bankguthaben	2.551				2.551
Passiva					
Stammkapital	-50				-50
Gewinnrücklagen	-2.833	2.448	1.200 6.000	c) a) b)	-7.585
Rückstellungen	-1.220				-1.220
Passive latente Steuern			2.448	c)	-2.448
Verbindlichkeiten aus L&L	-6.125				-6.125
Steuerverbindlichkeiten	-680				-680
Sonstige Verbindlichkeiten	-1.031				-1.031
Summe	0	9.648	9.648		0

Die folgenden Buchungen wurden vorgenommen:

Referenz	Bezeichnung	Betrag
a)	Kundenstamm	1.200
b)	Auftragsbestand	6.000
c)	Latente Steuern	2.448

Dabei errechnet sich der Geschäfts- oder Firmenwert wie folgt:

Bilanzposten	Eröffnungsbilanz Konzern
	Saldo
Immaterielle Vermögenswerte	7.366
Sachanlagen	425
Vorräte	321
Forderungen aus L&L	7.752

Bilanzposten	**Eröffnungsbilanz Konzern Saldo**
Sonstige Vermögenswerte	724
Kassenbestand, Bankguthaben	2.551
Rückstellungen	-1.220
Passive latente Steuern	-2.448
Verbindlichkeiten aus L&L	-6.125
Steuerverbindlichkeiten	-680
Sonstige Verbindlichkeiten	-1.031
Nettovermögen	7.635

	Betrag
Anschaffungskosten	7.950
Zurechenbares Nettovermögen	./. 7.635
Geschäfts- oder Firmenwert	315

Für die Erstkonsolidierung sind die folgenden Buchungen vorzunehmen[57]:

Bezeichnung	Einzelabschlüsse Mellenich Vertriebsholding GmbH	Einzelabschlüsse Mellenich Belgium	Summenbilanz	Konsolidierung Soll	Konsolidierung Haben	Referenz	Konzernabschluss Saldo
Aktiva							
Geschäfts- oder Firmenwert				315		a)	315
Beteiligungen	1.670		1.670	1.280	7.950	b) a)	0
				5.000		c)	
Passiva							
Stammkapital	-50	-50	-100	50		a)	-50
Kapitalrücklage	-8.000		-8.000				-8.000
Gewinnrücklagen	-105	-7.585	-7.690	7.585		a)	-105
Verbindlichkeiten	-133		-133		5.000	c)	-5.133
GuV							
sonstige Erträge					1.280	b)	-1.280
Summe				14.230	14.230		

[57] Hier sind nur die Buchungen im Kapitalbereich widergegeben.

Buchungserläuterungen:

Referenz	Bezeichnung	Betrag
a)	Erstkonsolidierung	
b)	Anpassen Bilanzposten um Konsolidierungsgewinn	1.280
c)	Kaufpreis restliche Anteile (hier auf Konzernebene dargestellt)	5.000

Neben den Kapitaleffekten ergeben sich aus der Anteilsaufstockung weitere Problemkreise[58]:

- Aus Sicht des IFRS 3 liegen nach IFRS 3.52 vorvertragliche Beziehungen zwischen der Mellenich Belgium Sprl. und den anderen Unternehmen des Konsolidierungskreises vor, die separat zu bewerten sind.
- Aus den Lieferungen an die Mellenich Sprl. befinden sich noch Vorräte bei der Mellenich Sprl. auf Lager, die bei der Zwischengewinneliminierung berücksichtigt werden müssen.
- Mit der vollständigen Einbeziehung in den Konsolidierungskreis können sich Umgliederungen ergeben, damit ein korrekter Intercompany-Ausweis vorgenommen werden kann.

Im Rahmen der Folgekonsolidierung sind zum Geschäftsjahresende die üblichen Kapitalkonsolidierungen vorzunehmen.

9.2.6 Von Joint Venture nach Vollkonsolidierung

Soll eine bislang als Gemeinschaftsunternehmen eingestufte Beteiligung nun aufgrund des Wegfalls eines Partners oder aufgrund des Erwerbs von Anteilen des Partners als Tochterunternehmen erfolgen, ist auch hier bei der Überleitungskonsolidierung nach IFRS 3 zu verfahren. Bezüglich der Konsolidierungstechnik sei an dieser Stelle auf Kapitel 9.2.3 verwiesen.

[58] Diese werden hier nicht weiter besprochen.

9.3 Abwärtskonsolidierungen

Bei Abwärtskonsolidierungen erfolgt ein Teilverkauf von Anteilen an Beteiligungen. Durch diese Teilverkäufe werden Überleitungskonsolidierungen in der Weise ausgelöst, dass die Beteiligung im Konsolidierungskreis verbleibt, aber eine andere Konsolidierungstechnik anzuwenden ist oder dass die Beteiligung den Konsolidierungskreis verlässt, aber im Konzern verbleibt. Würde ein vollständiger Abgang der Anteile an der Beteiligung erfolgen, ist dies ein Fall der Entkonsolidierung.

9.3.1 Von Equity nach Finanzanlage

Mit einem Verbleib von weniger als 15 % der Anteile an der Beteiligung ist nach IAS 28.18 die Anwendung der Equity-Methode einzustellen. Die verbleibenden Anteile sind dann nach IAS 39 zu behandeln. Diese Vorschrift löst zwei Effekte aus:

- Erfolgswirksame Entkonsolidierung der veräußerten Anteile.
- Erfassung der verbleibenden Anteile zum beizulegenden Zeitwert. Neben der Entkonsolidierung löst auch die Anpassung der verbleibenden Anteile einen Ergebniseffekt aus. Die Höhe dieses Effektes errechnet sich aus der Differenz vom beizulegenden Zeitwert zum Buchwert. Dieser ermittelte Wert ist zugleich der Startpunkt nach IAS 28.19 für die Folgebewertung der verbleibenden Anteile.

Tipp:

Vergessen Sie nicht, auch das Other Comprehensive Income anzupassen, wenn hier Positionen (z. B. Währungsumrechnungsdifferenzen oder Neubewertungsrücklagen) vorhanden sind.

Der Konsolidierungsgewinn lässt sich somit wie folgt berechnen:

	Entkonsolidierungsgewinn der veräußerten Anteile
+	Ertrag aus der Neubewertung der verbleibenden Anteile
–	Aufwand der verbleibenden Anteile zum Buchwert
+/–	Ausbuchen von OCI-Posten
+/–	Latente Steuern
=	Konsolidierungsgewinn

9.3.2 Von Joint Venture nach Finanzanlage

Die Teilveräußerung von Anteilen an einem Joint Venture, das über eine quotale Konsolidierung in den Konzernabschluss einbezogen ist, unterliegt (mit der Revision des IAS 31 nach IAS 31.36) denselben Regeln wie die Teilveräußerung bei assoziierten Unternehmen. Die verbleibenden Anteile sind nach IAS 31.45 und IAS 31.45A mit dem beizulegenden Zeitwert anzusetzen. Für die veräußerten Anteile ist eine Entkonsolidierung vorzunehmen. Die Vorgehensweise der Veräußerung von Anteilen an Joint Ventures erfolgt dann nach dem Muster der Veräußerung von Anteilen an assoziierten Unternehmen.

9.3.3 Von Joint Venture nach Equity

Unabhängig davon, wie viele Anteile von einem Gemeinschaftsunternehmen veräußert wurden, behandelt IAS 31 alle Fälle der Anteilsveräußerung gleich. Entsprechend dieses Grundsatzes sind auch Veräußerungsfälle mit dem Übergang zu einem assoziierten Unternehmen nach IAS 31.36 und IAS 31.45 zu bewerten. Auch hier erfolgt die Anwendung analog dem Übergang zur Finanzanlage.

9.3.4 Von Vollkonsolidierung nach Finanzanlage

Die Teilveräußerung von Anteilen an einem Tochterunternehmen, das regulär in den Konzernabschluss einbezogen ist, unterliegt mit der Revision des IAS 27 nach IAS 27.32 ff. denselben Regeln wie die Teilveräußerung bei assoziierten Unternehmen. Die verbleibenden Anteile sind nach IAS 27.34 d) mit dem beizulegenden Zeitwert

anzusetzen und nach den Vorschriften des IAS 39 nach IAS 27.37 zu behandeln. Für die veräußerten Anteile ist eine Entkonsolidierung vorzunehmen. Auch hier kann das Muster der Veräußerung von Anteilen an assoziierten Unternehmen verwendet werden.
Zu beachten ist hier allerdings IAS 27.33. Diese Vorschrift beinhaltet eine Regelung für mögliche Missbrauchstatbestände bei der Veräußerung von Anteilen an Tochtergesellschaften. Da Anteilsveräußerungen ohne Statuswechsel ergebnisneutral erfolgen, sämtliche anderen Anteilsverkäufe aber ergebniswirksam sind, ist durch eine sukzessive Veräußerung in mehreren Schritten eine Ergebnisgestaltung möglich. IAS 27.33 schiebt dem einen Riegel vor, indem nun sämtliche Transaktionen in einem wirtschaftlichen Kontext zusammen betrachtet werden müssen. Explizit werden hier vier Fallgestaltungen gelistet, nach denen auf jeden Fall eine einheitliche Behandlung zu erfolgen hat:

- Transaktionen laufen zu gleicher Zeit unter gegenseitiger Berücksichtigung ab,
- die Transaktionen zielen auf einen Gesamterfolg ab,
- gegenseitige Abhängigkeiten sind gegeben oder
- eine Transaktion macht für sich alleine betrachtet wirtschaftlich keinen Sinn.

Ist ein wirtschaftlicher Zusammenhang zwischen den Transaktionen begründet, sind beide Transaktionen wie eine einzige zu behandeln. In der Konsequenz bedeutet dies, dass auch die ergebnisneutrale Veräußerung zu einer ergebniswirksamen Veräußerung mutiert.

9.3.5 Von Vollkonsolidierung nach Equity

Die Regelungen des IAS 27.32 ff. beziehen sich auf den Verlust der Beherrschung. Insofern wird bei einem teilweisen Anteilsverkauf nicht unterschieden, ob die verbleibenden Anteile eine Bilanzierung als Finanzanlage, als assoziiertes Unternehmen oder als Gemeinschaftsunternehmen zur Folge haben. IAS 37.37 stellt klar, dass hinsichtlich der verbleibenden Anteile die Anwendung des entsprechenden Standards zu erfolgen hat. Deshalb ist bei einem Statuswechsel zu einem assoziierten Unternehmen, das nach der Equity-Methode in den Kon-

zernabschluss einzubeziehen ist, dieselbe Vorgehensweise wie bei dem Wechsel zu einer Finanzanlage anzuwenden.
Die neu bewerteten, verbleibenden Anteile bilden dann den Ausgangspunkt für die Bilanzierung als assoziiertes Unternehmen.

9.3.6 Von Vollkonsolidierung nach Joint Venture

Hinsichtlich der Abwärtskonsolidierung von einem Tochterunternehmen zu einem Gemeinschaftsunternehmen gelten die Ausführungen des Kapitels 9.3.5 entsprechend.

9.4 Ohne Statuswechsel

Von Überleitungskonsolidierungen ohne Statuswechsel wird dann gesprochen, wenn entweder Erwerbe weiterer Anteile an einer Beteiligung erfolgen oder wenn Anteile veräußert werden, ohne dass in beiden Fällen eine Änderung der Abgrenzungskriterien nach IAS 27, IAS 28, IAS 31 oder IAS 39 vorliegt. Die Beteiligung ist in diesen Fällen nach wie vor nach dem ursprünglichen Standard zu erfassen und zu bewerten.

9.4.1 Finanzanlagen

Finanzanlagen sind nach IAS 39.43 bzw. IAS 39.46 mit ihren jeweiligen beizulegenden Zeitwerten zu erfassen. Wenn sie als langfristige Finanzanlagen eingestuft werden und eine strategische Investition darstellen, sind sie nach IAS 39.9 als „Available for Sale" einzustufen. Sämtliche Wertänderungen im Rahmen der Folgebewertung werden dann ergebnisneutral in der Neubewertungsrücklage erfasst. Deshalb ist zu unterscheiden, welche Transaktion bei einer Finanzanlage vorliegt.
Werden neue Anteile erworben, sind sie nach IAS 39.43 mit dem beizulegenden Zeitwert (also mit dem Kaufpreis als Anschaffungskosten) anzusetzen. Hierzu gehören demnach auch Anschaffungsnebenkosten.
Werden Finanzinstrumente veräußert, sind sie erfolgswirksam auszubuchen. Erfolgen für die veräußerten Finanzinstrumente im

Rahmen der Folgebewertung erfolgsneutrale Wertkorrekturen, müssen diese Wertkorrekturen nach IAS 39.55 b) auch ergebniswirksam aus der Neubewertungsrücklage ausgebucht werden.

9.4.2 Equity

Erwerbe und Veräußerungen von Anteilen an Beteiligungen, die nach der Equity-Methode in den Konzernabschluss einbezogen werden, unterliegen prinzipiell denselben Vorschriften wie Joint Ventures und Tochtergesellschaften.
Der Zugang weiterer Anteile führt zunächst zu einer Erhöhung der Equity-Quote. Die Gründe[59] für diese weiteren Anteile können liegen:

- Im entgeltlichen Erwerb von Anteilen
- In der überproportionalen Teilnahme an einer Kapitalerhöhung
- In der unterproportionalen Teilnahme an einer Kapitalherabsetzung

Neben der Erfassung der neuen Anteile ist eine Erstkonsolidierung zum Erwerbszeitpunkt der weiteren Anteile erforderlich. Sie folgt den normalen Regeln der Equity-Methode.
Der Abgang von Anteilen löst regelmäßig eine erfolgswirksame Entkonsolidierung aus. Neben dem Ausbuchen der anteiligen Buchwerte sind weitere beteiligungswirksame Korrekturen vorzunehmen, z. B. Anpassung von stillen Reserven. Problematisch ist die Bestimmung des anteiligen Buchwertes aber immer dann, wenn die veräußerten Anteile zuvor mittels sukzessiver Anteilserwerbe angeschafft wurden. Hier bieten sich sowohl Durchschnittsbewertungen als auch Verbrauchsfolgefiktionen an. Beide Verfahren sind zulässig, allerdings wird in der Literatur der Durchschnittsbewertung den Vorzug gegeben.[60]

---

[59] Vgl. Hayn in Beck'sches IFRS-Handbuch, § 34, Rz. 98 ff.
[60] Vgl. Baetge/Bruns/Klaholz in IAS-Komm. 2002, IAS 28.

Tipp:

Der Verkauf dedizierter und nachweisbarer Anteile, z. B. von einzelverwahrten Aktien, hat immer Vorrang vor Durchschnittsbewertungen oder Verbrauchsfolgefiktionen.

Gründe für einen Anteilsabgang können sein:

- eine entgeltliche Veräußerung,
- eine unterproportionale Teilnahme an einer Kapitalerhöhung,
- eine überproportionale Teilnahme an einer Kapitalherabsetzung.

9.4.3 Joint Venture

Eine Überleitungskonsolidierung ohne Statuswechsel bei Gemeinschaftsunternehmen kann nur dann erfolgen, wenn gleichberechtigte Partner aufgenommen werden oder ausscheiden und die zugehörigen Anteile gleichmäßig zwischen allen Partnern verteilt werden. Das ist einer der seltenen Fälle von Überleitungskonsolidierungen. Durch die nur anteilige Erfassung des Gemeinschaftsunternehmens und den fehlenden Minderheitenanteilen kommt es bei Änderung der Anteilsquote zu Verschiebungen in den Vermögenswerten und Schulden.

Im Fall des Erwerbs neuer Anteile hat zum Erwerbszeitpunkt eine neue Erstkonsolidierung zu erfolgen. Bei einer Veräußerung von Anteilen ist statt dessen eine erfolgswirksame Entkonsolidierung durchzuführen. Bei beiden Vorgängen können in der Folge weitere Maßnahmen notwendig werden. Hier sind insbesondere Anpassungen einzelner Konsolidierungsschritte erforderlich, die sich aus der veränderten Beteiligungsquote ergeben.

9.4.4 Vollkonsolidierung

Mit der Überarbeitung von IAS 27 und IFRS 3 ist der bisherige regelungslose Zustand bezüglich der Behandlung von Auf- oder Abstockung von Anteilen unter Beibehaltung der Vollkonsolidierung beendet worden. IAS 27.10 stellt nun klar, dass im Falle eines Erwerbs und einer Veräußerung von Anteilen an Tochtergesellschaften unter Beibehaltung der Beherrschung stets von Kapitaltransaktionen zwischen Gesellschaftern auszugehen ist. Das bedeutet, dass zum einen die Vermögenswerte und Schulden einschließlich des Geschäfts- oder Firmenwertes beibehalten werden und zum anderen Umgliederungen im Eigenkapital vorzunehmen sind. Die Umgliederungen erfolgen in der Höhe der Anschaffungskosten der zusätzlichen Anteile. Anzusprechen sind hier die Kapitalrücklage und die Minderheitenanteile, weil eine erfolgsneutrale Transaktion vorliegt. Liegt der Anteilserwerb zur Beherrschung aber bereits längere Zeit zurück, können sich erhebliche stille Reserven aufgrund von Aktivierungsverboten gebildet haben (z. B. bei Markenrechten). Reflektiert der zusätzliche Kaufpreis diesen Umstand nicht, kann es zu Wertverschiebungen kommen, die zu einem ungenauen Ausweis der Minderheitenanteile und des Geschäfts- oder Firmenwerts führen.

9.5 Anhangsangaben

Sämtliche Fälle der Überleitungskonsolidierungen haben den Erwerb oder die Veräußerung von Anteilen zur Folge. Sie unterscheiden sich deshalb nicht von Unternehmenserwerben und -veräußerungen und wirken sich – mit Ausnahme der Überleitungskonsolidierungen – direkt auf den Konsolidierungskreis aus. Es ist deshalb empfehlenswert, auch die Anteilsänderungen in den Notes im Bereich der Akquisitionen/Devestitionen bzw. Konsolidierungskreisänderungen aufzuführen.
Hinsichtlich des Umfangs der Anhangsangaben, die sich auf Veränderungen von Beteiligungen beziehen, gibt es nur wenige direkte und explizit genannte Vorschriften. IAS 27 verlangt für Tochterunternehmen Angaben nach IAS 27.41 e) zu Veränderungen von Anteilen an Unternehmen und nach IAS 27.41 f) Angaben zu Erträgen oder Verluste aus Anteilsveräußerungen. Hierzu gehören auch Angaben zu den Auswirkungen auf das „Other Comprehensive Income". Für assoziierte Unternehmen und Joint Ventures sind keine expliziten Angaben aus den Standards zu entnehmen. Allerdings ergeben sich indirekte Berichtspflichten aus anderen Angaben wie z. B. Aufstellungen (Listen) von assoziierten Unternehmen und Joint Ventures, Anteilsangaben und ähnliche Pflichtangaben.

Tipp:

Behandeln Sie Angaben zu Anteilserwerben analog zu IFRS 3 und erweitern Sie sie um zusätzliche Angaben zu assoziierten Unternehmen und Joint Ventures. So halten Sie nicht nur das Berichtsschema ein, sondern erhöhen auch die Transparenz und Lesbarkeit der Abschlüsse. Beachten Sie aber auch, dass Sie die Aufstellungen zum Anteilsbesitz weiterzuentwickeln haben. Prüfen Sie hier insbesondere die Anteilsquoten.

10 Entkonsolidierung

10.1 Grundlagen

10.1.1 Allgemeines

Mit der Veräußerung sämtlicher Anteile an einer Tochtergesellschaft durch dessen Muttergesellschaft durchläuft dieses Unternehmen die letzte Phase im Lebenszyklus der Konzernzugehörigkeit. Das Unternehmen scheidet sowohl aus dem Einzelabschluss der Muttergesellschaft als auch aus dem Konzernabschluss und damit auch aus dem Konsolidierungskreis aus.

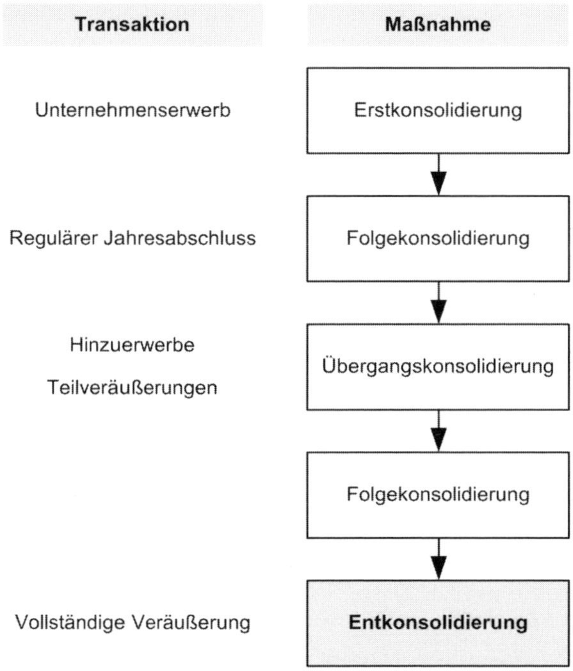

Abb. 39: Lebenszyklus eines Unternehmens im Konzernverbund

Maßgeblich für den Zeitpunkt des Ausscheidens aus dem Konsolidierungskreis ist der Verlust der Beherrschung nach IAS 27.34. Insofern ergibt sich der Veräußerungsstichtag nicht aus vertraglichen Vereinbarungen des Übergangs von Nutzen und Lasten, sondern aus dem tatsächlichen Verlust der Beherrschung. Liegt der Veräußerungsstichtag innerhalb eines Geschäftsjahres, ist für die Entkonsolidierung zwingend ein Zwischenabschluss zu erstellen. Zu diesem Zeitpunkt erfolgt dann die Entkonsolidierung.

Achtung:
In der Regel wird der Veräußerungsstichtag mit dem Datum des Übergangs von Nutzen und Lasten identisch sein. Abweichende Stichtage können sich aber aufgrund treuhänderischer Vereinbarungen oder aufgrund notwendiger externer Genehmigungen, z. B. durch Kartellämter, ergeben.

Während im Einzelabschluss lediglich der Abgang der Beteiligung erfolgt, muss im Konzernabschluss aufgrund der Einzelveräußerungsfiktion ein Abgang von Vermögenswerten und Schulden erfolgen. Deshalb sind sowohl sämtliche Vermögenswerte und Schulden als auch die Gewinn- und Verlustrechnung auf den Veräußerungsstichtag weiterzuentwickeln.
Wie bei der Überleitungskonsoliderung sind auch bei der Entkonsolidierung in Form von sukzessiven Anteilsveräußerungen die Missbrauchstatbestände des IAS 27.33 zu beachten. Das kann im Extremfall bei einer fehlgeschlagenen Veräußerungsplanung dazu führen, dass zuvor durchgeführte ergebnisneutrale Veräußerungen (also Veräußerungen ohne Verlust der Beherrschung) nun der finalen Anteilsveräußerung zugeschlagen werden und sich ein höherer Entkonsolidierungserfolg einstellt.

10.1.2 Endkonsolidierung vs. Entkonsolidierung

Zwei Namen – ein Sinn

In der Literatur werden die Begriffe „Endkonsolidierung“ und „Entkonsolidierung“ gleichermaßen verwendet. Unter dem Begriff „Endkonsolidierung“ wird das Ausscheiden eines Unternehmens aus dem Konzernverbund – genauer gesagt dem Konsolidierungskreis – verstanden. Insofern ist die Endkonsolidierung die letzte Konsolidierung, die das ausscheidende Unternehmen im Konzernabschluss durchläuft. Demgegenüber wird unter dem Begriff „Entkonsolidierung“ ein Prozess oder Vorgang verstanden, bei dem das Unternehmen aus dem Konsolidierungskreis „entnommen“ wird. Egal welchen Begriff man favorisiert, letztendlich handelt es sich um das Verlassen eines Unternehmens als Tochtergesellschaft aus dem Konzern bzw. aus dem Konsolidierungskreis.[61]

10.1.3 Umfang der Entkonsolidierung

Allgemeines

Der Umfang der Entkonsolidierung berücksichtigt sämtliche Besonderheiten des veräußerten Unternehmens während der Lebenszeit im Konzern. Hier sind der Einzel- und der Konzernabschluss getrennt zu betrachten, weil sich die Bilanzansätze der Erstkonsolidierung unterschiedlich entwickeln können. Deshalb sind die Veräußerungsgewinne auf Einzelabschluss- und Konzernebene nicht vergleichbar.

Konzernabschluss

Der neue Konzernabschluss basiert im Wesentlichen auf Veränderungen im Konsolidierungskreis. Hier sind für die Entkonsolidierung die folgenden Positionen stets zu berücksichtigen:

- Buchwerte von Aktiva und Passiva des Konzernabschlusses. Sie setzen sich aus den Buchwerten der Bilanzposten des Einzelabschlusses des veräußerten Unternehmens sowie deren HB-II-Anpassungen zusammen.
- Ein Geschäfts- oder Firmenwert. Hier sind allerdings zusätzlich die Regeln der zahlungsgenerierenden Geschäftseinheiten und des Werthaltigkeitstests zu berücksichtigen.
- Neubewertungsrücklagen bei neutral erfassten Bilanzposten.
- Noch vorhandene stille Reserven und Lasten.
- Rücklagen aus Fremdwährungsumrechnungen.
- Minderheitenanteile.

[61] In diesem Buch wird der Begriff „Entkonsolidierung“ verwendet.

Einzelabschluss

Anders als im Konzernabschluss ist im Einzelabschluss nur der Beteiligungswert zu berücksichtigen. Im Vergleich zum Erstansatz kann sich der Buchwert nur durch sukzessive Anteilserwerbe oder durch Impairment-Anpassungen verändert haben.

10.2 Techniken

10.2.1 Problemkreise

Die Entkonsolidierung von Unternehmen ist eingebettet in ein organisatorisches Umfeld, das es zu berücksichtigen gilt:

- Das Konzept der zahlungsgenerierenden Einheiten nach *IAS 36 – Impairment of Assets* und der Zuordnung von Geschäfts- oder Firmenwerten zu diesen Einheiten ist dann von Bedeutung, wenn das zu veräußernde Unternehmen ebenfalls dieser Einheit angehört. Hier ist insbesondere IAS 36.86 zu beachten.
- Wahlrechte nach *IFRS 1 – First-Time Adoption of IFRS*, die eine erfolgsneutrale Verrechnung des Geschäfts- oder Firmenwertes mit dem Eigenkapital nach dem HGB erlauben, bedürfen einer besonderen Betrachtung.
- Minderheitenanteile können in Abhängigkeit des Wahlrechtes nach IFRS 3 bezüglich der Nichtanwendung der Full-Goodwill-Methode die Entkonsolidierung erschweren.
- Die Neuregelung des IAS 27 bezüglich der sukzessiven Anteilserwerbe ohne Statuswechsel führt zu Verschiebungen des Geschäfts- oder Firmenwerts, wenn erhebliche nicht aufgedeckte stille Reserven vorhanden sind.

10.2.2 Entkonsolidierung aus Sicht des Einzelabschlusses

Auf der Ebene des Einzelabschlusses ist zum Zeitpunkt der Veräußerung nur der Abgang des Beteiligungsbuchwertes zu erfassen. Insofern errechnet sich der Veräußerungserfolg wie folgt:

	Veräußerungserlös
–	Buchwert der Beteiligung
=	Veräußerungserfolg

10.2.3 Entkonsolidierung aus Konzernsicht

Allgemeines

Die Entkonsolidierung wird je nach Ausgestaltung in unterschiedlichen Schritten durchgeführt. In der Praxis genügen meistens zwei Schritte. Zunächst erfolgt die Eliminierung der Minderheitenanteile, danach kommt die eigentliche Entkonsolidierung. Das Wahlrecht bezüglich der Anwendung der Full-Goodwill-Methode ist dabei im Rahmen der Minderheitenbuchung zu berücksichtigen. Mittlerweile sind in der Praxis aber auch schon „One Step Deconsolidations" zu beobachten, bei denen diese beiden Schritte – Minderheiteneliminierung und Entkonsolidierung – gleichzeitig erfolgen. Das bedarf jedoch einer entsprechenden Dokumentation, weil die Minderheitenanteile dann auch in der Erfolgsermittlung berücksichtigt werden müssen.

Wird das zu veräußernde Unternehmen aus einer zahlungsgenerierenden Einheit herausgelöst, ist der Geschäfts- oder Firmenwert anteilig dem Unternehmen zuzuordnen, IAS 36.86 ist zu beachten. Die Berechnung ist nach dem folgenden Schema vorzunehmen:

$$\text{GoF veräußertes Unternehmen} = \text{GoF zgE} * \frac{\text{Unternehmenswert veräußertes Unternehmen}}{\text{Gesamtwert zgE}}$$

Abb. 40: Ermittlung des anteiligen Geschäfts- oder Firmenwertes[62]

[62] GoF = Geschäfts- oder Firmenwert.

Das Verfahren setzt genaue Kenntnisse der zahlungsgenerierenden Einheiten voraus und verlangt in der Nebenrechnung die Wertermittlung der gesamten zahlungsgenerierenden Einheit.

Tipp:

Pflegen Sie die zahlungsgenerierenden Einheiten in regelmäßigen Abständen ein. Es bietet sich an, das im Rahmen der jährlichen Impairment-Tests gleich mit zu erledigen.

Erfolgsermittlung

Die Erfolgsermittlung des Veräußerungsvorganges lässt sich sowohl nach der direkten als auch nach der indirekten Methode ermitteln:

- Direkte Methode

  Die Erfolgsermittlung nach der direkten Methode setzt direkt beim Konzernabschluss an. Vom Veräußerungserlös werden – nachdem zuvor die Minderheitenanteile bereinigt und somit die Bilanzansätze reduziert wurden – sämtliche Buchwerte auf der HB-II-Ebene (also die Endsalden der Vermögenswerte und Schulden des Einzelabschlusses und die aufgedeckten stillen Reserven und Lasten) abgezogen. Ferner sind der Geschäfts- oder Firmenwert genauso wie etwaige Neubewertungsrücklagen, Währungsumrechnungsdifferenzen und latente Steuern[63] zu berücksichtigen. Für die Erfolgsermittlung nach der direkten Methode lässt sich das nachfolgende Schema verwenden:

[63] In der Literatur werden latente Steuern bei der Erfolgsermittlung außer Acht gelassen. Da aber auch latente Steuern, die dem veräußerten Unternehmen zurechenbar sind, aus dem Konzernabschluss zu eliminieren sind, wurden sie der Vollständigkeit halber hier mit aufgeführt und auch in die Erfolgsberechnung einbezogen.

	Veräußerungserlös
–	Modifizierte HB-II-Werte der Vermögenswerte des veräußerten Unternehmens
+	Modifizierte HB-II-Werte der Schulden des veräußerten Unternehmens
+/–	Erfolgsneutral erfasste Posten der Neubewertungsrücklage
+/–	Differenzen aus Fremdwährungsumrechnungen
+/–	Latente Steuern
–	Geschäfts- oder Firmenwerte, ggf. auch aus CGUs
=	Gesamterfolg

- Indirekte Methode

  Bei Anwendung der indirekten Methode wird als Ausgangspunkt der Beteiligungsbuchwert des Einzelabschlusses genommen. Der Veräußerungserfolg des Einzelabschlusses wird dabei um konzernspezifische, ergebniswirksame Komponenten korrigiert. Für die Erfolgsermittlung nach der indirekten Methode lässt sich das nachfolgende Schema[64] verwenden:

	Veräußerungserlös
–	Buchwert der Beteiligung im Einzelabschluss der Mutter
=	Veräußerungserfolg des Einzelabschlusses
+/–	Erfolgswirksam erfasste Auf- und Abwertungen gem. IAS 39
–	Kumulierte außerplanmäßige Abschreibungen
+	Wertminderungen des im Buchwert enthaltenen Geschäfts- oder Firmenwertes
+	Im Konzernabschluss verbleibender Geschäfts- oder Firmenwert
+/–	Ergebniswirksam aufgelöste stille Reserven und Lasten aus der Kaufpreisallokation
+/–	Jahresergebnis des veräußerten Unternehmens
+/–	Ergebnisneutral umgegliederte Neubewertungsrücklagen
+/–	Ergebnisneutral umgegliederte Fremdwährungsumrechnungen
+/–	Latente Steuern
–	Geschäfts- oder Firmenwerte, ggf. auch aus CGUs
=	Gesamterfolg

Beide Methoden – die direkte und die indirekte Erfolgsermittlung – kommen bei korrekter Anwendung und ohne den Einfluss der zahlungsgenerierenden Einheiten zum selben Ergebnis.

[64] Vgl. Senger/Brune/Elprana in Beck'sches IFRS-Handbuch, § 33, Rz. 122.

Tipp:

Sie werden sicherlich die direkte Methode als die leichter beherrschbare Methode empfinden. Deren Vorteil ist die direkte Zuordnung der Entkonsolidierungsbuchungen.

Bei der Anwendung der One-Step-Deconsolidation gestaltet sich die Erfolgsermittlung leichter, weil die vorgelagerte Anpassung der Buchwerte entfällt. Sämtliche Buchwerte der HB-II-Ebene werden unverändert übernommen und beinhalten damit auch die den Minderheiten zurechenbaren Anteile. Dafür ist als Korrekturposten der Minderheitenanteil in Ansatz zu bringen. Vorteil dieser Erfolgsermittlung ist, dass das Wahlrecht bezüglich des Minderheitenausweises (Full-Goodwill-Methode) ignoriert werden kann. Bei Anwendung der direkten Methode zur Erfolgsermittlung kann das folgende Schema angewendet werden:

	Veräußerungserlös
–	HB-II-Werte der Vermögenswerte des veräußerten Unternehmens
+	HB-II-Werte der Schulden des veräußerten Unternehmens
+/–	Erfolgsneutral erfasste Posten der Neubewertungsrücklage
+/–	Differenzen aus Fremdwährungsumrechnungen
+/–	Latente Steuern
–	Geschäfts- oder Firmenwerte, ggf. auch aus CGUs
+	Minderheitenanteile
=	Gesamterfolg

Buchungstechnik

Buchungstechnisch wird die Entkonsolidierung mittels zweier Konsolidierungsbuchungen vorgenommen. Eine Konsolidierung eliminiert den eigenen Anteil und die andere Buchung den Minderheitenanteil an den Vermögenswerten und Schulden des veräußerten Unternehmens. Bei Anwendung der Full-Goodwill-Methode für den Minderheitenanteil ist im Rahmen der Eliminierung zwingend auch der Geschäfts- oder Firmenwert anzusprechen. Wurden beide Buchungen korrekt vorgenommen, müssen alle Bilanzposten des veräußerten Unternehmens entfernt sein.

Bei Anwendung der One-Step Deconsolidiation werden sämtliche Bilanzposten aus dem Summenabschluss in einem Schritt eliminiert. Hierzu ist es notwendig, dass sämtliche Bilanzposten des veräußerten Unternehmens einwandfrei identifiziert werden können. Der Buchungssatz umfasst dann sämtliche Bilanzposten.

Beispiel:

Siehe CD-ROM

Mit Wirkung zum 30.10.2008 hat die Mellenich AG ihren 70%igen Anteil an der MPG zu einem Preis von 1.800 TEUR veräußert. Durch die geänderte strategische Ausrichtung des Konzerns, die sich auch im Erwerb der LT Leitsysteme GmbH widerspiegelt, bildet das Geschäftsfeld der MPG keine Kernaktivität mehr. Durch das Geschäftsfeld mit seinen Produkten ist die MPG eine eigene zahlungsgenerierende Geschäftseinheit im Konzern.

Zum Zeitpunkt der Veräußerung hat die MPG einen Zwischenabschluss zum 30.10.2008 erstellt:

Aktiva			Passiva
Immaterielle Vermögenswerte	85	Gez. Kapital	50
Sachanlagen	254	Gewinnrücklagen	1.786
Vorräte	25	Langfr. Rückstellungen	50
Forderungen aus L&L	1.663	Kurzfr. Rückstellungen	824
Kurzfr. Vermögenswerte	716	Verbindlichkeiten aus L&L	587
Kassenbestand, Bankguthaben	981	Sonstige kurzfr. Verbindlichkeiten	417
Bilanzsumme	3.714	Bilanzsumme	3.714

	Betrag
Umsatzerlöse	8.228
Bestandsveränderungen	0
Sonstige betriebliche Erträge	0
Gesamtleistung	8.228
Materialaufwand	3.705
Personalaufwand	2.811
Abschreibungen	84
Sonstige betriebliche Aufwendungen	1.354
Zinsaufwand	8
Ergebnis der gewöhnlichen Geschäftstätigkeit	266
Steueraufwand	87
Jahresüberschuss	179

Vom Jahresüberschuss entfällt ein Anteil in Höhe von 54 TEUR (30 % von 179 TEUR) auf die Minderheit, sodass ein Gewinn in Höhe von 125 TEUR in das Konzernergebnis einfließt.

Ermittlung des Veräußerungsgewinns:

		Konzern	**Minderheitenanteil**
		70 %	**30 %**
	Veräußerungserlöse	1.800	
–	Vermögenswerte MPG	2.600	1.114
+	Schulden MPG	1.315	563
–	Geschäfts- oder Firmenwert	390	
	Veräußerungsgewinn	125	–551

Für die Buchungen im Rahmen des Konzernabschlusses sind einige Besonderheiten zu beachten:

- Die Kapitalkonsolidierung aus der Erstkonsolidierung ist normal vorzunehmen.
- Korrekturen auf der HB-II-Ebene der MPG sind nicht erforderlich, weil diese Posten bereits vollständig abgeschrieben wurden. Die Buchungen aus der Erstkonsolidierung sind hier gegebenenfalls in die Gewinnrücklage umzugliedern, sofern ein getrennter Ausweis vorgenommen wurde.
- Des Weiteren ist der in der Gewinnrücklage enthaltene Minderheitenanteil der Vorjahre zu den Minderheiten umzugliedern.
- Die Entkonsolidierung wurde aus Praktikabilitätsgründen zum Bilanzstichtag vorgenommen.

Konsolidierungsbuchungen:

Bezeichnung	Einzelabschlüsse		Summenbilanz	Kapitalkons.[65]	Konsolidierung		Referenz	Konzernabschluss
	Mellenich AG[66]	MPG			Soll	Haben		Saldo
Aktiva								
Geschäfts- oder Firmenwert				390		390	c)	0
Immaterielle Vermögenswerte		85	85			85	a)	0
Sachanlagen		254	254			254	a)	0
Beteiligungen	1.050		1.050	-1.050				0
Vorräte		25	25			25	a)	0
Forderungen L&L	1.800	1.663	1.663			1.663	a)	1.800
Kurzfr. Vermögenswerte		716	716			716	a)	0
Kassenbestand, Bankguthaben		981	981			981	a)	0
Passiva								
Stammkapital		-50	-50	50				0
Gewinnrücklagen		-1.607	-1.607	375	518		b)	500
					214		d)	
Neubewertungsrücklage				518		518	b)	0
Minderheitenanteile				-283	497	214	e) d)	0
Rückstellungen		-874	-874		874		a)	0
Verbindlichkeiten L&L		-587	-587		587		a)	0
Sonst. Verbindlichkeiten		-417	-417		417		a)	0
Erträge								
Umsatzerlöse		-8.228						-8.228
Materialaufwand		3.705						3.705
Personalaufwand		2.811						2.811
Abschreibungen		84						84
Sonst. betriebliche Aufwendungen		1.354						1.354
Veräußerungserlöse	-1.800		-1.800		1.285		a)	-125
					390		c)	
Minderheiteneliminierung					551	497	a) e)	54
Zinsaufwand		8						8
Steueraufwand		87						87
Summe		0						0

[65] Kapitalkonsolidierung aus der Erstkonsolidierung.

[66] Aus Vereinfachungsgründen sind hier nur die relevanten Konten der Mellenich AG dargestellt.

Buchungserläuterungen:

Referenz	Bezeichnung	Betrag
a)	Ergebniswirksames Ausbuchen der Bilanzposten der MPG	
	• Anteil Mellenich (70 %)	1.285
	• Anteil Minderheit (30 %)	551
b)	Umgliedern Neubewertungsrücklage, da HB-II-Posten vollständig ausgebucht	518
c)	Ausbuchen des Geschäfts- oder Firmenwertes	390
d)	Umgliedern des Minderheitenanteils aus Erträgen der Vorjahre	214
e)	Ausbuchen des Minderheitenanteils	497

Mit der Durchführung der Entkonsolidierung als One Step Deconsolidation werden auch die Minderheitenanteile ertragswirksam ausgebucht. Sie korrigieren automatisch den Gewinn des laufenden Geschäftsjahres der MPG um den entsprechenden Minderheitenanteil in Höhe von 54 TEUR, sodass neben dem Veräußerungserlös in Höhe von 125 TEUR nur noch der anteilige Gewinn der MPG des Geschäftsjahres in Höhe von 125 TEUR „stehen bleibt". In den Gewinnrücklagen bleibt ferner der anteilige Gewinn der Vorjahre „stehen".

10.2.4 IFRS 5

Mit der Absicht zur Veräußerung sämtlicher Anteile an einem Tochterunternehmen ist IFRS 5 zu beachten. IFRS 5 verlangt einen separaten Ausweis der einzustellenden Geschäftsbereiche. Dieses Vorgehen steht allerdings im Widerspruch zur Einheitstheorie des IAS 27. Um einen Einklang zwischen den Standards herzustellen, ist ein mehrstufiger Prozess der Entkonsolidierung und der anschließenden Veräußerung notwendig:

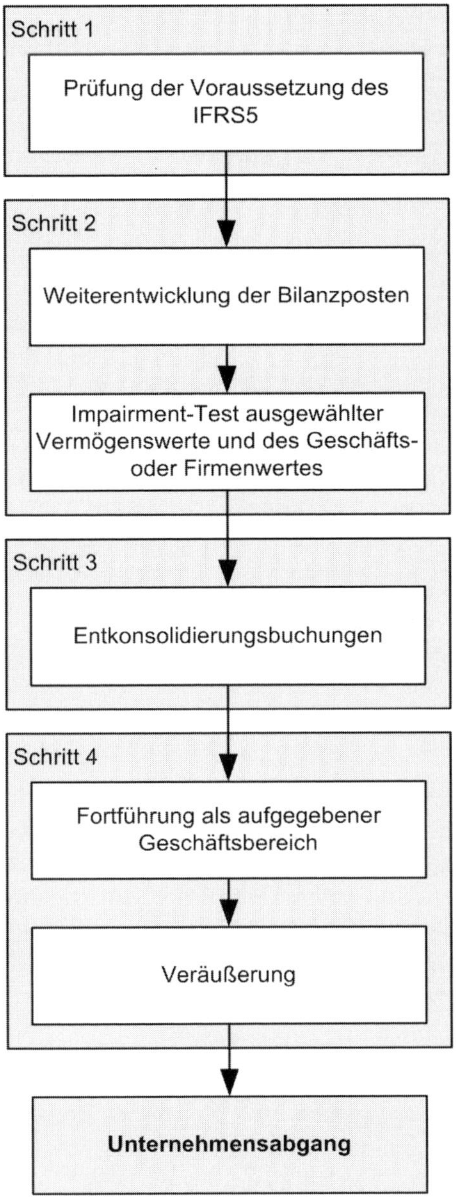

Abb. 41: Vorgehensweise der Entkonsolidierung bei Anwendung des IFRS 5

Im Einzelnen sind die folgenden Maßnahmen erforderlich:

1. Prüfung auf Voraussetzung des IFRS 5

   Die Voraussetzungen nach IFRS 5.7 ff. sind:

   - Langfristige Vermögenswerte
   - Verfügbar zur sofortigen Veräußerung
   - Die Veräußerung muss hoch wahrscheinlich sein. Hierzu gehören ein verpflichtender Managementbeschluss zur Veräußerung, ein Programm mit aktiver Käufersuche und Programmbeendigung sowie eine aktive Vermarktung zu einem im Verhältnis zum beizulegenden Zeitwert vernünftigen Preis.
   - Beendigung innerhalb von 12 Monaten. Eine Verlängerung bei nicht zu vertretenden Verzögerungen ist aber unschädlich.

Tipp:

Die Dokumentation ist hier die oberste Pflicht, zumal die Kriterien des IASB unscharf sind. Nur so lassen sich die erforderlichen Nachweise erbringen.

2. Weiterentwicklung der Bilanzposten auf den Entscheidungsstichtag

   Wie bei allen Entkonsolidierungen sind alle Bilanzposten des zu veräußernden Unternehmens auf den Entscheidungstag weiterzuentwickeln. Der Entscheidungstag ist der Tag, an dem alle Voraussetzungen zur Behandlung als einzustellender Geschäftsbereich gegeben sind und an dem das Management den Vollzug förmlich beschließt.

3. Werthaltigkeitstest

   Die Einzelerwerbsfiktion der Konzernrechnungslegung sowie IFRS 5.15 i. V. m. IFRS 5.18 erfordert für ausgewählte Vermögenswerte einen Werthaltigkeitstest nach IAS 36. Zu vergleichen ist in diesem Fall der Buchwert der HB-II-Ebene (Konzernbuchwert) mit dem beizulegenden Zeitwert.

4. Entkonsolidierung

   Die Entkonsolidierung ist wie zuvor beschrieben vorzunehmen.

5. Fortführung als aufgegebener Geschäftsbereich

   Nach der Entkonsolidierung ist das Tochterunternehmen aus dem Konsolidierungskreis entfernt. Ab diesem Zeitpunkt gelten für die Rechnungslegung die weiteren Vorschriften des IFRS 5.

6. Veräußerung

   Mit der Veräußerung scheidet das Unternehmen vollständig aus dem Konzern aus.

10.3 Anhangsangaben

Da konzeptionell auch Entkonsolidierungen Veränderungen im Konsolidierungskreis bewirken, gehören Anhangsangaben bei Veräußerungsfällen ebenfalls in die Rubrik „Veränderungen im Konsolidierungskreis". Insofern sind bei Veräußerungen identische Angaben zu leisten wie bei Erwerben.[67] Zusätzlich verlangt IAS 27.41 f) Angaben zum Veräußerungserlös.

Sind die Voraussetzungen des IFRS 5 erfüllt, müssen – neben den Pflichtangaben zur Entkonsolidierung nach IAS 27 – weitere umfangreiche Anhangsangaben nach IFRS 5.30 ff. veröffentlicht werden.[68]

---

[67] Vgl. Kapitel 5.6 und 9.5 für weiterführende Informationen.

[68] IFRS 5 ist aus Sicht der Konsolidierung nur ein „Nebenkriegsschauplatz". Deshalb wird bezüglich der detaillierten Abgaben auf den Standard verwiesen.

11 Besondere Problemkreise der Konsolidierung

11.1 Personengesellschaften

Grundlagen

Personengesellschaften weisen gegenüber Kapitalgesellschaften Besonderheiten hinsichtlich des Kapitalausweises und der Besteuerung auf, die im Rahmen der Konsolidierung regelmäßig zu Problemen führen. Deshalb werden zum einen zusätzliche Tätigkeiten auf der Ebene des Einzelabschlusses erforderlich. Zum anderen muss eine abweichende Konsolidierung erfolgen, die mit erweiterten Folgebuchungen auf der Konzernebene verbunden ist.

IAS 32 – Financial Instruments: Presentation verlangt, dass ein Eigenkapitalausweis nur dann erfolgen darf, wenn nach IAS 32.16 keine Verpflichtung zur Lieferung von Geld oder Vermögenswerten und nach IAS 32.18 b) keine Rückzahlungsverpflichtungen oder Abfindungsmöglichkeiten bestehen. Da Gesellschafter von Personenhandelsgesellschaften aber nach §§ 121, 122 HGB jederzeit Gewinne entnehmen können, nach § 105 HGB i. V. m. § 723 BGB Kündigungsrechte haben und nach § 105 HGB i. V. m. § 738 BGB ein Abfindungsanspruch besteht, sind die Voraussetzungen zum Ausweis des Eigenkapitals nach IAS 32 nicht erfüllt. Deshalb ist das Eigenkapital von Personengesellschaften als ein separater Posten unter den Verbindlichkeiten auszuweisen.

Gesellschafterverträge beachten!

Mit der Neufassung des IAS 32 vom Februar 2008 kann für Personengesellschaften nun auch nach den IFRS ein Ausweis als Eigenkapital erfolgen. Nach IAS 32.16 A–D kann ein Ausweis als Eigenkapital erfolgen, wenn

- ein Kündigungsrecht seitens des Gesellschafters besteht,
- ein beteiligungsquotaler Anspruch am Liquidationserlös besteht,
- die Gesellschaftereinlage nachrangig gegenüber allen anderen Finanzinstrumenten ist,
- keine anderen Verpflichtungen bestehen und
- andere Finanzinstrumente nicht auf Zahlungsströmen aus den Gewinnen basieren.

In wieweit diese Anforderungen durch eine Personengesellschaft erfüllt wird, bleibt einer Einzelfallprüfung vorbehalten. Generell können für Personengesellschaften beide Ausweise des Kapitals im Eigen- und im Fremdkapital erfolgen. Da die Konsolidierung bei einem Ausweis im Eigenkapital analog der Kapitalgesellschaften erfolgt, soll hier nur der Ausweis des Kapitals unter den Verbindlichkeiten besprochen werden.

Personengesellschaft als Konzernmutter

Da eine verpflichtende Rechnungslegung nach IFRS derzeit nur von börsennotierten Aktiengesellschaften anzuwenden ist, kommt eine verpflichtende Anwendung der IFRS bei Personengesellschaften mangels Börsenfähigkeit zurzeit nicht in Betracht. Für Personengesellschaften kann sich allerdings nach § 315 a HGB indirekt eine Anwendung der IFRS ergeben, und zwar dann, wenn eine Tochtergesellschaft börsennotiert ist. Eine freiwillige Anwendung der IFRS bleibt hiervon unberührt.

Personengesellschaft als Tochtergesellschaft

Der weitaus üblichere Fall ist eine Personengesellschaft als Tochtergesellschaft im Konzernverbund. Aufgrund der besonderen Vorschriften des IAS 32 sowie der Buchungspraxis und der steuerlichen Besonderheiten bei Personengesellschaften sind sowohl beim Einzelabschluss als auch bei der Konsolidierung eine Reihe von Besonderheiten zu beachten.

Da Personengesellschaften neben der Gesamthandsbilanz auch Ergänzungs- und Sonderbilanzen kennen und da sie zudem gesellschafterbezogen geführt werden, können für die Bilanzposten des Eigenkapitals auf der Ebene des Einzelabschlusses spezielle Korrekturen notwendig werden. Auf jeden Fall ergeben sich Korrekturen aus der Gewinnverwendung, weil diese im Konzernabschluss komplett auszuweisen, auf der anderen Seite aber auch sofort den Gesellschaftern zuzuweisen sind.

1. Gesamthandsvermögen

   Erfolgen Einlagen des Gesellschafters unterhalb des Nennbetrages, werden sowohl die bedungene als auch die ausstehende Einlage im Eigenkapital ausgewiesen. Die ausstehende Einlage wird dann üblicherweise mit erwirtschafteten Gewinnen verrechnet. Wesentlich ist hier der Zeitpunkt der Verrechnung, weil vorgenommene Verrechnungen in Folgeperioden gegebenenfalls zu korrigieren sind. Weil Verrechnungen stets gesellschafterbezogen erfolgen und die Gewinne sofort den Gesellschaftern zugeordnet werden, ist für den Konzernabschluss eine Korrektur erforderlich, um einen Ertragsausweis vornehmen zu können. Dabei sind Gewinnverteilungsabsprachen und ein Gewinn vorab entsprechend zu berücksichtigen.

   Üblicherweise erfolgt nach dem HGB bei Personengesellschaften eine zeitgleiche Gewinnvereinnahmung, wogegen nach den IFRS ein Ausschüttungsbeschluss erforderlich ist. Auch wenn die Gewinnvereinnahmung formlos erfolgen kann, liegt ein Zeitversatz vor, sodass keine phasengleiche Gewinnvereinnahmung erfolgen darf. Nur eine Mindermeinung vertritt den Standpunkt, dass auch eine phasengleiche Gewinnvereinnahmung möglich ist. Der so eintretende Zeitversatz zwingt zu einer Korrektur der Ergebnisbuchungen.

Achtung:
In der Praxis werden für jeden Gesellschafter mehrere Konten vorhanden sein. Im Kapitalbereich sind meistens ein Einlagen-, ein Rücklagenkonto sowie ein Verlustverrechnungskonto zu finden. Daneben können für jeden Gesellschafter noch Darlehenskonten vorhanden sein.

Die aufgezeigten Problemkreise des Eigenkapitalausweises, der sofortigen phasengleichen Gewinnvereinnahmung und des Ausschüttungsbeschlusses lösen regelmäßig Korrekturbuchungen auf der HB-II-Ebene aus, die direkt auf dieser Ebene erfolgen. Es wird empfohlen, dass die Kapitalbuchungen der Vorjahre und die Korrekturen der Gewinnvereinnahmungen separat übernommen werden und dann eine vollständige Neukonsolidierung des Kapitals erfolgt. Diese Lösung hat den Charme, dass Transparenz und Übersichtlichkeit geschaffen wird.

2. Ergänzungsbilanzen

   Ergänzungsbilanzen sind steuerlich getriebene, gesellschafterspezifische Anpassungen von Vermögenswerten, die durch Anwachsungen aufgrund des Ausscheidens alter oder durch Aufnahme neuer Gesellschafter entstehen. Im Rahmen der Ergänzungsbilanzen werden regelmäßig entweder aufgedeckte stille Reserven erfasst und/oder Anpassungen von Kapitalkonten vorgenommen. Ein derartiges Konzept ist den IFRS aufgrund der Fair-Value-Bilanzierung wesensfremd, Ergänzungsbilanzen sind für den IFRS-Abschluss zunächst nicht relevant, weil Wertänderungen – auch die steuerlichen – auf der HB-II-Ebene erfasst werden. Da Ergänzungsbilanzen aber im Rahmen der Besteuerung ihre Bedeutung haben, sind sie in die Berechnung der latenten Steuern zwingend mit einzubeziehen.

3. Sonderbilanzen

   Anders als Ergänzungsbilanzen beinhalten Sonderbilanzen Sonderbetriebsvermögen, die als betriebsnotwendiges Vermögen der Personengesellschaft gelten, sich aber im Besitz eines Gesellschafters befinden. Insofern ist zu unterstellen, dass die Personengesellschaft der wirtschaftliche und die Muttergesellschaft der zivilrechtliche Eigentümer ist. Hat die Muttergesellschaft die Kontrolle über das Sonderbetriebsvermögen und stellt es der Personengesellschaft nur zur Nutzung zur Verfügung, liegen aus IFRS Sicht keine Vermögenswerte nach F.49 a) vor, die Bilanzierung ist dann bei der Muttergesellschaft vorzunehmen. Insofern erfolgt in diesem Fall keine Umqualifizierung von Vermögenswerten, allerdings lösen Sonderbilanzen eine weitere Berücksichtigung bei den latenten Steuern aus.

Tipp:

Prüfen Sie stets die Verfügungsmacht bzw. die Kontrolle über den Vermögenswert. Durch eine entsprechende Gestaltung kann einer Umqualifizierung im Rahmen des Einzelabschlusses vorgebeugt werden. Dadurch vermeiden Sie unangenehme Folgeeffekte.

Minderheiten bei Personengesellschaften

Werden nicht alle Anteile (z. B. die von Komplementären) an Personengesellschaft von verbundenen Unternehmen gehalten, liegen aus Konzernsicht auch bei Personengesellschaften Minderheiten vor. Hinsichtlich des Bilanzausweises dieser Anteile ist zu unterscheiden, wie sie die Kriterien des IAS 32 erfüllen. Erfüllen die Minderheitenanteile die Kriterien des IAS 32 und werden sie identisch den Anteilen der Muttergesellschaft klassifiziert, erfolgt ein Ausweis unter den Verbindlichkeiten. Werden die Kriterien des IAS 32 nicht erfüllt, werden Minderheitenanteile der Personengesellschaften analog der Minderheiten bei Kapitalgesellschaften behandelt. Ein Ausweis ist in diesem Fall im Eigenkapital vorzunehmen. Die anteiligen, von der Personengesellschaft erwirtschafteten und der Minderheit zurechenbaren Gewinne folgen dabei stets der Klassifizierung der Kapitalkonten. Insofern werden Gewinne entweder im Eigenkapital oder als Verbindlichkeit ausgewiesen. Ein Sonderfall ist der Ausweis der Anteile des beherrschenden Gesellschafters im Eigenkapital während Minderheitenanteile als Verbindlichkeiten auszuweisen sind. Grundlage dieses Ausweises ist nach IAS 32.AG29A die ursprüngliche Intention des Finanzinstrumentes.

Neben dem Ansatz und Ausweis von Eigenkapitalpositionen entstehen Sondereffekte bei der Konsolidierung von Personengesellschaften. Durch die Umqualifizierung des Eigenkapitals als Schulden bei der Tochtergesellschaft und als Anteile an Beteiligungen bei der Muttergesellschaft fallen die Konsolidierungstechniken auseinander. Aus Sicht der Muttergesellschaft wäre eine Kapitalkonsolidierung, aus Sicht der Tochtergesellschaft eine Schuldenkonsolidierung erforderlich. Da diese Konstellation gegenwärtig eine Regelungslücke darstellt, werden unterschiedliche Meinungen zur Lösung dieses

Problems vertreten.[69] In der Praxis wird oftmals die Kapitalkonsolidierung angewendet, weil Personengesellschaften meistens mittels eines Unternehmenserwerbs in den Konsolidierungskreis aufgenommen werden müssen. Das entspricht am ehesten dem wirtschaftlichen Gehalt.

11.2 Konzernumstrukturierungen

Umstrukturierungen von Konzernen oder innerhalb von Konzernen sind gerade bei größeren Organisationen wiederkehrende Tätigkeiten. Die Gründe solcher Umstrukturierungen sind vielfältig:

- Anpassung der Konzernstruktur an die Unternehmensstrategie oder Unternehmensstrukturen.
- Durchführen von Restrukturierungs- und Sanierungsmaßnahmen.
- Steueroptimierung zur Reduktion der Steuerbelastungen und dem Ausschöpfen von Verlustvorträgen.
- Hebung stiller Reserven.
- Beschränkung von Risiken aus Haftungen, Garantien oder sonstiger Eventualschulden.
- Veräußerung von Beteiligungen oder Teilkonzernen.
- Veränderungen in den Gesellschafter- und Aktionärsstrukturen auf der obersten und auf den unteren Konzernebenen. Das betrifft insbesondere Minderheitenanteile und Beteiligungen an assoziierten Unternehmen oder Joint Ventures.

In der Regel werden derartige Transaktionen auf den Rechnungslegungsvorschriften und Steuergesetzen eines Landes basieren. Egal aus welchem Grund Umstrukturierungen erfolgen, sie ziehen sich immer vom Einzelabschluss nach lokaler Rechnungslegung bis in den IFRS-Konzernabschluss. Die aus Umstrukturierungen resultierenden Effekte sind hinsichtlich zweier wesentlicher Elemente zu prüfen: Auf reine Umstrukturierungen und auf mögliche Anschaf-

---

[69] Vgl. Scheffler, Eigenkapital im Jahres- und Konzernabschluss nach IFRS für eine verkürzte Zusammenfassung.

fungsgeschäfte. Da reine Umstrukturierungen keinen Einfluss auf den Konzernabschluss haben dürfen, sind entsprechende Korrekturen im Rahmen der Konsolidierung durchzuführen. Soweit Umstrukturierungen mögliche Anschaffungsvorgänge auslösen, ist zu überprüfen, ob diese Anschaffungsvorgänge analog auf die IFRS zutreffen. Die unterschiedlichen Formen von Umstrukturierungen lassen sich auf vier wesentliche Fälle zusammenfassen:

1. Neue Muttergesellschaften

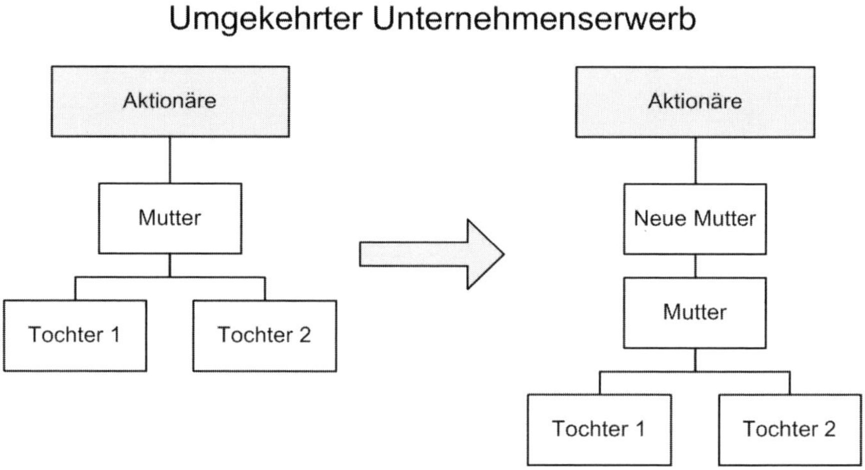

Abb. 42: Konzernumstrukturierung: Neue Muttergesellschaft

Soll eine neue Muttergesellschaft auf der obersten Ebene etabliert werden, ist zu prüfen, wie die neue Muttergesellschaft installiert wurde. Derartige Umstrukturierungen können u. U. als umgekehrte Unternehmenserwerbe qualifizieren.

2. Konzerninterne Umstrukturierungen

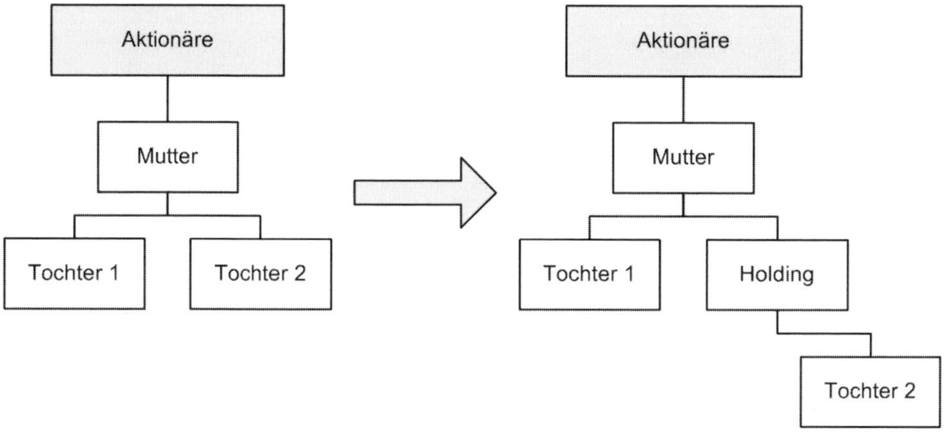

Abb. 43: Konzernumstrukturierung: Konzerninternes „Umhängen“ von Beteiligungen

Das reine „Umhängen“ von Unternehmen im Konzernverbund – sei es durch Verkäufe von Beteiligungen von einem Unternehmen an ein anderes Unternehmen oder durch das Zwischenschalten einer Holding – hat keinen Einfluss auf die Muttergesellschaft. Insofern ist aus Konzernsicht keine Veränderung eingetreten. Sämtliche Effekte aus konzerninternen Umstrukturierungen sind im Rahmen der Konsolidierung rückgängig zu machen. Das betrifft neben der Kapitalkonsolidierung auch die Zwischengewinneliminierung und die anderen Konsolidierungen – also die Schulden- und die Ergebniskonsolidierung.

3. Verschmelzungen und Spaltungen

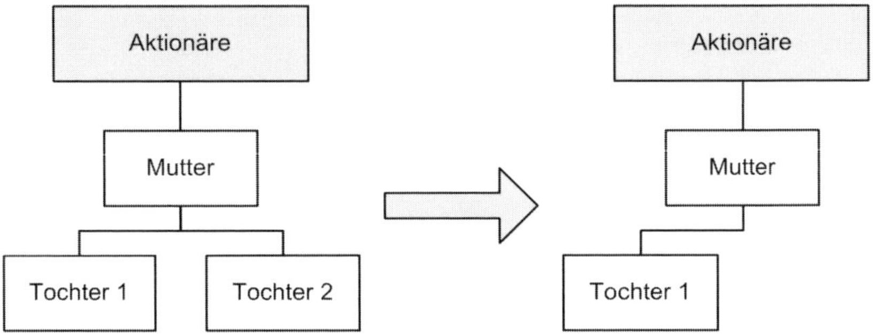

Abb. 44: Konzernumstrukturierung: Verschmelzungen und Spaltungen

Durch Verschmelzungen und Spaltungen werden entweder Unternehmen zusammengelegt oder aufgeteilt, sodass neue Unternehmen entstehen. Diese Fälle sind grundsätzlich analog dem Umhängen von Beteiligungen zu werten, sie dürfen keinerlei Auswirkungen auf den Konzernabschluss haben. Insofern sind Buchwertaufstockungen, Wertansätze mit dem beizulegenden Zeitwert und ähnliche Maßnahmen zu eliminieren. Sind bei Verschmelzungsvorgängen Beteiligungen mit einem Minderheitenanteil betroffen, können Folgeeffekte entstehen. Mit dem Zwang, auch Verschmelzungen mit dem beizulegenden Zeitwert nach IFRS zu bilanzieren, müssen u. U. weitere stille Reserven gehoben oder immaterielle Vermögenswerte erstmals bilanziert werden, die anteilig auch den Minderheiten anzurechnen sind (sog. anteilige Buchwertaufstockung). Das kann zu Strukturverschiebungen in der Bilanz führen, sodass hinsichtlich der Konsolidierung zusätzliche Tätigkeiten erforderlich werden. Mangels einer umfassenden Behandlung in den IFRS 3 wird empfohlen, auf die Praktiken nach US-GAAP zurückzugreifen.[70]

[70] Vgl. IDW RS HFA 2 sowie WP-Handbuch 2008, Rz. E142 ff. hinsichtlich der Behandlung von Umstrukturierungen bei Umwandlungsfällen, z. B. bei Verschmelzungen.

4. Transaktionen unter gemeinsamer Kontrolle

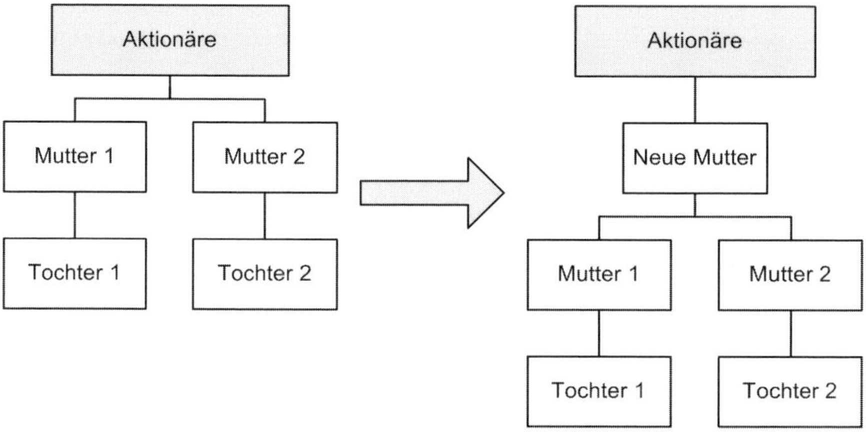

Abb. 45: Konzernumstrukturierung: Transaktionen unter gemeinsamer Kontrolle

Bei Transaktionen unter gemeinsamer Kontrolle (Transactions under common control) können Unternehmen oder Konzerne mit gleichen oder identischen Aktionärskreisen unter einen neuen Mutterkonzern gestellt werden. Diese nach dem UmwG und UmwStG als Verschmelzung zur Neugründung zu behandelnden Transaktionen lösen regelmäßig Folgeeffekte aus, die z. T. nur schwer mit den gegenwärtigen IFRS-Standards vereinbar sind. Nach IFRS 3.2 c) i. V. m. IFRS 3.B1 sind derartige Transaktionen durch den gegenwärtigen Standard nicht zulässig und explizit ausgeschlossen. Weisen die betroffenen Unternehmen allerdings unterschiedliche Größen auf, könnte gegebenenfalls ein Anschaffungsvorgang vorliegen, sodass das größere Unternehmen als Erwerber zu interpretieren ist und der Vorgang als Unternehmenszusammenschluss nach IFRS 3 zu werten wäre. Welche Variante hier möglich ist, bleibt letztendlich einer Einzelfallprüfung vorbehalten.

Bei allen Arten von Konzernumstrukturierungen ist daran zu denken, dass immer die lokalen Rechnungs- und Steuerlegungsvorschriften zu beachten sind, bevor eine derartige Transaktion durchgeführt werden kann.

Tipp:

Viele Umstrukturierungen werden kurzfristig, unter Zeitdruck und manchmal auch ohne Weitblick durchgeführt. Folgeeffekte werden nur unzureichend bedacht. Nehmen Sie sich deshalb die Zeit und simulieren Sie eine Konzernumstrukturierung über einen längeren Zeitraum. Beachten Sie die lokalen Rechnungslegungsvorschriften genauso wie die IFRS-Vorschriften. Erst wenn Sie zu dem Ergebnis gekommen sind, dass eine derartige Restrukturierung sinnvoll und vor allem auch machbar ist und dass die Risiken überschaubar und akzeptabel sind, sollten Sie die Umstrukturierung durchführen.

11.3 Währungsumrechnungen

Grundlagen

Währungsumrechnungen sind Routinearbeiten im Rahmen des Konzernabschlusses. Sie kommen regelmäßig dann vor, wenn

- ausländische Beteiligungen mit einer von der Konzernwährung abweichenden Währung in den Abschluss einzubeziehen sind,
- Transaktionen in einer Fremdwährung erfolgen oder
- für den Konzernabschluss eine von der Konzernwährung abweichende Währung verwendet wird.

Geregelt ist die Behandlung von Fremdwährungsumrechnungen in *IAS 21 – The Effects of Changes in the Foreign Exchange Rate.* Neben der Fremdwährungsbehandlung berücksichtigt die Norm auch die Abbildung von Inflationsrisiken[71].

[71] Die Rechnungslegung bei Hyperinflation nach IAS 21.14 i. V. m. IAS 29 wird hier nicht weiter vertieft.

Die generelle Vorgehensweise bei der Fremdwährungsumrechnung erfolgt in mehreren Schritten wie in Abb. 46 dargestellt. Sie erfolgt, nachdem alle konzerneinheitlichen Anpassungen vorgenommen sind und demnach auf der HB-II-Ebene, aber bevor die Konsolidierung erfolgt.

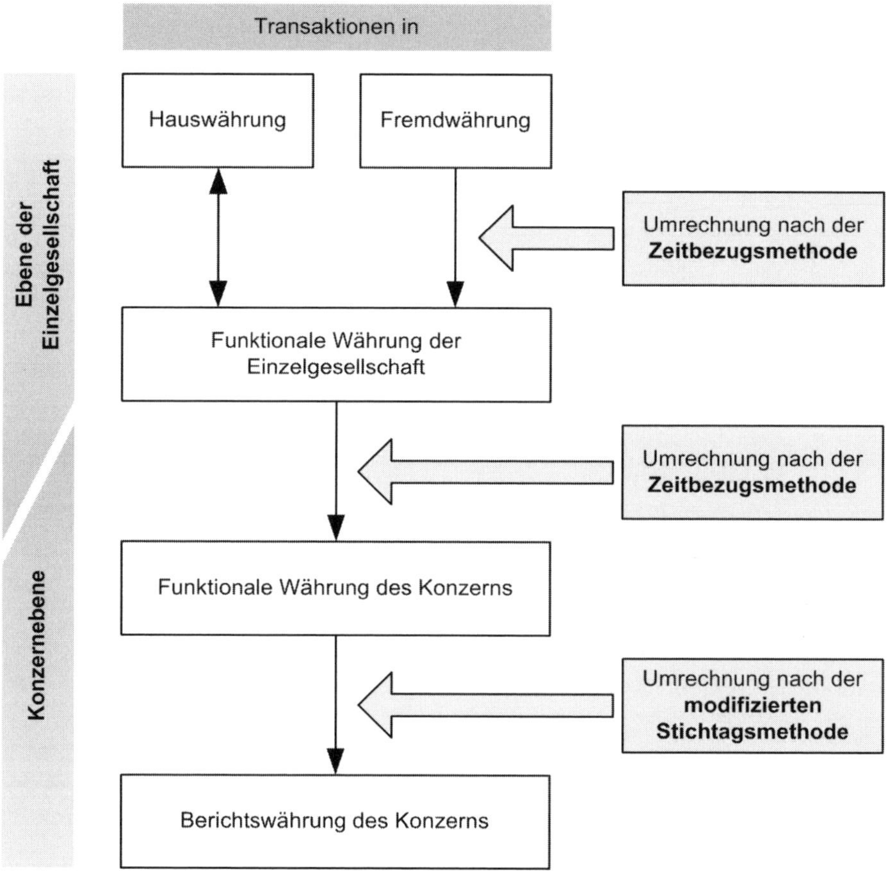

Abb. 46: Generelle Vorgehensweise bei der Währungsumrechnung

Funktionale Währung

Das wesentliche Kennzeichen bei der Währungsumrechnung ist das Konzept der funktionalen Währung. Unter der funktionalen Währung versteht IAS 21.9 die Währung, in der ein Unternehmen die wesentlichen, mehrheitlichen Geldflüsse abwickelt oder die den größten Einfluss auf die Kosten des Unternehmens hat. In der Regel wird die funktionale Währung die Hauswährung eines Unternehmens sein. Bei international tätigen Unternehmen, bei Ex- und Importunternehmen oder bei Unternehmen, die eine internationale Leitwährung für ihre Faktura verwenden, kann die funktionale Währung von der Hauswährung abweichen. In diesem Fall kann eine Währungsumrechnung in die funktionale Währung erforderlich werden. Gleiches gilt bei einzelnen Transaktionen und Geschäftsvorfällen, die in einer Fremdwährung, also in einer von der Haus- oder funktionalen Währung abweichenden Währung, erfolgen.

In Konzernen können mehrere funktionale Währungen vorkommen. Ursachen hierfür sind von der Konzernwährung abweichende funktionale Währungen bei den Tochtergesellschaften. Hier ist nach IAS 21.11 abzuwägen, wie eine Tochtergesellschaft in den Konzern integriert ist, ob sie eigenständig handeln kann oder ob sie als verlängerter Arm der Mutter agiert. Aus Konzernsicht werden die funktionalen Währungen der Tochtergesellschaften wie Fremdwährungen behandelt, die in die Konzernwährung zu überführen sind.

Umrechnungen in die funktionale Ebene – sei es auf der Ebene der einzelnen Gesellschaft oder auf der Ebene des Konzerns – erfolgen stets nach der Zeitbezugsmethode.

Berichtswährung

Anders als die funktionale Währung dient die Berichtswährung ausschließlich zur Präsentation eines Abschlusses. In der Regel wird die Berichtswährung identisch mit der funktionalen Währung des Konzerns sein. Soll aber eine andere oder eine weitere Währung zur Präsentation des Abschlusses verwendet werden, ist eine Überführung des Abschlusses zwischen den Währungen nach IAS 21.38 erforderlich. Die Umrechnung von der funktionalen Währung in die Berichtswährung erfolgt stets mit der modifizierten Stichtagmethode.

Da in Konzernen unterschiedliche Währungen vorkommen, können unterschiedliche Umrechnungen erforderlich sein. Abb. 47 zeigt exemplarisch mögliche Fallgestaltungen.

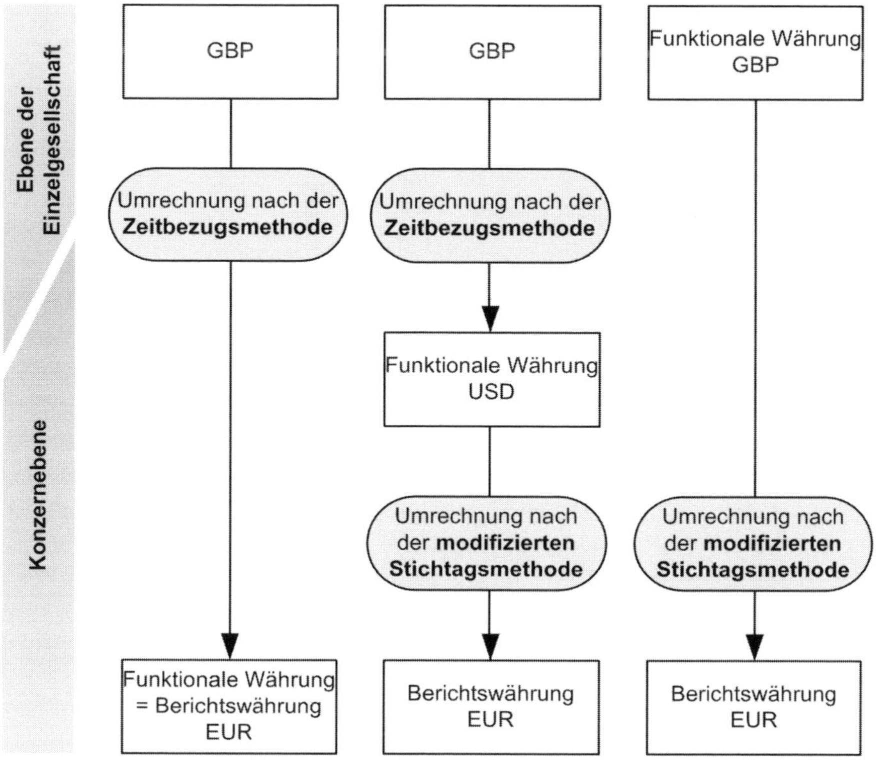

Abb. 47: Varianten von Währungsumrechnungen

Als Faustregel für beide Währungsumrechnungen gilt: Umrechnungen sind dort vorzunehmen, wo mit einer von der Konzernwährung abweichenden Währung gearbeitet wird. Der Grund hierfür liegt in den dedizierten Anforderungen der postenbezogenen Währungsumrechnungen. In der Konzernzentrale sind derartig detaillierte Informationen in der Regel nicht vorhanden. Insofern ergibt sich eine Arbeitsteilung bei der Währungsumrechnung. Die Umrechnung in die funktionale Währung des Konzerns hat auf der Ebene der Tochtergesellschaft zu erfolgen. Auf der Ebene des Konzerns erfolgt – falls erforderlich – die Umrechnung in die Berichtswährung.

Tipp:

Vermeiden Sie umfangreiche und mehrstufige Währungsumrechnungen sowie Zwischenwährungen. Müssen Währungsumrechnungen ausländischer Beteiligungen vorgenommen werden, sollten diese Beteiligungen ihre abweichende funktionale Währung sofort auf die funktionale Währung des Konzerns umstellen.

Zeitbezugsmethode

Aufgabe der Zeitbezugsmethode ist die Umrechnung des Abschlusses des Tochterunternehmens mit dessen Währung in die (funktionale) Konzernwährung. Dabei wird durch die spezifischen Vorgaben der Zeitbezugsmethode der Abschluss des Tochterunternehmens so präsentiert, als erfolgte er bereits in der Konzernwährung. Sämtliche, sich aus den Währungsumrechnungen einstellende Differenzen sind nach IAS 21.28 als Währungsumrechnungsdifferenzen im Aufwand zu erfassen. IAS 21.23 unterscheidet für die Umrechnung aller Posten drei große Bereiche:

- Monetäre Bilanzposten werden mit Stichtagkursen umgerechnet.
- Nicht monetäre Bilanzposten werden mit historischen Kursen (also den Kursen zum Transaktionszeitpunkt) umgerechnet.
- Posten der Gewinn- und Verlustrechnung werden mit den Kursen zum Transaktionszeitpunkt umgerechnet. Hilfsweise kann nach IAS 21.22 aber als Näherung mit Durchschnittskursen gearbeitet werden.

Neben diesen drei großen Bereichen können noch Besonderheiten für einzelne Bilanzposten vorkommen. Bei Gewinnrücklagen ist zu unterscheiden, wann welche Transaktionen erfolgen. Gewinne der Geschäftsjahre sind grundsätzlich mit dem sich einstellenden Durchschnittskurs aus der Gewinn- und Verlustrechnung anzusetzen. Gewinnausschüttungen sind mit dem Kurs zum Transaktionsstichtag zu bewerten. In einer Nebenrechnung sind dann die Jahresscheiben der Gewinne und Gewinnausschüttungen festzuhalten. Hieraus kann man einen Gesamtdurchschnittskurs ermitteln, der für die Währungsumrechnung verwendet werden kann.

Die oben genannten Vorschriften zur Währungsumrechnung lassen sich in die folgende Übersicht zusammenzufassen.

Bilanzposten	Ausweis	Kurs
Immaterielle Vermögenswerte	nicht monetär	historisch
Geschäfts- oder Firmenwert	nicht monetär	historisch
Sachanlagen	nicht monetär	historisch
Abschreibungen	nicht monetär	historisch
Finanzanlagen • Trading • Available for Sale • Held-to-Maturity-Beteiligungen	 monetär monetär/nicht monetär monetär/nicht monetär nicht monetär	 Stichtag Stichtag historisch historisch
Vorräte	monetär	Stichtag
Unfertige Vorräte und Leistungen	monetär	Stichtag
Erhaltene Anzahlungen	nicht monetär	historisch
Forderungen	monetär	Stichtag
Sonstige Vermögenswerte	monetär/nicht monetär	Stichtag/ historisch
Geld und Geldäquivalente	monetär	Stichtag
Latente Steuern	nicht monetär	historisch
Eigenkapital	nicht monetär	historisch
Kapitalrücklagen	nicht monetär	historisch
Gewinnrücklagen	nicht monetär	historisch
Neubewertungsrücklagen	nicht monetär	historisch
Minderheitenanteile	nicht monetär	historisch
Rückstellungen, langfristig	i. d. R. monetär	Stichtag
Rückstellungen, kurzfristig	i. d. R. monetär	Stichtag
Verbindlichkeiten	i. d. R. monetär	Stichtag
Darlehensverbindlichkeiten	monetär	Stichtag
Geleistete Anzahlungen	nicht monetär	historisch

Tab. 15: Währungsumrechnung nach Bilanzposten

Das Vorgehen bei der Währungsumrechnung unter Anwendung der Zeitbezugsmethode erfolgt in zwei Schritten. Im ersten Schritt ist der Einzelabschluss eines jeden Unternehmens auf HB-II-Ebene in die Konzernwährung zu überführen. Hierbei werden sich bereits die ersten Währungsumrechnungsdifferenzen einstellen.

Im zweiten Schritt sind die Währungsumrechnungsdifferenzen zu korrigieren, sie sich während der Konsolidierung einstellen. Derartige Differenzen können sich in Form von Aufrechnungsdifferenzen einstellen, wenn z. B. Forderungen und Verbindlichkeiten durch unterschiedliche Stichtagkurse abweichende Salden aufweisen.[72]

Modifizierte Stichtagmethode

Die Darstellung des Konzernabschlusses in einer weiteren, von der funktionalen Währung abweichenden Währung wird meistens als ein Service für Investoren betrachtet. Die Umrechnung eines Konzernabschlusses in diese Berichtswährung hat dann auf der Basis der modifizierten Stichtagmethode zu erfolgen. Dabei werden – mit Ausnahme des Eigenkapitals – sämtliche Bilanzposten nach IAS 21.39 a) einheitlich mit dem Stichtagskurs umgerechnet. Die Posten der Gewinn- und Verlustrechnung sind nach IAS 21.39 b) zwar zum Transaktionsstichtag umzurechnen, sie können aber nach IAS 21.40 aus Vereinfachungsgründen mit dem Durchschnittskurs angesetzt werden, wenn keine starken Fluktuationen zwischen den Währungen vorhanden sind. Die sich aus den Währungsumrechnungen ergebenden Differenzen sind als Währungsumrechnungsdifferenzen als eigenständiger Posten im Eigenkapital auszuweisen.
Bei der Anwendung der modifizierten Stichtagmethode sind für einzelne Bilanzposten einige Besonderheiten zu beachten:

- Geschäfts- oder Firmenwert

  Geschäfts- oder Firmenwerte ausländischer Töchter werden nach IAS 21.47 für Zwecke der Währungsumrechnung wie Vermögenswerte behandelt. Insofern erfolgt die Umrechnung stets mit dem Stichtagkurs.
- Gewinnrücklagen

  Bei Gewinnrücklagen ist zu unterscheiden, wann welche Transaktionen erfolgen. Gewinne der Geschäftsjahre sind grundsätzlich mit dem sich einstellenden Durchschnittskurs aus der Gewinn- und Verlustrechnung anzusetzen. Gewinnausschüttungen

[72] Für Beispiele zu Währungsumrechnungsdifferenzen im Rahmen der Konsolidierung siehe Kapitel 6.2 ff. ab Seite 114.

sind mit dem Kurs zum Transaktionsstichtag zu bewerten. In einer Nebenrechnung sind dann die Jahresscheiben der Gewinne und Gewinnausschüttungen festzuhalten. Hieraus kann man einen Gesamtdurchschnittskurs ermitteln, der für die Währungsumrechnung verwendet werden kann.

- Minderheitenanteile

  Minderheitenanteile ergeben sich erst im Rahmen der Konsolidierung und werden somit in der Konzernwährung ausgewiesen. Insofern ist für den Minderheitenanteil an sich keine Währungsumrechnung erforderlich, allerdings sind im Rahmen der Konsolidierung einstellende Währungsdifferenzen anteilig den Minderheiten zuzurechnen.

Werden Beteiligungen veräußert, hat eine Umgliederung der Währungsumrechnungsdifferenzen nach IAS 21.48 in die Gewinn- und Verlustrechnung zu erfolgen.

Beispiel:

Siehe CD-ROM

Die funktionale Währung der Wilmington Ltd. ist aufgrund des Unternehmenssitzes und des Vertriebsraumes das britische Pfund Sterling (GBP). Das Unternehmen erwirtschaftet seine Zahlungsströme eigenständig und ist deshalb als eine selbstständige ausländische Einheit einzustufen. Die Umrechnung des Jahresabschlusses der Wilmington erfolgt nach der modifizierten Stichtagsmethode.

Zum Bilanzstichtag hat die Wilmington ihren Abschluss in lokaler Währung (GBP) erstellt:

Aktiva			Passiva
Immaterielle Vermögenswerte	82	Gez. Kapital	70
Sachanlagen	346	Gewinnrücklagen	11.300
Vorräte	1.808	Langfr. Rückstellungen	100
Forderungen aus L&L	13.791	Kurzfr. Rückstellungen	926
Kurzfr. Vermögenswerte	1.515	Verbindlichkeiten aus L&L	13.338
Kassenbestand, Bankguthaben	10.921	Steuerverbindlichkeiten	1.344
		Sonstige kurzfr. Verbindlichkeiten	1.385
Bilanzsumme	28.463	Bilanzsumme	28.463

	Betrag
Umsatzerlöse	68.893
Bestandsveränderungen	0
Sonstige betriebliche Erträge	27
Gesamtleistung	68.929
Materialaufwand	49.876
Personalaufwand	7.376
Abschreibungen	320
Sonstige betriebliche Aufwendungen	2.673
Zinsaufwand	19
Ergebnis der gewöhnlichen Geschäftstätigkeit	8.656
Steuern	2.801
Jahresüberschuss	5.855

Aufgrund der Finanzkrise hat eine starke Entwertung des britischen Pfund Sterling stattgefunden, die das Ergebnis entsprechend belastet. Für den Jahresabschluss sind die folgenden Währungsumrechnungsinformationen verfügbar:

Jahr	Stichtagskurs	Durchschnittskurs
2002	1,41590	
2003	1,41670	
2004	1,41250	
2005	1,45300	
2006	1,48520	
2007	1,35710	
2008	1,02719	1,19215

Für das Konzernreporting pflegt die Wilmington zusätzliche Währungsinformationen für ausgewählte Bilanzposten:

- Der historische Kurs für das gezeichnete Kapital beträgt 1,4167.
- Für die Gewinnrücklagen sind in einer Nebenrechnung die Entwicklung des Bilanzpostens und die Durchschnittskurse dokumentiert.

Geschäftsjahr	GBP Betrag	GBP kumuliert	Kurs Stichtag	Kurs Durchschnitt	EUR Betrag	EUR kumuliert	Durchschnittskurs
2002			1,4159				
2003	245	245	1,4167	1,4163	347	347	1,41630
2004	1.140	1.385	1,4125	1,4146	1.612	1.959	1,41490
2005	1.626	3.011	1,4530	1,4328	2.330	4.289	1,42454
2006	150	3.161	1,4852	1,4691	220	4.509	1,42666
2007	2.284	5.445	1,3557	1,4205	3.244	7.754	1,42406

Die Währungsumrechnung erfolgt ergebnisneutral mit den Stichtags- bzw. Durchschnittskursen:

Bezeichnung	GBP Saldo	Kurs	Umrechnung EUR Saldo	Konzernabschluss EUR Saldo
Aktiva				
Immaterielle Vermögenswerte	82	1,02719	85	85
Sachanlagen	346	1,02719	355	355
Vorräte	1.808	1,02719	1.857	1.857
Forderungen aus L&L	13.791	1,02719	14.166	14.166
Kurzfr. Vermögenswerte	1.515	1,02719	1.556	1.556
Kassenbestand, Bankguthaben	10.921	1,02719	11.218	11.218
Passiva				
Gez. Kapital	-70	1,41670	-99	-99
Gewinnrücklagen	-5.445	1,42406	-7.754	-7.754
Währungsumrechnungsdifferenzen				3.154
Rückstellungen	-1.026	1,02719	-1.054	-1.054
Verbindlichkeiten aus L&L	-13.338	1,02719	-13.701	-13.701
Steuerverbindlichkeiten	-1.344	1,02719	-1.380	-1.380
Sonst. kurzfr. Verbindlichkeiten	-1.385	1,02719	-1.423	-1.423

Bezeichnung	GBP Saldo	Kurs	Umrechnung EUR Saldo	Konzernabschluss EUR Saldo
GuV				
Umsatzerlöse	-68.893	1,19215	-82.130	-82.130
Sonstige Erträge	-27	1,19215	-32	-32
Materialaufwand	49.876	1,19215	59.459	59.459
Personalaufwand	7.376	1,19215	8.793	8.793
Abschreibungen	320	1,19215	381	381
Sonst. betrieblicher Aufwand	2.673	1,19215	3.187	3.187
Zinsaufwand	19	1,19215	23	23
Steueraufwand	2.801	1,19215	3.339	3.339
Summe	0		-3.154	0

Wie bei der Zeitbezugsmethode sind im nächsten Schritt die Währungsumrechnungsdifferenzen zu korrigieren, die sich während der Konsolidierung einstellen. Sie sind ergebniswirksam zu erfassen. Auch hier können sich Differenzen in Form von Aufrechnungsdifferenzen einstellen, wenn z. B. Forderungen und Verbindlichkeiten durch unterschiedliche Stichtagskurse abweichende Salden aufweisen.

Anhangsangaben

Anhangsangaben beziehen sich stets auf die Konzernwährung, also auf die funktionale Währung der Mutter. Neben den Angaben der Beträge der Währungsumrechnungsdifferenzen (sowohl in der Gewinn- und Verlustrechnung als auch im Eigenkapital[73]) sind Angaben zur Umrechnungsmethode zu machen. Diese Angaben ergeben sich aus den allgemeinen Vorschriften zur Darstellung des Jahresabschlusses nach IAS 1. Weicht die Berichtswährung von der funktionalen Währung des Konzerns ab, ist der Umstand darzustellen, zusammen mit einer Begründung, warum diese Abweichung erfolgt. Eine ähnliche Angabe hat für den Wechsel der funktionalen Währung zu erfolgen.

[73] Das kann am einfachsten im Rahmen des gesonderten Ausweises in der Eigenkapitalveränderungsrechnung erfolgen.

11.4 Latente Steuern

11.4.1 Grundlagen

Allgemeines

Latente Steuern sind ein zentrales Element in der Bilanzierung steuerlicher Sachverhalte in einem IFRS-Abschluss. Geregelt ist die Behandlung latenter Steuern in *IAS 12 – Income Taxes*. Dieser Standard ist nicht nur für latente Steuern anzuwenden. Auch die Bilanzierung der regulären Ertragssteuern fällt unter diese Vorschrift.
Mit dem bilanzorientierten Temporary-Konzept, das latente Steuern aus dem Unterschiedsbetrag und dem Bilanzansatz nach den IFRS und dem steuerlichen Bilanzansatz ermittelt, durchdringt das Konzept den gesamten Prozess der Erstellung einer Konzernbilanz. Auf jeder Stufe der Erstellung fallen in Abhängigkeit von Bilanz und Konsolidierungsmaßnahmen latente Steuern an. Prinzipiell können sich drei Arten von Differenzen einstellen, die eine unterschiedliche Berücksichtigung im Bilanzansatz finden:

- Permanente Differenzen

  Permanente Differenzen stellen sich dann ein, wenn sich die Unterschiede der Bilanzansätze nicht mehr auflösen. Im Rahmen des Temporary-Konzeptes spielen derartige Differenzen keine Rolle.
- Quasi-permanente Differenzen

  Bei quasipermanenten Differenzen handelt es sich um temporäre Differenzen, bei denen der Zeitpunkt des Ausgleiches der Differenzen unbestimmt ist. Diese Differenzen kommen regelmäßig bei IFRS-Bilanzposten vor, die einem Impairment-Test und keiner planmäßigen Abschreibung unterliegen.
- Temporäre Differenzen

  Temporäre Differenzen sind zeitlich begrenzte Differenzen, bei denen die Zeitpunkte des Differenzenausgleichs bestimmbar sind. Die Differenzen entstehen üblicherweise aus unterschiedlichen Ansatzvorschriften nach IFRS und Steuerrecht. Über die

Totalperiode betrachtet gleichen sich die Effekte dann aber wieder aus.

Der Bilanzansatz latenter Steuern nach IAS 12 beschränkt sich (aufgrund des Temporary-Konzepts) auf quasipermanente und temporäre Differenzen. Permanente Differenzen werden nicht einbezogen.

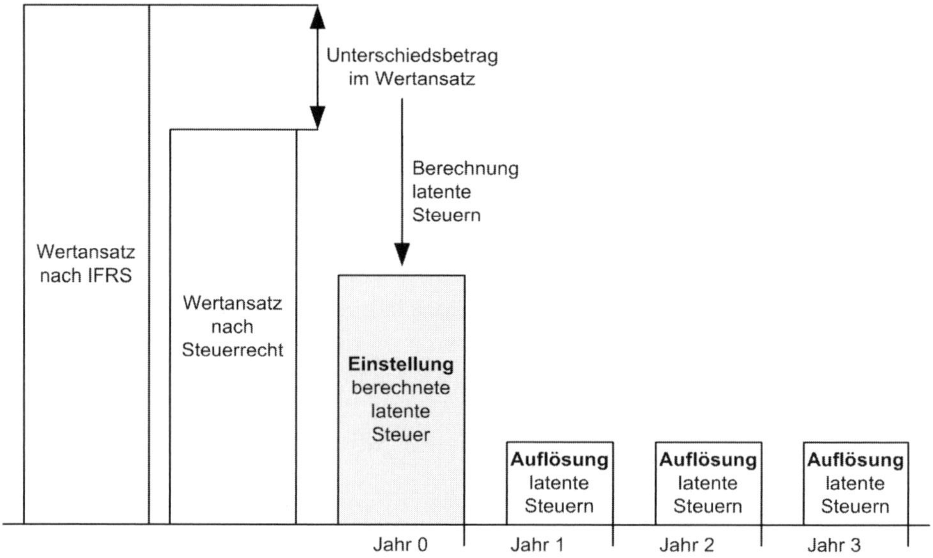

Abb. 48: System der latenten Steuern

Im Rahmen des Konzernabschlusses sind latente Steuern differenziert zu betrachten, weil sie auf unterschiedlichen Ebenen entstehen können:

- Auf der Ebene des Einzelabschlusses
- Auf der HB-II-Ebene einer Beteiligung
- Auf der Konzernebene im Rahmen der Konsolidierung

Tipp:

Gehen sie genau in dieser Reihenfolge vor, um die latenten Steuern für den Konzernabschluss zu berechnen. Nur so lassen sich sicher und zuverlässig alle Steuereffekte erfassen.

Bilanzansatz, Saldierungen, Aufrechnungen und Umgliederungen

Je nach Art der sich einstellenden Differenzen erfolgt ein Ausweis der latenten Steuern entweder als Aktiva oder als Passiva. Unter den Ausweis von aktiven latenten Steuern fallen Differenzen, bei denen

- der Ansatz von Vermögenswerten nach IFRS niedriger bewertet wird als der Ansatz nach dem Steuerrecht,
- der Ansatz von Schulden nach IFRS höher bewertet wird als der Ansatz nach dem Steuerrecht,
- ein Ansatz von Vermögenswerten nach IFRS unterbleibt,
- ein Ansatz von Schulden nach dem Steuerrecht unterbleibt und
- Steuerliche Verlustvorträge anzusetzen sind.

Analog ist ein Ausweis passiver latenter Steuern dann vorzunehmen, wenn

- der Ansatz von Vermögenswerten nach IFRS höher bewertet wird als der Ansatz nach dem Steuerrecht,
- der Ansatz von Schulden nach IFRS niedriger bewertet wird als der Ansatz nach dem Steuerrecht,
- der Ansatz von Vermögenswerten nach dem Steuerrecht unterbleibt und
- der Ansatz von Schulden nach den IFRS unterbleibt.

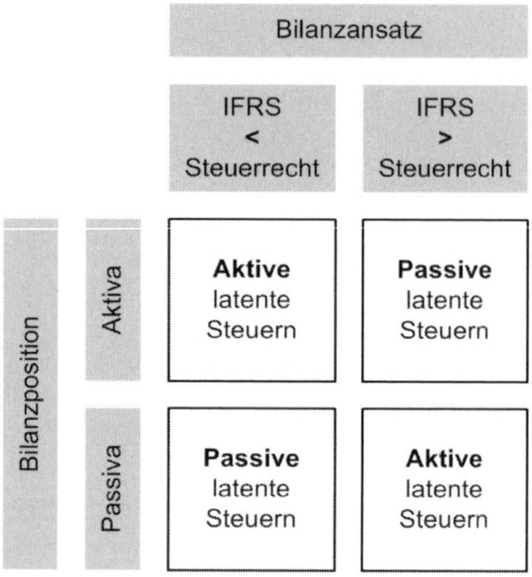

Abb. 49: Klassifizierung latenter Steuern

Sowohl bei der Erst- als auch bei der Folgebewertung werden latente Steuern stets ergebniswirksam angesetzt. Von diesem Grundsatz ist nur dann abzuweichen, wenn für die zugrunde liegenden Differenzen ein erfolgsneutraler Ansatz vorgeschrieben ist. Erfolgsneutrale Ansätze kommen regelmäßig vor bei

- der Erstanwendung der IFRS nach IFRS 1,
- Finanzinstrumenten, die als „Held to Maturity“ eingestuft werden,
- Anlagevermögen, die nach der Neubewertungsmethode bewertet werden,
- Änderungen von Pensionsplänen,
- Währungsumrechnungsdifferenzen.

Ansatzverbote

Neben diesen Ansatzvorschriften sind Ansatzverbote zu berücksichtigen, die explizit vorgeschrieben werden. Nach IAS 12.15 a) (im Rahmen der Erstbewertung) bzw. nach IAS 12.21A (in Rahmen der Folgebewertung) darf kein Ansatz von latenten Steuern auf Geschäfts- oder Firmenwerte erfolgen. Darüber hinaus ist der Ansatz latenter Steuern für erfolgsneutral entstandene temporäre Differenzen nach IAS 12.15 b) zu beachten. Als Beispiel seien hier Investitionszulagen genannt, die nach den IFRS den Bilanzansatz mindern, nach dem Steuerrecht aber als steuerfreier Ertrag erfasst werden.

Saldierungen und Aufrechnungen

Aktive und passive latente Steuern sind in der Bilanz gesondert auszuweisen. Es gilt ein Saldierungsverbot nach IAS 12.74. Das führt zu einem Aufblähen der Bilanzsumme. Um diesen Effekt zu mindern, verlangt IAS 12.74 eine Saldierung von aktiven und passiven latenten Steuern, wenn ein einklagbares Recht zur Verrechnung von Steuerverbindlichkeiten und -forderungen gegenüber einer Steuerbehörde besteht. Für den Konzernabschluss bedeutet dies, dass eine Saldierung nur bedingt erfolgen kann. Generell gilt, dass eine Saldierung für jede Einzelgesellschaft auf der HB-I-Ebene im IFRS-Einzelabschluss problemlos vorgenommen werden kann. Latente Steuern auf der HB-II-Ebene entstehen im Regelfall aufgrund von Kaufpreisallokationen durch die abweichende Bewertung von Vermögenswerten und Schulden. Eine Saldierung ist hier aufgrund unterschiedlicher Steuerbehörden meistens nicht möglich. Das gilt insbesondere bei Verrechnungen von latenten Gewerbe- und Körperschaftssteuern, weil die Gewerbesteuern den Kommunen zustehen, die Körperschaftssteuer aber dem Bund und den Ländern. Ähnliches gilt für Saldierungen auf der Konzernebene. Eine Ausnahme bilden hier steuerliche Organschaften, die aufgrund der Besteuerung beim Organträger in der Regel die Saldierungsvoraussetzungen erfüllen.

Umgliederungen

Neben „echten" abweichenden Bilanzansätzen, die durch abweichende Bewertungen entstehen, können auch Umgliederungen divergente Bilanzansätze auslösen. Da diese „unechten" abweichenden Bilanzansätze nicht durch eine wirtschaftliche Veranlassung herrühren, sind Umgliederungen für die Berechnung der latenten Steuern zu korrigieren.

Bewertung temporärer Differenzen

Temporäre Differenzen sind nach IAS 12.47 mit dem künftigen Steuersatz zu bewerten, der zum Zeitpunkt der Auflösung gültig ist, hilfsweise aber mit dem Steuersatz, der zum Zeitpunkt der Erstellung des Jahresabschlusses gilt. Sind Steuersatzänderungen geplant oder angekündigt, müssen sie als künftige Steuersätze angewendet werden. Bislang bilanzierte latente Steuern sind mit dem neuen Steuersatz zu bewerten und entsprechend zu korrigieren.

Achtung:
Steuersatzänderungen sind ab dem Zeitpunkt zu berücksichtigen, ab dem sie durch Bundestag und Bundesrat verabschiedet wurden.

Obwohl latente Steuern langfristig wirken, gilt – anders als bei anderen Vorschriften – nach IAS 12.53 ein Abzinsungsverbot.

11.4.2 Latente Steuern des Einzelabschlusses

Latente Steuern des Einzelabschlusses werden auf HB-I-Ebene erfasst. Sie sind durch das operative Geschäft der Mutter- bzw. Tochtergesellschaft bestimmt. Im Rahmen des Konzernabschlusses werden diese Differenzen auch „Inside-Basis-Differenzen I" genannt.

Wie zuvor erwähnt, können latente Steuern unterschiedlicher Herkunft sein. Nachfolgend sind die wichtigsten Ursachen von Differenzen aufgelistet:

Checkliste

Bilanzposten	Sachverhalt	Art
Entwicklungskosten	Ausschließlich Entwicklungskosten sind aktivierungspflichtig, Forschungskosten sind weiterhin als Aufwand zu behandeln.	temporär
Immaterielle Vermögenswerte, entgeltlich erworben, nicht abnutzbar	Auslöser: Ansatz der Höhe nach, Restwerte und Werthaltigkeitstest.	quasi-permanent
Immaterielle Vermögenswerte, entgeltlich erworben, abnutzbar	Auslöser: Ansatz der Höhe nach, Nutzungsdauern und Restwerte.	temporär
Geschäfts- oder Firmenwerte	Aus Unternehmenserwerben. Werthaltigkeitstest nach IFRS, planmäßige Abschreibung über 15 Jahren nach Steuerrecht.	temporär, ggf. auch permanent oder quasi-permanent
Sachanlagen	Auslöser: Ansatz der Höhe nach, Nutzungsdauern (insbesondere bei Herstellungskosten), Restwerte, Abschreibungsmethoden. Weitere Besonderheiten nach IFRS: Komponentenansatz, Neubewertungen Weitere Besonderheiten nach Steuerrecht: Übertragung stiller Reserven, Sonderabschreibungen, Ansparfinanzierungen	temporär

Bilanzposten	Sachverhalt	Art
Sachanlagen, Zuschüsse und Zulagen	Aktivierung vs. Ertragserfassung	Ansatzverbot, ggf. temporär
Sachanlagen, Leasing	Finanzierungsleasing, unterschiedliche Ansätze, Grundlage IAS 17.29 vs. Leasingerlass des BMF	i. d. R. Ansatzverbot, ggf. temporär
Beteiligungen	Ggf. Ansatz der Equity-Methode, Dividendenausschüttung, Steuerfreiheit sowie Sonderregeln nach § 8 b KStG	permanent
Vorräte	Bewertungsansätze (insbesondere bei unfertigen und fertigen Erzeugnissen), Wertabschläge, Niederstwertprinzip	temporär
Forderungen	Wertminderungen, ggf. Pauschalwertberichtigungen	temporär
Wertpapiere	Auslöser: Ansatz der Höhe nach durch Pflichtansatz mit beizulegenden Zeitwert nach IFRS vs. keinem Ansatz nach Steuerrecht	temporär
Sonderverlustkonto	Nichtansatz nach IFRS	temporär
Sonderposten mit Rücklageanteil	Nichtansatz nach IFRS	temporär
Pensionsrückstellungen	Auslöser: Ansatz	temporär
Steuerrückstellungen	Ausweis Verbindlichkeit vs. Rückstellungen, Umgliederungen.	keine Latenzen
Drohverlust- & sonstige Rückstellungen	Auslöser: Ansatz und Abzinsung mit unterschiedlichen Zinssätzen aber auch Umgliederungen möglich	temporär, ggf. keine Latenzen
Verbindlichkeiten	Auslöser: Ansatz und Abzinsung mit unterschiedlichen Zinssätzen	temporär

Tab. 16: Bilanzposten als Auslöser temporärer Differenzen

Die Pflicht zum Ansatz latenter Steuern hat bereits im Einzelabschluss einen wesentlichen Einfluss auf den Prozess der Abschlusserstellung. Da zeitgleich zum IFRS-Abschluss die Steuerbilanz des Unternehmens vorliegen muss, ist der Abschlussprozess so zu gestalten, dass aus dem Einzelabschluss nach dem HGB nicht nur der IFRS-Abschluss, sondern auch die Steuerbilanz abzuleiten ist. Wird sie extern (z. B. durch den Steuerberater) erstellt, ist dieser rechtzeitig einzubinden. Für die umfangreichen Angaben in den Notes sind sämtliche Steuereffekte bereits auf der Ebene des Einzelabschlusses hinreichend gut zu dokumentieren, damit im Rahmen des Konsolidierungsprozesses weiterführende latente Steuern zuverlässig erfasst werden können. Für die Ermittlung der latenten Steuern im Rahmen des IFRS-Einzelabschlusses wird die folgende Vorgehensweise empfohlen:

Reihenfolge beachten!

Schritt	Tätigkeit
1	Erstellung des vorläufigen IFRS-Abschlusses ohne die Ermittlung und Buchung von Steuerlatenzen
2	Ableitung und Fortschreibung der Steuerbilanz aus der Handelsbilanz
3	Ermittlung sämtlicher Differenzen
4	Eliminierung permanenter Differenzen
5	Eliminierung von Umgliederungen
6	Ermittlung der temporären Differenzen, soweit notwendig für jeden einzelnen Bilanzposten bis auf die Kontoebene, ggf. auch bis auf die Ebene der Transaktion
7	Wahl des geeigneten Steuersatzes
8	Ermittlung latenter Steuern
9	Ermittlung der Veränderung von latenten Steuern auf steuerliche Verlustvorträge
10	Klassifizierung latenter Steuern ergebniswirksam/ergebnisneutral
11	Korrektur (buchen) der Bilanzansätze für latente Steuern
12	Erstellung des endgültigen IFRS-Abschlusses

Tab. 17: Vorgehensweise der Latenzberechnung

Siehe CD-ROM

Beispiel:

Der Erwerb der LT Leitsysteme GmbH löst bereits bei der Erstellung des IFRS-Einzelabschlusses Steuerlatenzen aus. Weiterhin können Veränderungen der Steuerlatenzen aufgrund der Transaktionen im Laufe des Geschäftsjahres entstehen. Alle Effekte sind auf der HB-I-Ebene zu erfassen.

Erstansatz im Rahmen des Unternehmenserwerbes

Bei der Erstbewertung folgen die latenten Steuern den abweichenden Bilanzposten[74] aufgrund der vorgenommenen Umstellungen. Neben der neuen IFRS-Bilanz des Einzelabschlusses wird aufgrund der Einheitsbilanz bei der LT Leitsysteme die HGB-Bilanz (als Steuerbilanz) verwendet.

Bezeichnung	Wertansatz	Latente Steuer
Marke	140 TEUR - 120 TEUR = 20 TEUR x 35,3 %	7
Sachanlagevermögen	5.446 TEUR - 4.955 TEUR = 491 TEUR x 35,3 %	173
Pauschalwertberichtigungen	5.446 TEUR - 4.955 TEUR = 491 TEUR x 35,3 %	64
Finanzinstrumente	5.446 TEUR - 4.955 TEUR = 491 TEUR x 35,3 %	18
Drohverlustrückstellungen	5.446 TEUR - 4.955 TEUR = 491 TEUR x 35,3 %	159
		421

Die latenten Steuern aus der abweichenden Markenbewertung sind als quasi-permanente Differenzen einzustufen, weil Marken nach IFRS regelmäßig als ein Vermögenswert mit unbestimmter Nutzungsdauer eingestuft werden.

Weil ausschließlich passive latente Steuern vorliegen, ist eine Saldierung nicht erforderlich. Als Gegenposition ist bei der Erstellung der Eröffnungsbilanz für die passiven latenten Steuern die Gewinnrücklage zu verwenden.

Folgebewertung der latenten Steuern zum Geschäftsjahresende

Für die Folgebewertung der latenten Steuern werden die Bilanzposten zum Abschlussstichtag verglichen. Auch wenn die Berechnung auf Konten oder Kontenbereichsebene erfolgt, liegen entweder die weiterentwickelten Sachverhalte aus der Eröffnungsbilanz oder aus Transaktionen im Laufe des Geschäftsjahres vor:

[74] Siehe Kapitel 5.2 ab Seite 57 für die zugrundeliegenden Bilanzposten und deren Sachverhalte.

Bilanzposten	Saldo IFRS	Saldo Steuerbilanz	Differenz	Latente Steuern
Aktiva				
Immaterielle Vermögenswerte	130	110	20	7
Sachanlagen	5.237	4.731	506	179
Forderungen aus L&L	7.857	7.697	160	56
Kurzfr. Vermögenswerte	2.773	2.461	197	70
Wertpapiere	512	500	12	4
Summe				316

Da der Saldo der passiven latenten Steuern gegenüber der Eröffnungsbilanz um 105 TEUR (412 TEUR – 316 TEUR) abgenommen hat, ist ein entsprechender Steuerertrag in gleicher Höhe zu buchen.

11.4.3 Latente Steuern der HB-II-Ebene

Auf HB-II-Ebene fallen regelmäßig latente Steuern an, die durch die Anpassung der Einzelabschlüsse an die konzerneinheitlichen Bewertungs- und Bilanzierungsrichtlinien bedingt sind. Verglichen werden hier die Bilanzansätze nach IFRS entsprechend der konzerneinheitlichen Bewertungs- und Bilanzierungsrichtlinien mit der Steuerbilanz. Im Rahmen des Konzernabschlusses werden die daraus ergebenden Differenzen auch „Inside-Basis-Differenzen II“ genannt. Diese Differenzen werden der Sphäre von Mutter- bzw. Tochtergesellschaft zugeordnet.

Latente Steuern auf HB-II-Ebene lassen sich prinzipiell in drei Bereiche aufteilen:

- Im Rahmen von Unternehmenserwerben vorgenommene Aufdeckungen von stillen Reserven und stillen Lasten aufgrund des Zwanges nach IFRS 3 zur Bewertung sämtlicher Vermögenswerte und Schulden mit dem beizulegenden Zeitwert.
- Im Rahmen von Unternehmenserwerben durchgeführte Erstansätze von bislang nicht bilanzierten Vermögenswerten und Schulden.
- Anpassung von Bilanzposten aufgrund der konzerneinheitlichen Bewertungs- und Bilanzierungsrichtlinien.

Die Berechnung der latenten Steuern auf der HB-II-Ebene folgt der Systematik der Berechnung auf der Ebene des Einzelabschlusses. Da die HB-II-Ebene nur Korrekturposten der Bilanzansätze des Einzelabschlusses aufnimmt, ist eine Weiterentwicklung der Bilanzposten des Einzelabschlusses erforderlich.

Beispiel:

Siehe CD-ROM

Der Erwerb der LT Leitsysteme im Geschäftsjahr 2008 löst eine Reihe von Transaktionen bei der Buchung der latenten Steuern aus. Zum einen entstehen latente Steuern im Rahmen der Erstkonsolidierung, konkret aus der Hebung der stillen Reserven des Grundstückes, dem Ansatz der Kundenstämme, der Auftragsbestände und der lästigen Verträge. Zum anderen sind die Effekte des Geschäftsjahres aufgrund der Folgebewertung der HB-II-Posten zu berücksichtigen.

Da – mit Ausnahme des Grundstücks – die HB-II-Posten in der Steuerbilanz vollkommen unbekannt sind, kann eine latente Steuer auf die vollen Bilanzposten gerechnet werden. Aufgrund der Verwendung einer Einheitsbilanz bei der LT Leitsysteme kann ausnahmsweise auch der HGB-Bilanzansatz für das Grundstück zur Berechnung der latenten Steuern benutzt werden. Der Steuersatz der LT Leitsysteme betrug im Geschäftsjahr unverändert 35,3 %.

- Erstansatz im Rahmen des Unternehmenserwerbes

Bezeichnung	Wertansatz	Latente Steuer
Grundstück	1.955 TEUR – 850 TEUR = 1.105 TEUR x 35,3 %	390
Kundenstamm	3.600 TEUR x 35,3 %	1.271
Auftragsbestand	1.300 TEUR x 35,3 %	459
Lästiger Vertrag	–100 TEUR x 35,3 %	–35
		2.085

  Aufgrund der unterschiedlichen Rechtskreise bei der Latenzberechnung (Steuerbilanz der LT Leitsysteme und Konzernbewertung durch die Mellenich AG) gilt ein Aufrechnungsverbot. Die aktiven latenten Steuern und die passiven latenten Steuern sind separat auszuweisen. Insofern ist für die aktiven latenten Steuern ein Betrag in Höhe von 35 TEUR und für die passiven latenten Steuern eine Betrag in Höhe von 2.120 TEUR anzusetzen.

- Folgebewertung der latenten Steuern zum Geschäftsjahresende
  Alle Sachverhalte wurden für die Folgebewertung weiterentwickelt. Die zum Akquisitionsstichtag vorhandenen Auftragsbestände

wurden vollständig abgearbeitet. Das fehlgeschlagene Projekt wurde vollständig rückabgewickelt. Der Kundenstamm wurde regulär abgeschrieben, das Grundstück unterliegt nur dem Impairment-Test.

Bezeichnung	Wertansatz	Latente Steuer
Grundstück	1.560 TEUR - 850 TEUR = 1.105 TEUR x 35,3 % (Bei den latenten Steuern handelt es sich um quasi-permanente Differenzen. Obwohl sich die Bilanzansätze nicht ändern, könnten aber sehr wohl aufgrund eines Werthaltigkeitstests Wertänderungen erfolgen)	390
Kundenstamm	3.600 TEUR (1 – 1 : 10 x 9 : 12) x 35,3 %	1.175
Auftragsbestand	nicht vorhanden	0
Lästiger Vertrag	nicht vorhanden	0
		1.565

Tipp:

In einem gut organisierten Rechnungswesen werden die Sachverhalte und Transaktionen, die latente Steuern auslösen, einzeln verfolgt.

11.4.4 Latente Steuern auf der Ebene der Muttergesellschaft

Neben den Inside-Basis-Differenzen I und II sind die Outside-Basis-Differenzen (OBD) ein wesentliches Element der latenten Steuern im Konzernabschluss. Outside-Basis-Differenzen entstehen grundsätzlich auf der Ebene der Muttergesellschaft durch den Vergleich der Bilanzansätze von Beteiligungen. Verglichen werden zum einen die Steuerbilanz mit dem IFRS-Einzelabschluss der Muttergesellschaft und die Steuerbilanz mit dem IFRS-Konzernabschluss, weil jeweils unterschiedlich temporäre Differenzen auftreten können. Geregelt sind die Identifizierung und der Ansatz von latenten Steuern auf OBD in IAS 12.38 ff. Danach darf keine Steuerabgrenzung vorgenommen werden, wenn die Muttergesellschaft dazu in der Lage ist, den zeitlichen Verlauf der Differenzumkehr zu steuern, und wenn eine Differenzumkehr in absehbarer Zeit nicht wahrscheinlich ist. Bei Tochtergesellschaften ist dies regelmäßig der Fall, sodass in

den meisten Fällen ein Ansatzverbot für OBDs vorliegt, es sei denn, die Beteiligung qualifiziert als assoziiertes Unternehmen oder es besteht eine Verkaufsabsicht.
Aufgrund unterschiedlicher Rechtsformen der Mutter- und der Tochtergesellschaft können sich sowohl im Einzel- als auch im Konzernabschluss unterschiedliche Differenzen einstellen.
Im Einzelabschluss ist im Wesentlichen die Rechtsform der Tochtergesellschaft bedeutend. Bei Kapitalgesellschaften als Tochter ist die Steuerbilanz als steuerliche Grundlage heranzuziehen, bei Personengesellschaften das steuerliche Eigenkapital aufgrund der Spiegelbildtheorie.

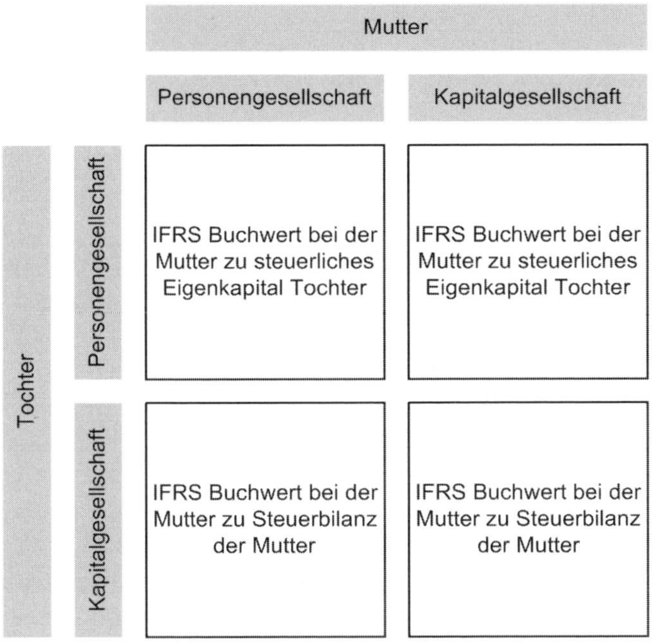

Abb. 50: Outside-Basis-Differenzen im Einzelabschluss

Im Konzernabschluss können OBDs nur bei Kapitalgesellschaften entstehen. Aufgrund der Einzelveräußerungsfiktion von Vermögenswerten in der IFRS- und in der Steuerbilanz (durch die Spiegelbildtheorie) entfällt der Ansatz von OBDs bei Personengesellschaften als Tochtergesellschaften.

Auf der Ebene des Einzelabschlusses der Mutter erfolgt die Ermittlung von Differenzen mittels des Vergleiches der Steuerbilanz mit dem Beteiligungsansatz im Einzelabschluss. Wenn überhaupt können hier OBDs nur aus Bewertungsvorschriften entstehen, die eine Bewertung mit dem beizulegenden Zeitwert und nicht mit den fortgeführten Anschaffungskosten vorschreiben. Klassische Fälle für ODBs sind:

- außerplanmäßige Abschreibungen nach IFRS, die steuerlich nicht ansatzfähig sind,
- Einstufung der Beteiligung als Discontinued Units nach IFRS 5.15 und damit Bewertung mit dem beizulegenden Zeitwert,
- Klassifizierung der Beteiligung als Available for Sale oder nach IAS 39.45,
- Teilwertabschreibungen nach § 8 b Abs. 2 KStG, die nach IFRS nicht gebucht werden.

Neben den Wertansätzen können ODBs auch durch Gewinnausschüttungen entstehen. Gewinnausschüttungen lösen generell zwei Arten von latenten Steuern aus. Da Ausschüttungen nach § 8 b KStG steuerfrei sind, ergeben sich für die Ausschüttungen permanente Differenzen. Daneben schreibt § 8 b Abs. 3 KStG vor, 5 % der Gewinnausschüttungen als nicht abzugsfähige Betriebsausgaben anzusetzen. Für diese Ausgaben entstehen temporäre Differenzen, die sich mit der Ausschüttung wieder umkehren. Hier können latente Steuern angesetzt werden. Vielfach wird der Effekt aber im Rahmen der steuerlichen Überleitungsrechnung berücksichtigt.
Da auf Konzernebene eine Auflösung der Beteiligungsansätze erfolgt, ist hier die Steuerbilanz dem Nettovermögen der Beteiligung gegenüber zustellen. Das ist besonders im Fall der Veräußerung zu beachten.

Personengesellschaften

Neben den OBDs weisen Personengesellschaften weitere Besonderheiten auf, die im Rahmen der latenten Steuern zu berücksichtigen sind. Deshalb sei an dieser Stelle für eine vollumfängliche Besprechung auf den Abschnitt „Personengesellschaften" in Kapitel 11.4.5 (S. 281) verwiesen.

11.4.5 Besonderheiten

Immaterielle Vermögenswerte

Latente Steuern auf immaterielle Vermögenswerte mit unbestimmter Nutzungsdauer weisen einige Besonderheiten auf. Diese Vermögenswerte werden nicht planmäßig abgeschrieben. Sie unterliegen deshalb dem Werthaltigkeitstest nach IAS 36. Insofern stellen sich – steuerlich betrachtet – quasi-permanente Differenzen ein, die als latente Steuern zu bilanzieren sind.
Werden diese immateriellen Vermögenswerte im Rahmen einer Kaufpreisallokation durch ertragswertorientierte Verfahren ermittelt, ist als eine weitere Komponente ein Tax Amortization Benefit zu berücksichtigen, das die künftigen Steuervorteile aufgrund von Abschreibungen des Vermögenswertes aufnimmt. Üblicherweise wird für die Berechnung die Nutzungsdauer des zugrunde liegenden Vermögenswertes herangezogen. Bei immateriellen Vermögenswerten mit unbestimmter Nutzungsdauer kann dies aber nicht zum gewünschten Erfolg führen. Hier ist dann eine adäquate Laufzeit anzunehmen.

Tipp:

Klären Sie die Nutzungsdauer mit Ihrem Abschlussprüfer. In vielen Fällen ist der Ansatz einer Nutzungsdauer von 15 Jahren analog dem steuerlichen Abschreibungszeitraum nach § 7 Abs. 1 EStG akzeptabel.

Personengesellschaften

Personengesellschaften weisen gegenüber Kapitalgesellschaften eine Reihe von Besonderheiten auf, die latente Steuern auslösen. Zusätzlich zur Gesamthandsbilanz der Gesellschaften können noch Sonder- und Ergänzungsbilanzen vorhanden sein, die zwar zur Besteuerungsgrundlage gehören, in der IFRS-Rechnungslegung aber unbekannt sind. Zusätzlich erfolgt auf der Ebene der Gesellschafter die Anwendung der Spiegelbildtheorie.

Ergänzungsbilanzen

Ergänzungsbilanzen nehmen die Wertansätze einzelner Bilanzposten auf, die explizit einem Gesellschafter zuzurechnen sind. Typischerweise entstehen Ergänzungsbilanzen beim Ausscheiden von alten oder beim Aufnehmen von neuen Gesellschaften, weil durch diese Transaktionen regelmäßig stille Reserven oder stille Lasten aufgedeckt werden. In IFRS-Bilanzen erfolgt der Ansatz von Bilanzposten bereits mit dem beizulegenden Zeitwert, insofern spielen die Ergänzungsbilanzen aus rein bilanzieller Sicht keine Rolle. Aus den unterschiedlichen Bilanzansätzen (Gesamthandsbilanz plus Ergänzungsbilanzen vs. IFRS-Bilanz) sowie aus den Ergebniseffekten aus der Weiterentwicklung der Bilanzposten der Ergänzungsbilanzen ergeben sich Differenzen, die temporäre latente Steuern auslösen. Betroffen hiervon ist ausschließlich die Gewerbesteuer, weil diese auf der Ebene der Gesellschaft berechnet wird.

Sonderbilanzen

Sonderbilanzen beinhalten Bilanzansätze von Vermögenswerten, die einem Gesellschafter gehören, aber der betrieblichen Sphäre der Gesellschaft zuzurechnen sind. Für Latenzberechnungen können Sonderbilanzen ignoriert werden, weil deren Vermögenswerte auf unterschiedlichen Ebenen gehalten werden und sich somit keine Differenzen einstellen können.

Steuerliche Verlustvorträge

Verfügt ein Unternehmen über steuerliche Verlustvorträge, stellen diese Verlustvorträge nach IAS 12.34 einen Vermögenswert dar, der zu bilanzieren ist. Die Bilanzierung ist allerdings an Voraussetzungen gekoppelt, deren Nachweis zu erbringen ist. So ist der Bilanzansatz begrenzt auf die künftig zu erwartenden Gewinne. Hierzu ist eine steuerliche Planungsrechnung erforderlich, die den Nachweis der künftigen Gewinne und der Ausnutzung der steuerlichen Verlustvorträge führen muss.

Tipp:

Integrieren Sie das Controlling für diese Aufgaben, weil die Controlling-Abteilung ohnehin die Unternehmensplanung durchzuführen hat. Basierend auf der Unternehmensplanung können Anpassungen für steuerliche Zwecke vorgenommen werden. So wird ein Gleichlauf zwischen den Unternehmensplanungen und der steuerlichen Planung erreicht.

Tipp:

Die Aktivierung von steuerlichen Verlustvorträgen ist regelmäßig ein Prüfungsschwerpunkt der Deutschen Prüfstelle für Rechnungslegung (DPR). Eine ergiebige Fundstelle sind insbesondere die Ansatzkriterien für die steuerlichen Verlustvorträge. Seien Sie also vorsichtig und dokumentieren Sie sowohl den Erst- als auch den Folgeansatz hinreichend genau.

Da sowohl die Körperschafts- als auch die Gewerbesteuer von Verlustvorträgen betroffen sind, ihre Höhe aber variieren kann, sollte die Ermittlung der zu aktivierenden Verlustvorträge über eine Vergleichsrechnung durchgeführt werden. Die Steuerbelastung ist über den Planungszeitraum zum einen mit und zum anderen ohne die steuerlichen Verlustvorträge durchzurechnen. Aus der Differenz ergeben sich die tatsächlichen Steuervorteile, die aktivierungsfähig sind. Mittels dieser Methode lassen sich die zu aktivierenden Verlustvorträge getrennt nach Körperschafts- und Gewerbesteuer ansetzen.

Achtung:

Die Ermittlung der Verlustvorträge muss für jede Gesellschaft separat durchgeführt werden!

Währungsumrechnungsdifferenzen

Wenn ausländische Beteiligungen als funktionale Währung eine von der Konzernwährung abweichende Währung verwenden und zur Währungsumrechnung die modifizierte Stichtagmethode anwenden, entstehen regelmäßig erfolgsneutral zu erfassende Währungsumrechnungsdifferenzen aufgrund von Kursschwankungen. Diese Differenzen sind stets als OBD zu klassifizieren. Ein Ansatz darauf anfallender latenter Steuern erfolgt nur, wenn die Aktivierungsvoraussetzungen[75] erfüllt sind.

Problematisch ist regelmäßig die Identifizierung der Währungsumrechnungsdifferenzen, weil Bilanzposten neben den Kurseinflüssen vor allem durch Zu- und Abgänge bestimmt sind. Diese Vermi-

[75] Siehe Kapitel 11.4.4 auf S. 278.

schung von unterschiedlichen Geschäftsvorfällen (verbunden mit der Bewertung zu unterschiedlichen Zeitpunkten) ist so zu strukturieren, dass Währungsumrechnungsdifferenzen leicht zu identifizieren sind. Das hängt im Wesentlichen von den verwendeten Buchhaltungssystemen und den Arbeitsprozessen im Unternehmen ab und ist deshalb unternehmensindividuell abzuschätzen.

Tipp:

Unabhängig von EDV-Systemen können Sie Währungsumrechnungsdifferenzen „manuell" bestimmen, indem Sie die Währungsumrechnung für einen Bilanzposten zum aktuellen Bilanzstichtag zweimal durchführen: mit dem Stichtagkurs zum letzten Bilanzstichtag und dem Stichtagkurs zum aktuellen Bilanzstichtag. Aus den Differenzen lassen sich dann leicht die Währungsumrechnungsdifferenzen je Bilanzposten ermitteln.

Organschaften[76]

Zur steuerlichen Optimierung werden innerhalb von Konzernen oftmals Organschaften verwendet. Organschaften sind sehr eng mit der nationalen Steuergesetzgebung verbunden. Sie können deshalb nicht immer den ganzen Konzern umfassen. Das Merkmal einer Organschaft ist die Besteuerung beim Organträger für alle der Organschaft angehörigen Unternehmen. Innerhalb der Organschaft kann so ein Verlustausgleich erfolgen, der die Steuerbelastung über alle Organgesellschaften reduziert. Insofern können sich aus Ausschüttungen sowie Gewinn- und Verlustverrechnungen latente Steuern ergeben. Neben diesen Latenzeffekten ist ebenfalls der Zeitpunkt der Entstehung von Differenzen zu berücksichtigen.
Insgesamt erlauben Organschaften umfangreiche steuerliche Gestaltungsmöglichkeiten, die sich direkt auf Differenzen zwischen Steuerbilanz und IFRS auswirken. Hier ist es geboten, den steuerlichen Berater bezüglich der Ausgestaltung zu konsultieren.

---

[76] Bezüglich Organschaften werden hier nur allgemeine Aspekte angesprochen. Für eine weiterführende Behandlung des Themas wird auf die entsprechende Fachliteratur verwiesen. Hinsichtlich der Auswirkungen auf latente Steuern siehe auch Hoffmann in: Haufe IFRS-Kommentar § 26, Rz. 88 ff.

Konzernumstrukturierungen, Formwechsel etc.

Konzernumstrukturierungen und Reorganisationen können erhebliche Effekte bei latenten Steuern nach sich ziehen. Obwohl Umstrukturierungen keinen Einfluss auf den Konzernabschluss haben dürfen, können auf der Ebene der Steuerabschlüsse durchaus Veränderungen auftreten. Ursache hierfür ist das Wahlrecht zum Ansatz von Buch- und Zwischenwerten nach dem UmwStG, unabhängig von der Art der Umstrukturierung. Bei den resultierenden Differenzen handelt es sich um IBD.
Da sich Veränderungen der steuerrechtlichen Wertansätze bei Umstrukturierungen nicht vermeiden lassen, sind die sich einstellenden Differenzen hinsichtlich Ursache und Folgewirkung zu analysieren. Sind Saldierungen und Umgliederungen möglich, sollte sie mit einer entsprechenden Dokumentation vorgenommen werden. Verbleibende Residualdifferenzen müssen dann im Konzernabschluss berücksichtigt werden.

11.4.6 Anhangsangaben

Anhangsangaben zu latenten Steuern erfolgen üblicherweise im Rahmen der Angaben zu den Ertragssteuern, weil die latenten Steuern lediglich eine Untermenge bilden. Neben der Aufschlüsselung nach latenten und tatsächlichen Steuern ist nach IAS 12.79 ff. eine Vielzahl von Angaben gefordert. Auf jeden Fall sind die folgenden Pflichtangaben in die Notes aufzunehmen:

- Analyse des Steueraufwandes, untergliedert nach tatsächlichen und latenten Steuern,
- Aufgliederung des latenten Steueraufwandes nach temporären Differenzen, Wertberichtigungen und Verlustvorträgen bzw. Steuergutschriften,
- steuerliche Überleitungsrechnung,
- der relevante Steuersatz bzw. Konzernsteuerquote,
- Analyse der ergebnisneutralen entstandenen latenten Steuern,
- Analyse aktiver und passiver latenter Steuern nach Bilanzposten,

- Veränderungen latenter Steuern aufgrund Änderungen im Konsolidierungskreis,
- weitere Pflichtangaben und Erläuterungen.

Neben diesen Pflichtangaben ist es geboten, freiwillige Angaben in den Anhang aufzunehmen, die für eine Erläuterung besondere Steuersachverhalte hilfreich sind.

Steuerliche Überleitungsrechnung[77]

Verprobung mit der Steuererklärung

Die steuerliche Überleitungsrechnung ist eine der komplexesten Analysen im Rahmen von IFRS-Abschlüssen. Bei der Überleitung vom errechneten bzw. erwarteten Steueraufwand zu den tatsächlich gezahlten Steuern sind sämtliche Effekte zu berücksichtigen, die einen Einfluss haben könnten. Hier ist es sinnvoll, die Überleitung in einige wesentliche Rubriken zu gliedern:

- Steuereffekte aus der Abweichung von der steuerlichen Bemessungsgrundlage

  Hier sind steuerfreie Erträge sowie steuerlich nicht ansetzbare Aufwendungen und Abschreibungen auszuweisen.
- Steuersatzabweichungen

  Steuersatzabweichungen können sich aus der Änderung von Steuersätzen, unterschiedlichen Hebesätzen der Gewerbesteuer, abweichenden ausländischen Steuersätzen sowie außerbilanzielle Hinzurechnungen und Kürzungen für die Ermittlung des zu versteuernden Einkommens ergeben. Als Beispiel seien hier Zurechnungen nach § 8 Abs. 5 KStG (5 % nicht abziehbare Betriebsaufwendungen bei Dividendenerträgen) genannt.
- Aktive latente Steuern

  Da aktiven latenten Steuern ein besonderes Augenmerk gilt, werden Effekte regelmäßig gesondert ausgewiesen. Hierzu gehört neben der Nutzung von Verlustvorträgen, Wertberichtigungen und Zuschreibungen auch der Nichtansatz latenter Steuern.

---

[77] Vgl. das Muster in Anhang IV.

- Aperiodische Effekte

  Unter den aperiodischen Effekten werden sämtliche Einmaleffekte aufgeführt. Als Beispiele seien hier Erstattungen aus Verlustrückträgen, Effekte von Betriebsprüfungen oder latente Steuern auf Börsengänge genannt.

- Sonstiges

  Gibt es in Konzernen (vor allem bei Tochtergesellschaften) keine hinreichend gute Dokumentation der Steuereffekte, kann es immer wieder vorkommen, dass Abweichungen zwischen berechneten und tatsächlichen Steueraufwendungen nicht erklärt werden können. Diese nicht erklärbaren Differenzen werden meistens unter einem Sammelposten „Sonstiges" zusammengefasst.

Tipp:

In Anlehnung an die US-GAAP sollten diese Differenzen weniger als 5 % des errechneten Steueraufwandes betragen. Darüber hinaus eignet sich die Überleitungsrechnung hervorragend zur Verplausibilisierung von Steuerabgrenzungen, sodass fehlerhafte Berechnungen von latenten Steuern sofort ersichtlich werden.

Um die Überleitungsrechnung für den Konzernabschluss erstellen zu können, ist zuvor eine Überleitungsrechnung für jede einzelne Gesellschaft des Konsolidierungskreises zu erstellen. Üblicherweise ist die Überleitungsrechnung ein fester Bestandteil des steuerlichen Berichtswesens im Rahmen des Konzernreportings.

Achtung:

Auch wenn keine latenten Steuern in einem Abschluss vorhanden sind, ist die steuerliche Überleitungsrechnung gefordert. Sie wird üblicherweise auf der Ebene des Einzelabschlusses von Tochtergesellschaften vorkommen. Auf der Ebene des Konzernabschlusses ist das aber eher unwahrscheinlich.

11.5 Kapitalflussrechnung[78]

11.5.1 Grundlagen

Allgemeines

IAS 1.42 ff. definiert neben den Notes vier Berichte als die wesentlichen Elemente eines Jahresabschlusses, die separat aufzuführen sind und gleichberechtigt nebeneinanderstehen:

- Die Bilanz
- Die Gewinn- und Verlustrechnung
- Die Eigenkapitalveränderungsrechnung
- Die Kapitalflussrechnung

Vor diesem Hintergrund ist auch für den Konzernabschluss eine Kapitalflussrechnung zwingend zu erstellen. Geregelt sind das Format, die zu berücksichtigenden Bestandteile sowie die zugehörigen Anhangsangaben in *IAS 7 – Cash Flow Statement.* Sinn und Zweck der Kapitalflussrechnung ist die Darstellung der Veränderungen der Zahlungsmittel, also der liquiden Mittel, wobei dies nach IAS 7.10 systematisch und nach Kategorien „betriebliche Tätigkeiten", „Investitionstätigkeiten" und „Finanzierungstätigkeiten" aufgegliedert erfolgen soll. Im Prinzip ist die Kapitalflussrechnung nichts anderes als eine Verprobung der Veränderung von Finanzmittelfonds zwischen den Bilanzstichtagen.

- Betriebliche Tätigkeiten

  Unter dieser Kategorie sind sämtliche Kapitalflusselemente des laufenden Geschäftes zusammenzufassen. Hierunter fallen sämtliche Geschäftsvorfälle, die zum einen eine Auswirkung auf das operative Ergebnis haben und zum anderen Bilanzposten ändern. IAS 7.14 listet hier eine ganze Reihe von Beispielen für derartige Geschäftsvorfälle auf.

[78] Hier wird die Vorgehensweise bei der manuellen Erstellung der Kapitalflussrechnung besprochen.

- Investitionstätigkeiten

  Die Kategorie Investitionstätigkeiten umfasst alle Geschäftsvorfälle, die eine Investition in die Zukunft darstellen. Deshalb sind die getätigten Investitionen ein Maß dafür, in welchem Umfang das Unternehmen in die Lage versetzt wird, künftige Cashflows zu generieren. In der Regel fallen unter diese Kategorie immer Veränderungen des Anlagevermögens, insbesondere Anschaffung von langfristigen Vermögenswerten und der Erwerb von Beteiligungen.
- Finanzierungstätigkeiten

  Sämtliche Geschäftsvorfälle des Unternehmens, die eine Veränderung im Eigenkapital oder in den Schulden bewirken, sind unter der Kategorie Finanzierungstätigkeiten auszuweisen. Diese Kategorie ist ein Indikator für die Veränderung von finanziellen Verpflichtungen und die künftig zu erbringenden Schuldendienste. Hierzu gehören die Veränderungen im Eigenkapital durch Dividendenzahlungen und Kapitaltransaktionen ebenso wie die Aufnahme oder Begleichung von langfristigen Schulden in Form von Darlehen, Schuldscheinen, Rentenpapieren oder Ähnliches.

Wie umfangreich und detailliert die Posten der einzelnen Kategorien sein müssen, ist in IAS 7 nicht explizit geregelt. Diese Regelungslücke wird von Unternehmen als Gestaltungselement genutzt. In publizierten Jahresabschlüssen ist vermehrt der Trend zu einer Zusammenfassung von einzelnen Cashflow-Elementen zu beobachten, um keine allzu große Transparenz bezüglich der einzelnen Kapitalflüsse zu bieten.

IAS 7.18 räumt ein Wahlrecht bezüglich der Abbildungsmöglichkeiten in den Kategorien ein:

- Indirekte Methode[79]

  Bei der indirekten Methode wird – ausgehend vom Periodengewinn – zunächst eine Korrektur der zahlungsunwirksamen Trans-

[79] Vgl. Anhang V für ein Muster.

aktionen vorgenommen. Danach werden die Veränderungen der Bilanz in die Cashflow-Rechnung übernommen, aufgegliedert nach den drei Kategorien. Hierbei ist zu beachten, dass sowohl das Periodenergebnis als auch die nicht zahlungswirksamen Transaktionen zur Kategorie der betrieblichen Tätigkeiten gehören. Für jede Kategorie ist eine Summe anzugeben, zudem ist eine Gesamtsumme sämtlicher Kapitalflüsse aufzuführen. Im Anschluss ist eine Verprobung der Kapitalflüsse mit den Zahlungsmitteln vorzunehmen.

Tipp:

IAS 7.18 nennt als Ausgangspunkt bei der indirekten Methode den Periodengewinn. Das wird von vielen Unternehmen unterschiedlich ausgelegt, einige nehmen als Ausgangsbasis das EBT, andere das EBIT, das EBITDA oder den Gewinn nach Steuern. Im Sinn einer stringenten Auslegung ist es zu empfehlen, immer den Gewinn nach Steuern zu verwenden. Sie bleiben damit konsistent mit der Gewinn- und Verlustrechnung und erleben keine bösen Überraschungen bei der Eliminierung der nicht zahlungswirksamen Transaktionen.

- Direkte Methode

  Die direkte Methode löst sich in der Darstellungsart der Transaktionen vollkommen von Bilanz und Gewinn- und Verlustrechnung. Generell ist das Format identisch mit der indirekten Methode, die Aufgliederung nach Kategorien, die Angabe von Summen und die Verprobung mit den Zahlungsmitteln bleibt also erhalten. Statt einer Überleitung aus der Gewinn- und Verlustrechnung werden allerdings die Einzahlungen und Auszahlungen nach Transaktionsgruppen (z. B. Wareneinkäufe, Warenverkäufe etc.) dargestellt.

Achtung:
Heutige Buchhaltungssysteme sind nicht dazu in der Lage, die benötigten Angaben für die direkte Methode zu generieren. Bleiben Sie deshalb bei der indirekten Methode, sie erspart Ihnen viel Zeit und Ärger.

Saldierungen

Generell gilt ein Saldierungsverbot. Alle Kapitalflüsse aus Geschäftsvorfällen sind also gesondert darzustellen. So dürfen z. B. Kapitalflüsse aus Forderungen nicht mit Kapitalflüssen aus Verbindlichkeiten saldiert werden. Erlaubt ist aber die Zusammenfassung von einzelnen Kapitalflüssen. Als Beispiel ist hier eine Zusammenfassung von Forderungen aus Lieferungen und Leistungen und den sonstigen Forderungen zu einer Position „Forderungen" in der Kapitalflussrechnung möglich. Vom generellen Saldierungsverbot sind bestimmte Transaktionen ausgeschlossen. IAS 7.22 nennt hier zwei Bereiche, bei denen eine Saldierung zulässig ist:

- Ein- und Auszahlungen im Namen von Kunden, wenn diese Ein- und Auszahlungen die Geschäftstätigkeit der Kunden widerspiegeln.
- Posten mit großen Beträgen, großer Umschlagshäufigkeit und kurzen Laufzeiten.

Umgliederungen

Für ausgewählte Transaktionen und Geschäftsvorfälle des laufenden Geschäfts sind regelmäßig Umgliederungen vorzunehmen. Hierdurch soll sichergestellt werden, dass Transaktionen unter den richtigen Kategorien ausgewiesen werden. Das betrifft insbesondere aktivierte Eigenleistungen in Rahmen des Gesamtkostenverfahrens. Da die zugrunde liegenden Aufwendungen in der Gewinn- und Verlustrechnung erfasst sind, ist eine Umgliederung in Höhe der gebuchten aktivierten Eigenleistungen nach Investitionstätigkeiten erforderlich.

Nicht zahlungswirksame Transaktionen

Nach IAS 7 sind nicht zahlungswirksame Transaktionen aus der Kapitalflussrechnung zu eliminieren. Die Art der Eliminierung richtet sich dabei nach den zugrunde liegenden Transaktionen. Liegen nicht zahlungswirksame Geschäftsvorfälle vor, sind diese buchhalterisch erfassten Transaktionen nach IAS 7.43 regelmäßig zu eliminieren. Beispiele hierfür sind Auf- und Abzinsungen. Ferner sind bei der Anwendung der indirekten Methode Korrekturen des Periodenergebnisses nach IAS 7.20 erforderlich. Zu diesen Korrekturen gehören stets alle planmäßigen und außerplanmäßigen Abschreibungen, Zuschreibungen, Umbewertungen von Rückstellungen, latenten Steuern, Fremdwährungsverluste (nicht realisiert) sowie noch nicht erhaltene Beteiligungserträge.

Tipp:

Die Eliminierung von nicht zahlungswirksamen Transaktionen sowie die Korrektur des Periodenergebnisses erfolgen meistens halb manuell. Soweit die Buchhaltungssysteme eine „eingebaute Intelligenz" haben, werden nicht zahlungswirksame Transaktionen automatisch eliminiert. Der letzte „Feinschliff" sollte allerdings immer per Hand erfolgen.

11.5.2 Konzernbesonderheiten

Kapitalflussrechnungen von Konzernabschlüssen weisen gegenüber Kapitalflussrechnungen von Einzelunternehmen eine Reihe von Besonderheiten auf. Ansatzpunkt der Konzernkapitalflussrechnung ist der konsolidierte Konzernabschluss. Insofern fließen die Effekte des Einzelabschlusses sowie die Effekte des Konzernabschlusses in die Konzernkapitalflussrechnung ein. Bei ihrer Erstellung sind deshalb Effekte aus dem Konsolidierungskreis und aus der Konsolidierung zu berücksichtigen. Minderheitengesellschafter sind in diesem Zusammenhang stets als konzernfremde Dritte zu betrachten.
Die Möglichkeiten der Automatisierung von Kapitalflussrechnungen finden ihre Grenzen auf der Konzernebene. Integrierte Buchhaltungssysteme bieten inzwischen gute Möglichkeiten der halb automatisierten Erstellung von Kapitalflussrechnungen. Sie sind aber nicht in der Lage, eine Beurteilung und Bewertung von speziellen Transaktionen durchzuführen. Die notwendigen Korrekturen, Umgliederungen und Saldierungen sind nach wie vor manuell durchzuführen.

Änderungen im Konsolidierungskreis

Änderungen im Konsolidierungskreis wirken sich unterschiedlich auf die Kapitalflussrechnung aus. Je nach Art der Änderung sind zum einen die Ausweise in der Kapitalflussrechnung vorzunehmen und zum anderen spezielle Angaben in den Notes zu machen.

- Erwerb von Beteiligungen

  Beim Erwerb von Beteiligungen üben Kaufpreisallokationen einen wesentlichen Einfluss auf die Kapitalflussrechnung aus. Nach dem Prinzip der Einzelerwerbsfiktion auf der Konzernebene erfolgt durch die Konsolidierung ein Ausweis der Vermögenswerte der erworbenen Beteiligungen in den operativen Tätigkeiten. IAS 7.39 verlangt für derartige Transaktionen aber einen gesonderten Ausweis im Rahmen der Investitionstätigkeiten. Insofern sind eine Eliminierung der Kaufpreiseffekte und eine Umgliederung in Investitionstätigkeiten vorzunehmen.

  Zusätzliche Effekte

  Neben dieser Umgliederung sind weitere Einflüsse zu berücksichtigen. Soweit variable Bestandteile und die Stundung von Kaufpreisen Bestandteile des Kaufpreises sind, stellen sie keine Kapitalflüsse dar und sind deshalb zu eliminieren. Erfolgen die Kapitalflüsse in späteren Perioden, sind sie in den entsprechenden künftigen Perioden auszuweisen. Dementsprechend finden auch Anteilstausche keine Berücksichtigung in der Kapitalflussrechnung, weil diese keine Geldflüsse beinhalten. Regelmäßig werden mit dem erworbenen Unternehmen auch Geldmittelfonds erhalten, die aufgrund der Vorschrift des Ausweises des Netto-Kapitalflusses nach IAS 7.42 einen Gegenläufer zu den Kaufpreiszahlungen darstellen und den Nettoabfluss mindern.

- Veräußerung von Beteiligungen

  Veräußerungen von Beteiligungen unterliegen denselben Ansatz- und Ausweisregeln in der Kapitalflussrechnung wie Unternehmenserwerbe. Sie sind nach IAS 7.39 allerdings separat in den Investitionstätigkeiten auszuweisen.

- Sonstige Veränderungen

  Zu den sonstigen Veränderungen des Konsolidierungskreises gehören sowohl Auf- und Abstockungen als auch Veränderungen, die nicht durch Anschaffungs- oder Veräußerungsgeschäfte herrühren.

Auf- und Abstockungen von Anteilen an Beteiligungen begründen keinen neuen Status der Beteiligung. Sie sind deshalb nach IAS 7.42A bzw. 42B als Finanzierungstätigkeiten auszuweisen.

Hinsichtlich Veränderungen, die nicht aus Anschaffungs- oder Veräußerungsgeschäfte herrühren, herrscht eine Regelungslücke, wie mit derartigen Transaktionen im Rahmen der Kapitalflussrechnung umzugehen ist. In der Literatur werden zwei Meinungen vertreten. Entweder sie sind vollständig neutral zu behandeln oder sie sind als separater Ausweis in der Kapitalflussrechnung aufzuführen.

Assoziierte Unternehmen

Die Vorschriften zur Anwendung der Equity-Methode bei assoziierten Unternehmen haben auf die Kapitalflussrechnung nur einen Einfluss auf die Behandlung des Kapitals. Soweit Gewinnvereinnahmen erfasst werden und die Ausschüttungen zu einem späteren Zeitpunkt erfolgen, stellen diese nicht zahlungswirksame Transaktionen dar, die zu eliminieren sind. Dafür ist in den Folgeperioden ein entsprechender Zufluss der Ausschüttung zu zeigen.
Kapitalauf- und -abstockungen, die auf der Umschichtung von Gewinnrücklagen basieren, sind genauso wie Wertberichtigungen auf Beteiligungen stets zahlungsunwirksame Transaktionen, die ebenfalls zu eliminieren sind.

Joint Ventures

Joint Ventures werden im Rahmen der Konsolidierung wie normale Tochtergesellschaften behandelt, wobei nur eine beteiligungsquotale Berücksichtigung erfolgt. Dementsprechend folgt die Kapitalflussrechnung der Konsolidierung. Nach IAS 7.38 sind somit sämtliche Kapitalflüsse nur anteilig zu zeigen. Ansonsten können dieselben Methoden wie bei den Tochtergesellschaften angewendet werden.

Achtung:
In der Praxis ist die Erstellung der Kapitalflussrechnung unproblematisch, weil die Konzernkapitalflussrechnung auf dem konsolidierten Zahlenwerk aufsetzt, in dem Joint Ventures bereits anteilig berücksichtigt werden. Lediglich bei den Korrekturen ist darauf zu achten, dass sie anteilig erfolgen.

11.5.3 Sonstige Besonderheiten

Fremdwährungsumrechnungen

Fremdwährungsumrechnungen sind nicht nur im Konzernabschluss und der Konsolidierung problematisch, sie bereiten insbesondere bei der Kapitalflussrechnung regelmäßig Schwierigkeiten. Die Ursachen hierfür sind die Anzahl und die unterschiedlichen Zeitpunkte von Transaktionen in Fremdwährungen, die zu unterschiedlichen Kursen erfolgen. Um hier Abhilfe zu schaffen, werden als Näherung oftmals Umrechnungen mit Durchschnittskursen genommen.
Die Problembereiche von Fremdwährungsumrechnungen im Rahmen der Kapitalflussrechnung sind vielfältig. Ihren Einzug in den Konzernabschluss erhalten sie über die HB-II-Abschlüsse sämtlicher Unternehmen sowie über die Konsolidierung. Die Problembereiche sind je nach Art und Ursache gesondert zu betrachten:

- Gewöhnliche Geschäftsvorfälle

  Sämtliche Kapitalflüsse gewöhnlicher Geschäftsvorfälle sind hinsichtlich des Umrechnungskurses zu korrigieren. Hier erfolgt häufig eine Vermischung von Währungsumrechnungsdifferenzen mit Bestandsbewertungen, die auch Auswirkungen auf Forderungen und Verbindlichkeiten haben können. Insofern ist für Kapitalflüsse auf eine Trennung und gesonderte Behandlung der Sachverhalte zu achten.
- Wechselkursänderungen

  Nicht realisierte Gewinne und Verluste aus Währungsumrechnungen und Währungskursänderungen sind prinzipiell nicht zahlungswirksam zu eliminieren.
- Ergebniswirksame Erfassung

  Ergebniswirksam erfasste Fremdwährungsumrechnungen sind generell zu eliminieren.
- Finanzmittelfonds

  Nicht nur Kapitalflüsse, sondern auch die Finanzmittelfonds ausländischer Sorten unterliegen Währungseffekten, die Auswirkungen auf die Kapitalflüsse haben. Sie sind ebenfalls anzupassen und in einem gesonderten Posten auszuweisen.

- Umrechnung von Abschlüssen ausländischer Beteiligungen

  Bewegungen von Bilanzposten können aus Währungsumrechnungen resultieren, obwohl keine Bewegungen vorhanden sind. Derartige Veränderungen von Bilanzposten sind vollständig zu eliminieren.

Tipp:

So identifizieren Sie Währungsumrechnungseffekte am einfachsten: Rechnen Sie zunächst den Einzelabschluss eines Unternehmens – sowohl den Anfangsbestand als auch den Endbestand – mit den Kursen des letzten Bilanzstichtages um. Danach rechnen Sie den Abschluss mit den Kursen des aktuellen Bilanzstichtages um. Die Differenzen sind Währungsumrechnungseffekte, die es zu berücksichtigen gilt. Diese Rechnung ist für jedes einzelne Unternehmen des Konsolidierungskreises durchzuführen. Das Verfahren ist zwar aufwendig aber sicher, wenn die Buchhaltungssysteme keine adäquaten Währungsumrechnungen unterstützen.

Steuern

Steuern erfahren im Rahmen der Kapitalflussrechnung eine doppelte Berücksichtigung:

- im Rahmen von nicht zahlungswirksamen Transaktionen,
- im Rahmen von Umgliederungen.

Steuern als nicht zahlungswirksame Transaktionen beziehen sich ausschließlich auf latente Steuern. Diese sind vollständig aus der Kapitalflussrechnung zu eliminieren. Die Eliminierung erstreckt sich dabei zum einen auf die Korrektur des Periodenergebnisses und zum anderen auf die in den Bilanzposten enthaltenen latenten Steuern. Zu diesen Posten gehören immer die Bilanzposten von aktiven und passiven latenten Steuern sowie die in den Neubewertungsrücklagen enthaltenen latenten Steuern. Im Rahmen der Konzernkapitalflussrechnung können latente Steuern ferner in getätigten Investitionen (Erwerbe von Beteiligungen) enthalten sein.

Ertragssteuern werden nach IAS 7.36 immer als Cashflows aus operativen Tätigkeiten ausgewiesen. Deshalb ist eine Korrektur des Periodenergebnisses erforderlich, um eine Umgliederung zum offenen Ausweis vornehmen zu können.

Zinsen

Zinsaufwendungen und Zinserträge sind nach IAS 7.31 gesondert in der Kapitalflussrechnung anzugeben. Dabei folgen sie hinsichtlich des Ausweises in der Kapitalflussrechnung den zugrunde liegenden Entstehungsursachen. Nach IAS 7.33 wird zunächst unterstellt, dass sowohl Zinsaufwendungen als auch -erträge zu den operativen Tätigkeiten gehören. Entstehen Zinserträge allerdings aus Investitions- oder Finanzierungstätigkeiten, sind sie in diese Kategorien umzugliedern. Das kann durchaus auch bedeuten, dass eine Aufteilung der Salden vorzunehmen ist. Erstellungstechnisch ist das Periodenergebnis zuerst um Zinserträge und -aufwendungen zu berichtigen. Erst dann kann der Ausweis an der richtigen Stelle vorgenommen werden.

„Parkpositionen"

Oftmals werden nicht benötigte Finanzmittel in Form von Wertpapieren, Fonds oder ähnlichen Finanzinstrumenten angelegt, um Zinserträge zu generieren. Derartige Geldanlagen haben meistens einen kurzfristigen Charakter und sind keine langfristigen strategischen Investitionen. Sie sind deshalb im Rahmen der operativen Tätigkeiten und nicht als Investitionstätigkeiten auszuweisen.

11.5.4 Technik der Erstellung

Die Vorgehensweise bei der Erstellung von Kapitalflussrechnungen ist stark von den verwendeten Buchhaltungssystemen abhängig. In der Regel sind diese Systeme dazu in der Lage, eine Kapitalflussrechnung zu erstellen, die auf einer Bewegungsbilanz basiert. Hier sind regelmäßig die nicht zahlungswirksamen Transaktionen zu eliminieren und Umgliederungen vorzunehmen, bevor die finale Kapitalflussrechnung verfügbar ist.

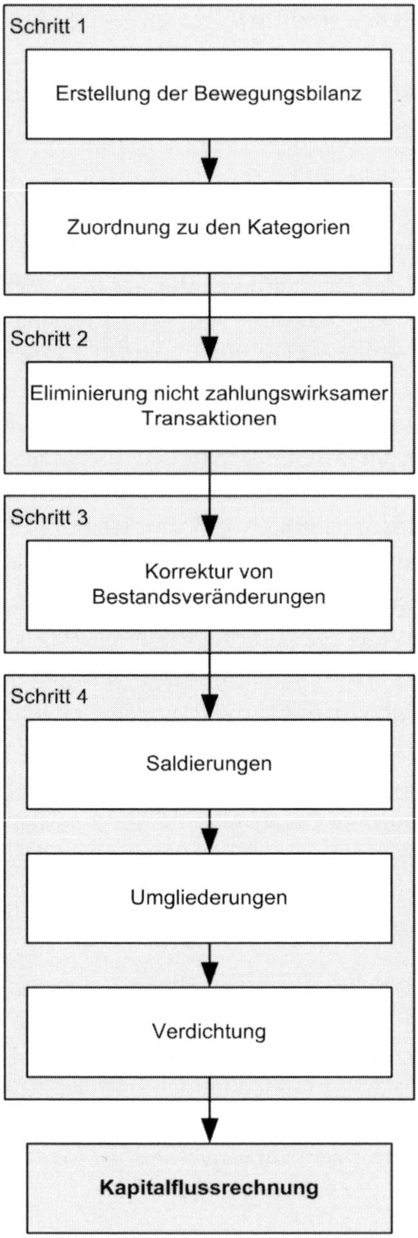

Abb. 51: Vorgehensweise bei der Erstellung der Kapitalflussrechnung

Die Erstellung der Kapitalflussrechnung erfolgt üblicherweise in vier Schritten:

1. Erstellung der Bewegungsbilanz

   Die Bewegungsbilanz wird aus der Veränderung der Bilanzkonten zum aktuellen und zum letzten Bilanzstichtag erstellt. Das sollte auf Kontoebene erfolgen, weil die Bewegungen anschließend den jeweiligen Kategorien zugeordnet werden. Hier kann auch schon eine erste Kontenverdichtung erfolgen, um die Kapitalflussrechnung übersichtlich zu halten.

2. Eliminierung der nicht zahlungswirksamen Transaktionen

   Nicht zahlungswirksame Transaktionen werden in zwei Schritten eliminiert. Zunächst erfolgt die Anpassung des Periodenergebnisses, in dem Abschreibungen, Wechselkurseffekte, Steuern und ähnliche Effekte das Periodenergebnis berichtigen. Danach erfolgt die Korrektur der Kapitalflussrechnung durch die Eliminierung der sonstigen nicht zahlungswirksamen Transaktionen.

3. Bewertungsänderungen

   Das Periodenergebnis ist neben den nicht zahlungswirksamen Transaktionen um weitere Positionen zu korrigieren. Hierzu gehören insbesondere Bestandsveränderungen sowie Forderungen und Verbindlichkeiten.

4. Umgliederungen und Saldierungen

   Im letzten Schritt erfolgen Umgliederungen und Saldierungen. Umgliederungen sind erforderlich, wenn sich im Periodenergebnis Transaktionsbestandteile befinden, die zu den Investitions- oder Finanzierungstätigkeiten gehören. Hier können dann auch – falls notwendig und zulässig – Saldierungen vorgenommen werden.

   Je nach Unternehmenspolitik bezüglich des Detaillierungsgrades der Kapitalflussrechnung kann zusätzlich nochmals eine Verdichtung auf zu berichtenden Positionen vorgenommen werden.

11.5.5 Klassifizierung von Kapitalflusselementen[80]

Posten	Position	Erläuterung
Abschreibungen	Korrektur des Periodenergebnisses	Ausschließlich Entwicklungskosten sind aktivierungspflichtig, Forschungskosten sind weiterhin als Aufwand zu behandeln.
Ab- & Aufzinsungen	Keine	Vollständige Eliminierung
Aktivierte Eigenleistungen	Investitionstätigkeiten	Umgliederung von Operative Tätigkeiten
Darlehen	Finanzierungstätigkeiten	
Dividenden, erhalten	Operative Tätigkeiten	Nur wenn die gebuchte Gewinnvereinnahmung auch erhalten wurde. Andernfalls ist die Buchung der Gewinnvereinnahmung zu eliminieren.
Dividenden, gezahlt	Finanzierungstätigkeiten	Maßgeblich ist der Zeitpunkt des Geldabflusses und nicht der Zeitpunkt des Dividendenbeschlusses.
Finanzanlagen	Investitionstätigkeiten	Nur für langfristige Anlagen. Dienen Finanzanlagen als kurzfristige Geldanlagen, sind sie unter den operativen Tätigkeiten auszuweisen.
Geldmittelfonds, erhaltene	Investitionstätigkeiten	Saldierter Ausweis mit den Zahlungsflüssen aus Unternehmenserwerben
Investitionen	Investitionstätigkeiten	
Intern generierte immaterielle Vermögenswerte	Investitionstätigkeiten	
Kapital, gezeichnetes	Finanzierungstätigkeiten	
Kapitalrücklagen	Finanzierungstätigkeiten	
Kaufpreise, variable Bestandteile	keine	Vollständige Eliminierung im Rahmen des Erstansatzes bei Kaufpreisallokationen und Ausweis erst in der Periode, in der die variablen Bestandteile gezahlt werden.
Latente Steuern	keine	Vollständige Eliminierung
Steuern	Korrektur des Periodenergebnisse	Eliminierung des gebuchten Steueraufwandes.
Gezahlte Steuern	Operative Tätigkeiten	Zahlung von Ertragssteuern.
Unternehmenserwerb	Investitionstätigkeit	Eliminierung sämtlicher Vermögenswerte des erworbenen Unternehmens in der Kapitalflussrechnung und Ausweis als „One-Line-Item".
Währungsumrechnungsdifferenzen	Diverse	Siehe Kapitel 11.5.3
Zinsen	Korrektur des Periodenergebnisse	Eliminierung von Zinsaufwand und -ertrag der GuV.

[80] Basierend auf der indirekten Methode mit dem Gewinn nach Steuern als Ausgangsbasis.

Posten	Position	Erläuterung
Zinsen, erhalten	Operative Tätigkeiten	Lassen sich erhaltene Zinsen auf Investitions- oder Finanzierungstätigkeiten zurückführen, sind sie in den entsprechenden Kategorien aufzuführen.
Zinsen, gezahlt	Operative Tätigkeiten	Lassen sich erhaltene Zinsen auf Investitions- oder Finanzierungstätigkeiten zurückführen, sind sie in den entsprechenden Kategorien aufzuführen.

Tab. 18: Ausweis einzelner Posten in der Kapitalflussrechnung

11.5.6 Anhangsangaben

Anders als bei anderen Standards ziehen sich die Pflichtangaben durch den Standard und befinden sich nicht – wie sonst üblich – am Ende des Standards. Hier werden nur noch die Pflichtangaben aufgeführt, die noch zu erfüllen sind. Eine Vielzahl der geforderten Pflichtangaben wird schon in der Kapitalflussrechnung bei entsprechender Gestaltung erfüllt. Hinsichtlich der noch zu erfüllenden Angaben sind Überleitungsrechnungen und Details zu ausgewählten Sachverhalten erforderlich:

- Eine Überleitungsrechnung der Zusammensetzung der Finanzmittelfonds. In den Finanzmittelfonds sind neben Bankbeständen auch Zahlungsmitteläquivalente (bis 90 Tage), Kontokorrentkredite sowie Wechselkursänderungen einzubeziehen.
- Detailangaben nach IAS 7.40 zu den Zahlungseffekten bei Unternehmenserwerben und -veräußerungen. In der Regel werden derartige Angaben bereits im Rahmen der Änderungen des Konsolidierungskreises gemacht.
- Angaben zu nicht zahlungswirksamen Transaktionen, IAS 7.43. Hier genügt es, sich auf wesentliche Transaktionen zu beschränken.
- Angaben zu Restriktionen und Verfügungsbeschränkungen von Zahlungsmitteln, sowohl betragsmäßig als auch inhaltlich, IAS 7.48.

In der Literatur und nach IAS 7.50 werden immer wieder Empfehlungen zu weiterführenden freiwilligen Angaben gemacht. Hierzu gehören regelmäßig Angaben zur Ausnutzung von Kreditlinien, Zahlungsflüsse mit Joint Ventures und die Aufteilung der Kategorien auf die Berichtssegmente im Rahmen der Segmentberichterstattung.

Anhänge

Anhang I – Prüfliste zur Identifizierung immaterieller Vermögenswerte

Bereich	Gegenstand	Prüfergebnis
1) Marketing		
	• Warenzeichen	
	• Internet-Domain-Namen	
	• Marken und Firmenlogos	
	• Wettbewerbsverbote	
2) Kunden		
	• Kundenlisten	
	• Auftragsbestand	
	• Vertragliche Kundenbeziehungen	
	• Nichtvertragliche Kundenbeziehungen	
3) Verträge		
	• Lizenzen, Lizenzverträge u. Ä.	
	• Leasing- und Mietvereinbarungen	
	• Serviceverträge	
	• Betriebs- und Übertragungsrechte	
	• Vorteilhafte Arbeitsverträge	
	• Franchising	
	• Baugenehmigungen	
	• Sonstige Verträge	
	• Ausbeutungsrechte aller Art	
4) Technologien		
	• Patente	
	• Produktentwicklungen, wenn sie nicht bereits aktiviert wurden	
	• Unpatentiertes Wissen	
	• Urheberrechtlich geschützte Software	

Bereich	Gegenstand	Prüfergebnis
	• Rechtlich geschützte Datenbasen	
	• Unternehmensgeheimnisse	
5) Kunst und Künstler		
	• Urheber- und Lizenzrechte für:	
	• Bücher, Magazine und Zeitschriften	
	• Bilder und Fotographien	
	• Oper, Ballett, Musicals, Kompositionen, Lieder, Werbe-Jingles	
	• Video, Filme, TV-Programme	
6) Sonstiges		
	• Steueransprüche und steuerliche Verlustvorträge	

Anhang II – Formular zur Berechnung der Konzernanschaffungs- und Herstellungskosten

		Unternehmen				
	Bezeichnung	**U1**	**U2**	**U3**	**Konsolidierung**	**Konzern**
	Materialeinzelkosten					
+	Anteilige Materialgemeinkosten					
+	Direkte Lohnkosten					
+	Anteilige Fertigungsgemeinkosten					
+	Sondereinzelkosten der Fertigung					
+	Anteilig zurechenbare Kosten: Allgemeine Verwaltung Forschung und Entwicklung Zinsen für Fremdkapital Interne Logistikkosten					
+	Sonstige Gemeinkosten					
=	**Herstellkosten**					
+	Allgemeine Verwaltungskosten					X
+	Vertriebskosten Davon Logistikkosten					X
=	**Selbstkosten**					X
+	Gewinnaufschlag					X
=	**Veräußerungspreis**					X
+	Aktivierungspflichtige Kosten	X	X	X	X	
		X	X	X	X	
-	Nicht aktivierungsfähige Kosten	X	X	X	X	
		X	X	X	X	
=	**Konzern-AHK**	X	X	X	X	

Anhang III – Formular für die Nebenrechnung bei der Equity-Methode

Bezeichnung	Geschäfts- oder Firmenw.	Stille Reserven	Stille Lasten	Nicht bilanzierte Vermögenswerte	Latente Steuern	Buchkapital (Equity Wert)
Saldo Ersterfassung						
Geschäftsjahr: ______						
+/- Veränderungen finanzielles Engagement						
+/- Erfolgsneutrale Effekte						
- Sonderabschreibungen						
- Abschreibungen	X					
+ Gewinne	X	X	X	X	X	
= Buchwerte Folgejahr						
„Mehrverluste"						
Geschäftsjahr: ______						
+/- Veränderungen finanzielles Engagement						
+/- Erfolgsneutrale Effekte						
- Sonderabschreibungen						
- Abschreibungen	X					
+ Gewinne	X	X	X	X	X	
= Buchwerte Folgejahr						
„Mehrverluste"						

Anhang IV – Muster der steuerlichen Überleitungsrechnung

Bezeichnung	Lfd. Jahr		Vorjahr	
	Betrag	%	Betrag	%
Ergebnis vor Steuern Relevanter Steuersatz				
Erwarteter Steueraufwand				
Änderungen aus Abweichungen in der steuerlichen Bemessungsgrundlage Nach IFRS nicht ansetzbare Erträge Steuerfreie Erträge Steuerfreie Dividenden und Veräußerungsgewinne Nicht abzugsfähige Aufwendungen Abschreibungen auf steuerlich nicht ansetzbare Impairment-Abschreibungen Steuersatzabweichungen Auswirkungen aus unterschiedlichen Hebesätzen Auswirkungen aus Steuersatzänderungen Auswirkungen aus ausländischen Steuersätzen Steuerliche Hinzurechnungen & Kürzungen Ansatz und Bewertung aktiver latenter Steuern Wertberichtigung auf/Nutzung von Verlustvorträ- Zuschreibungen Nichtansatz latenter Steuern Aperiodische Effekte Steuererstattung aufgrund von Verlustrückträgen Effekte aus Betriebsprüfungen Kosten des Börsenganges Sonstiges				
Tatsächlicher Steueraufwand lt. GuV				
Effektiver Steuersatz				

Anhang V – Muster der indirekten Kapitalflussrechnung

	Laufende Periode		Vorperiode	
Periodengewinn nach Steuern				
Berichtigungen für: Abschreibungen Zinsen Steuern Sonstige Anpassungen Summe				
Cash Earnings Cashflow aus betrieblicher Tätigkeit Zuflüsse aus Anlagenabgängen Kauf von kurzfristigen Wertpapieren Veränderung geleistete Anzahlungen Veränderung erhaltene Anzahlungen Veränderungen Vorräte Veränderung Forderungen Veränderung Verbindlichkeiten Veränderung Rückstellungen Erhaltene Zinsen Gezahlte Zinsen Gezahlte Steuern Summe				
Cashflow aus Investitionstätigkeiten Kauf von Finanzanlagen und langfr. Wertpapieren Akquisition von Beteiligungen Getätigte Investitionen Intern generierte Immaterielle Vermögenswerte Summe				

	Laufende Periode		Vorperiode	
Cashflow aus Finanzierungstätigkeit Zuflüsse aus Kapitalmaßnahmen Dividendenzahlungen Darlehensausnahme Tilgung von Finanzverbindlichkeiten Summe				
Nettozu-/abnahme				
Liquide Mittel zum Beginn der Berichtsperiode				
Liquide Mittel zum Ende der Berichtsperiode				

Literaturempfehlungen

Baetge, Jörg/Kirsch, Hans-Jürgen/Thiele, Stefan: Konzernbilanzen. 6. Auflage. Düsseldorf 2002.

Beck'sches IFRS-Handbuch. 2. Auflage. München 2006.

Busse von Colbe, Walther/Ordelheide, Dieter/Gebhard, Günther/ Pellens, Bernhard: Konzernabschlüsse. Rechnungslegung nach betriebswirtschaftlichen Grundsätzen sowie nach Vorschriften des HGB und der IAS/IFRS. 7. Auflage. Wiesbaden 2003.

Fröhlich, Christoph: Praxis der Konzernrechnungslegung. In über 200 Beispielen zum Konzernabschluss nach IFRS und UGB. 2. Auflage. Wien 2007.

Gräfer, Horst/Scheld, Guido A.: Grundzüge der Konzernrechnungslegung. 9. Auflage. Berlin 2005.

Hayn, Sven/Grüne, Michael: Konzernabschluss nach IFRS. Konsolidierung und Bilanzierung. München 2006.

IDW: WP Handbuch 2006. Wirtschaftsprüfung, Rechnungslegung, Beratung. Band I. 13. Auflage. Düsseldorf 2006.

IDW: WP Handbuch 2008. Wirtschaftsprüfung, Rechnungslegung, Beratung. Band II. 13. Auflage. Düsseldorf 2007.

International Accounting Standards Board: International Financial Reporting Standards 2008. London 2008.

Küting, Karlheinz/Weber, Claus-Peter: Der Konzernabschluss. Lehrbuch zur Praxis der Konzernrechnungslegung. 9. Auflage. Stuttgart 2005.

Lüdenbach, Norbert/Hoffmann, Wolf-Dieter: IFRS-Kommentar. Das Standardwerk. 6. Auflage. Freiburg 2008.

Meyer, Marco/Loitz, Rüdiger/Quella, Jerome-Oliver/Zerwas, Peter: Latente Steuern. Bewertung, Bilanzierung, Beratung. Wiesbaden 2009.

Scherrer, Gerhard: Konzernrechnungslegung nach HGB und IFRS. Kapitalmarktorientierte und nicht-kapitalmarktorientierte Unternehmen. 2. Auflage. München 2007.

Von Eitzen, Bernd/Dahlke, Jürgen: Bilanzierung von Steuerpositionen nach IFRS. Latente Steuern im Einzel- und Konzernabschluss, Steuerrisiken, Zwischenberichterstattung. Stuttgart 2008.

Zauner, Janine: Übergangs- und Endkonsolidierung nach IFRS. Berlin 2006

Stichwortverzeichnis